JN190741

Sweet in Tooth and Claw

Stories of Generosity and Cooperation in the Natural World

互恵で栄える生物界

利己主義と競争の進化論を超えて

クリスティン・オールソン 著
西田美緒子 訳

築地書館

はじめに――私たちはダーウィンの洞察を誤ったやり方で世界にあてはめていないだろうか

もう何年も前になるが、私はオハイオ州クリーブランドのマレーヒルに近い画廊で、数人の男性と多くの女性が集まったグループに加わったことがある。その日の夕方、ジャーナリング（訳注／頭に浮かんだ考えや思いを言葉にして書き出すこと）をしてそれぞれが感想を述べながら、楽しくおしゃべりをする会が予定されていたからだ。私はもともと引っ込み思案だし、当時は今よりもっとその傾向が強く、どうして出席することになったのかはまったく思い出せない。その集まりの詳しいことも、ほとんど覚えていない――レゴブロックを並べたようなレンガ敷きの外の通りはいつものように氷で滑りやすくなっていたのか、家ではまだ小さかった子どもたちが私の帰りを待っていたのか、どうにも思い出せないのだ。ところが、進行係の言葉に従ったある場面だけは、今でもまだ鮮明に私の記憶に焼きついている。参加者全員が膝をつきあわせて床に座っていると、進行係の女性が私たちに向かって、まず部屋全体を見回して目についた青いものすべてを記憶するようにと言った。青いものはたくさんあったから、私は大急ぎで見つけては、ひとつずつしっかり頭に刻み込んだ。それから目を閉じ、進行係からの次の指示を待った。すると思いがけないことに、その指示は部屋にある黄色いものをひとつあげるようにというものだった！　思い出す限りでは、そのとき黄色いものをあげられた人は――もちろん私も含めて――ひとりもいなかった。全員が青いものばかりに意識を集中していたせいだ。そのために黄色いものは、他の緑や紫や赤のものと一緒に背景へと姿を消していた。私たちが注意を向けなかったことで、まったく見えなくなっていたのだった。

楽観的でいる以外に選択肢はない

この課題は、進行係がその日に伝えたかったテーマのひとつを明確にする役割を果たした。つまり、人がしっかり焦点を合わせようと心に決めたものだけが、その人の世界観を表わすだけでなく、その人が世界で進むべき道をも示してくれる。そして私は自分の人生の紆余曲折を経験するにつれ、なかでも恐怖や絶望に打ちひしがれたとき、その考えが貴重だと思えるようになった。たとえば最近のパンデミックのさなかには、イヌを連れて散歩しながら探すのを忘れさえしなければ、小さいながらも気晴らしになるさまざまな光景に出合うことができた。歩道に古びた文字を書いたように生えているコケ、低木の茂みに住み着いた賑やかなヤブガラの群れ、クルクルした巻き毛にしか見えないカバノキの樹皮。他の人たちからきちんと二メートルのソーシャルディスタンスをとって歩く人々に、手をつないで近くを散歩するカップルの姿。夏と秋の間じゅう、自宅前の芝生でロウソクをともしながらささやかなパーティーを開いていた隣人たち。道をはさんだわが家の向かいにある小さな公園にコントラバスとバイオリンを持ち出して、いつも一時間だけ演奏していた若い音楽家のグループ。自らも災難に見舞われながら、もっとひどい目に遭っている人たちを力いっぱい支援しようと夢中になっていた人々。すばらしいフレッド・ロジャース（アメリカのテレビ番組の司会者、別名ミスター・ロジャース）が九・一一の一年後に、「助けてくれる人たちを探そう」と言った通り、助けてくれる人たちはとてもたくさんいた。

私は生まれつきの楽観主義者で、その性格は優しい父から譲り受けたものだ。実のところ、自分はただ頭が悪いだけなのではないかと心配もしていたが、活動家で大学教授のアンジェラ・デイヴィスによる次の言葉を読んでほっとした――「私は楽観的でいる以外に選択肢はないと思っている。楽観主義はぜったいに必要なものだ。たとえそれが楽観主義への願望にすぎず……頭の中では悲観主義だとしても」。とはいえ、つねに楽観主義を保つのは難しい。私も他の人たちと同じように（たぶん読者のみなさんも同じだと思うが）人間が周囲の自然界を傷つけているという紛れもない、増える一方の証拠にうろたえ、私たち人間にはもうそれをなんとかしようという気持ちなどないのではないかと恐れてしまう。何しろ政治も文化も、最もひどいやり方で衝突を続けるばかりなのだ。私は前著『土は私たちを救う（The Soil Will Save Us）』執筆のために、傷ついた農地を回復させる方法を見つけようと奮闘する農場主、牧場主、科学者などに会って楽観主義の源泉を見出しはしたものの、多くの人が思っているように世界が欲張りで執拗で身勝手なものだとしたら、平凡な環境保護のヒーローが増えるだけで十分なのだろうかという疑問が浮かんでくる。

植物と土壌微生物の互いに生命を与え合うパートナーシップ

ロサンゼルスで開催された二〇一五年都市土壌会議でカナダの森林生態学者スザンヌ・シマードが話すのを聞いたのは、それからまもなくのころだ。彼女はこれまで三〇年にわたって研究を続け、森の中の樹木やその他の生物が、私たちの目には見えないところで協力していることを明らかにしている。私はちょうど『土は私たちを救う』を書いている最中だったから、植物と土壌微生物の互いに生命を与え合うパートナーシップを知って感動した。実際には、植物がただ土から栄養物を吸い尽くしてジャンクスナックのような滋養分のないものに変えてしまうのではなく、土中にいる無数の微生物とつねに持ちつ持たれつの関係を維持していると気づいたのは、最も思いがけない発見だった。その会議でシマードは、こうした実りあるパートナーシップは森林全体にわたって広がり、地中に網の目のように張り巡らされた広大な菌類の集まりから力を得ていると話した。私はそれを聞いてワクワクしてしまい、思わず椅子から立ち上がりそうになったほどだ。

その年にポートランドからはるばるバンクーバーまで車で出かけ、シマードと彼女の学生たちに会うことはできたが、同様の見識をもつ別の研究者とランドスケープ（訳注／ひとまとまりの生態圏を包み込んだ景観）を見つけるにはさらに数年もの時間がかかった。そしてそれらが増えるにつれて、私は書く価値があるものをしっかり理解できたように感じた。たいていの人は学校の理科の授業で習ったことなどほとんど忘れているだろうが、ずっと頭に残っている概念もいくつかはあるだろう。

「適者生存」もそのひとつにちがいない。チャールズ・ダーウィンは、四〇億年近く続いてきた多くの試練になんとか勝ち残った者たちが、現在、私たちのまわりで生きている種だと結論づけている。つまりすべての生き物は、資源を手に入れ、食うか食われるかのさまざまな危険を乗り越えて、繁殖に成功することを目指し、その目的を達成するために大昔の祖先から脈々と受け継がれてきた変化の頂点に立っていると考えたわけだ。そして他の思想家たちもダーウィンが出した結論に飛びつき、競争の概念を生物学の野蛮な創造者に祭り上げた。それからというもの、競争が支配するという考えが私たちの集団脳にとどまり、離れなくなっている。進化論を否定している人も、その仕組みをよく思い出せない人も、詩人テニソンが嘆き悲しんだ通りに自然は「歯と爪を（血で）赤く染めている」と考えてしまう――生き物は乏しい資源をめぐり、凶暴で終わりのない生存競争を繰り広げているとみなしているのだ。科学者さえも、その多くは自然界でどれだけ広範囲にわたって助け合いの交流があるかを理解していない。「今の生態学者たちは、生命体ははじめから互いに競い合うようにできているというパラダイムの中で育ってきたのです」と、生物学者のリチャード・カーバンは私に話した。「植物などの生命体がどれだけ緊密に協力し合っているかを知って、驚く生態学者がたくさんいますよ。彼らは自分たちの研究で、協力を見出そうなどとは思っていませんから」。その結果として、人は自然をゼロサム・ゲームとみなすようになったらしく、私たちが（人間だけでなく、カラス、イトスギ、侵入性のニンニクガラシなど、あらゆる生物が）何かを手に入れたとき、そのすべては他の生き物や共有された環境全体を犠牲にした結果なのだとみなしてしまう。この見方に従うと、私たち人間の数が増え続けるにつれ、残念ながら世界の残りの部分は苦しむことになる。

けれども、もし私たちがダーウィンの洞察を誤ったやり方で世界にあてはめ、自然界に存在している寛容さと協力関係を見落としているとしたらどうだろう。シマードの研究を知って、私はそう考えはじめた。そしてもし私たちが、もっと広い世界の寛容さと協力関係を知らずにいれば、自分たち自身の調和のあるつながりをも見落としてしまうだろう。もちろんそれは、私たちが自然の一部だからだ。私たちは、周囲の自然との複雑で創造的で活気に満ちた関係に支えられ、自然の一部として存在しているからこそ、生きることができる。わが家の玄関近くの木でくつろぐアライグマや道路沿いに生えた雑草と、まったく同じだ。異なる種や同じ種の間の協力関係が自然界を支え、大いに繁栄させていることを、もし私たちがしっかり理解すれば、その行動はどのように変化するだろうか？　私があの画廊で青いものを探すよう指示されたように、もし私たちがそうした協力関係を探すとしたら？

そうすれば、自分たち人間は搾取者、植民者、破壊者などではなく、相棒として手助けをする立場にいて、より大きな、互いに与え合う仕組みの一部だとみなしはじめることができるだろうか？

科学は人間が自然からの収穫の限度を理解する道具

現代の科学の最良にして最も重要な使い道とは、自然がどのように機能しているかを見つけ出すこと——この本で私が話を聞いたすばらしい科学者たちの多くがそうしている——そして人類が自分たちの行動を変え、これまで自然に対して加えてきた傷を癒やすとともに、これ以上の傷を与えずにすむよう手助けすることだと、私には思える。そうすれば、世界が繁栄するようにとの願いに希望を与え、支援することができる。もちろん私たちはその恩恵を受けることになるだろうが、それだけが目的ではない。人間以外の生き物も私たちと同じように繁栄する権利をもっていて、人間によって利用されるために存在しているわけではないからだ。昔の文化が自然界での自分たちの居場所をどのように考えていたのか、そして人間が必要とするものと他の生き物が必要とするもののバランスをどう保っていたのか——そうしたことから学んでいる科学者は大勢いる。もし私たちが周囲の自然を破壊するのではなく尊重することを学べば、私たち自身ももっと寛大になり、互いに成長を促し合うようになるだろう。「ムーブメント・ジェネレーション・ジャスティス・アンド・エコロジー・プロジェクト」の活動家であるゴーパル・ダヤネニは、次のように言っている。「あなたが人間に対してすることは、土壌に対してすることであり、あなたが土壌に対してすることは、人間に対してすることだ。これは、陸上で暮らす数多くの先住民の伝統に共通した概念になっている」

私たちを取り巻く自然との、こうした敬意に満ちた絆を最もみごとに表現していると思われる人物は、ネイティブ・アメリカンの植物学者で作家のロビン・ウォール・キマラーだ。とにかく、私は彼女の著作と記録に魅了されている。人間は生きるために自然から奪わなければならないが、それが正当な収穫であることを確かめなければならないと、彼女は言う。最初の植物や動物、最後の植物や動物を奪ってはいけない。許可を求めなさい——世界は物惜しみせず、創造力に富んでいるとはいえ、ときにはノーと答えることもあり、科学はその限度を理解するための強力な道具になる。与える害をできる限り小さくとどめなさい。そして感謝の気持ちを忘れずに、分け合い、お返しをしなさい——私たちはもらったものに報いる方法を学ぶ必要がある。

人間はあまりにも多くのものを手にしながら、たいていは十分な敬意を払っていない。海で魚をとったり畑でトマトを育てたりするとき、大草原や森から土地を奪って家を建て町を作るとき、都会や農地に水を引くとき、他の人の労力や信頼を利用するとき……すべてが敬意を払うべき機会だ。この本では、人間社会とその周辺で生き物と生態系を団結させるような協力関係を、そして互いのためになる結びつきの機会を、探していこうと思う。それは感動を呼び起こす科学になるにちがいない。だがこの本で最もワクワクするのは、周囲の自然が私たちから何を必要としているかについての新しい知見に基づき、多くの人が実際にどう行動しているかを目にする部分だと思っている。それらの人々は、生き物の世界と手を結ぼうという決意、この使命を果たすために互いのパートナーになろうという決意をして、荒涼とした光景が私たちに共通の運命などではないことを示している。

目次

第1章

地面の下にある「ギブ・アンド・テイク」のタペストリー

森林生態学者スザンヌ・シマードと「マザーツリー・プロジェクト」

砂利道を離れて森に足を踏み入れると、現実の場所ではなく、森という夢の中にいるように思えてくる。というより、森そのものは現実なのに、自分自身は現実ではないように感じるのかもしれない。林床（りんしょう）に針葉樹の葉や小枝などが深く降りつもって音を消しているせいで、自分の足音がまったく聞こえず、あらゆるものが微小な生き物の密かな空腹をただ黙々と満たしている。自分たちの声さえ聞こえない――少なくとも私には、一緒に来た人たちが視界から消えるとその声がまったく聞こえなくなって、急に静まり返ったことに驚いてしまう。慌てて早足になり、迷子になって彼らの仕事の邪魔をするようなことがないようにと、みんなを追いかける。何しろ私は自分からこの研究旅行に参加したいと申し出て、現地の設営を手伝うことにしたのだから、相手が受け入れたことを後悔するような事態だけは避けなければならない。

林床があまりにも柔らかくてフワフワしているせいで、まるで船酔いになったようだ。断続的に響いてくる笑い声の後を追いながら若木の間を歩いていると、地面の勾配が急に変わり、斜面を転げ落ちた。落ちても少しも気にならないのは、森の中ではとがって硬い部分がすべて青葉や枯れ葉で覆われているせいで、転んでもあまり痛いと感じないからだ。木と木の間の大きなコブを越えて進む。足の下には巨大な石があるのかもしれないし、倒れた大木の幹があるのかもしれないが、どちらにせよ、まるで茶色と緑色のビロードで覆われたクジラが浮上してきたように見える。ようやくブリティッシュコロンビア大学の森林生態学者スザンヌ・シマードの金髪が目に入った。それはマルコムナップ研究林の中で最も明るく輝いていて、私は追いつこうと大急ぎで歩く。

生い茂る木々に囲まれた森で、あちこちに古い切り株が見える。どれもほぼ同じ高さだ。一部の切り株には樹皮が残っているが、ほとんどは表面に生えた白と緑の地衣類でツルツルしており、暗い灰色の外皮で覆われたものもある。上に木の破片が残っていると、まるで恐ろしげなかつらをかぶっているようだ。どの切り株にも必ず、地面から一メートル足らずの場所に握りこぶしを二つ合わせたくらいの大きな穴があき、穴は例外なく、下側は平ら、上側は眉をひそめたような形をしている。そうした切り株はさまざまなものに似て見え――小さなイースター島のモアイ像、目のないティキ像、不機嫌な木の幽霊――そのすべてが自ら経験した虐殺に、そしてまさにこの場所でこれから予定されている次の伐採に、音もなく悲鳴を上げている。

「どうしてこんな悲しい顔をしているんでしょうね?」

私は思わずシマードに声をかけた。彼女の旧友で林学の仲間でもあるジーン・ローチが一緒にいる。シマードは次のように説明してくれた。

1-1　ブリティッシュコロンビア州の森。伐採された木の切り株の上に、二人両手引きのこぎりが放置されている。アーティストの家族5世代にわたる林業者が経験した太平洋岸北西部の森林破壊を調査するプロジェクト「The Last Stand」から提供された画像。
DAVID ELLINGSEN

「この森は一九四〇年代に手作業で伐採されたんです。こうして穴をあけてあるのは、作業台と呼ばれた木片を差し込むためですよ。伐採する人はここに作業台を固定して上にのり、幹の高い位置に切り込みを入れました。そうすれば根元に近い湾曲部を避けられますからね」

「八〇年も前に！　そんなに長い年月がたってもこうして切り株が残っているなんて、びっくりです」と、私は率直な感想を述べた。

シマードはあたりを見回して、こう続ける。「ここはもともとシーダーの原生林でした。今ではシーダーにアメリカツガとダグラスファーが混じっていますが、あと五〇〇年そっとしておけば、またシーダーが林を取り戻すでしょう」

シマードとローチはGPSを見ながらさらに斜面を下り、研究対象としている場所の中心に向かって進んでいった。私はその後を追う前に、悲しそうな顔をした切り株の写真を大急ぎで何枚か撮ったものの、何でも擬人化しようとする自分の衝動を少しだけ情けなく感じる……いやいや、そんな必要はないだろう。あたりをうろつく私のような変わった人間がこうして切り株を見て、あたかも森を傷つけた手荒な人間を告発しているようだと感じてほしくなかったのなら、カナダの林業者は穴の形を笑顔に見えるようにしておけばよかっただけの話だ。

二〇一五年都市土壌会議で私がシマードの話を聞いた後、彼女はどんどん時の人になっていくように見えた。科学関係のメディアにも大いに注目され、TEDトークの動画もいくつかインターネットで見られるようになり、公共ラジオ番組「Radiolab」でオーディオ・インタビューも公開された。ちょうどその時期にあたった二〇一七年、私のほうでは彼女を二回目に訪問する準備が整ったのだが、多方面からの要望が殺到して私の質問に答えてくれる時間も余裕もないのではないかと不安になった。そして案の定、Eメールにも電話にもしばらく返事がなかったので、予想通りの状況になっているように思えた。だがようやく電話がかかってくると、家族にちょっと面倒な問題がもちあがったうえに森の奥深くで何週間か過ごしていたために連絡することができなかったと、とても申し訳なさそうに話した。そして、秋になったらブリティッシュコロンビア州で何日か合流しないかと誘ってくれたのだった。そこでは彼女がはじめた「マザーツリー・プロジェクト」と呼ばれる大規模なマルチサイト研究のために、ローチと共にいくつかの区画を準備するという。そしてもしそのプロジェクトの内容をもっと詳しく知りたいのなら、マルコムナップで研究がはじまる前日に現地に行けば、ブリティッシュコロンビア州メリットに近い商業林の林業者たちへの説明を一緒に聞くことができるとのことだった。

私はメリットに到着してすぐ、シマードと彼女が指導しているポスドク研究員テレサ・〝スィムハイエック〟・ライアンに出会った。ライアンの研究の中心は、北アメリカの先住民がどのように土壌の手入れをしていたかを、より深く理解することにある。私はそれまで、シマードの研究は木の伐採で暮らしを立てている人々にとっては脅威となるか無関係かのどちらかだろうと考えていたのだが、林業者たちは大勢で森に足を踏み入れる私たちにとても友好的だった。シマードとライアンはそこで「マザーツリー・プロジェクト」について手短に要点を説明した。それは現在シマードが最も力を入れているプロジェクトで、複数の大学とファースト・ネーション（イヌイットとメティスを除くカナダ先住民）および政府からの支援を得ており、森林ができるだけ速やかに再生できるようにするには樹木をどう伐採すればよいかを見極めようという、シマードの生涯をかけた研究に焦点を当てたものだ——気候変動に直面している今、これまで十分な湿度を保ってきた森林は徐々に乾燥し、前例のない大きなストレスに苦しんでいるから、その課題を解決することはこの時代の急務となっている。皆（かい）伐（ばつ）し（森の一定の区域にあるすべての樹木を伐採して）、そこに微生物のいない育苗培養土で育てられた苗木を移植する従来の方法を早急に見直す必要があるという意見は、多くの人の賛同を集めており、皆伐は森林にとって大きな痛手になるだけでなく、それまで森林土壌に蓄えられていた大量の炭素を空気中に放出することにもなる。皆伐では森林土壌から炭素の半分が失われることがわかっている。国際環境NGOグリーンピースによれば、森林破壊による炭素排出量は地球全体の排出量の五分の一を占め、自動車、航空機、船舶などの輸送による排出量を上回る。だが、森林と気候を長期にわたって健全に保つためにはどのような伐採の実施方法がよりよいものなのかは、まだよくわかっていない。マザーツリー・プロジェクトは、その疑問に答えたいと考えている。

気候が少しずつ異なる、ダグラスファーのみが植えられた六つの森林それぞれで、プロジェクトは四つの異なる伐採方法をテストする予定だ。行なわれるのは、①従来の皆伐、②木を単独で残す保残伐（約一八から二三メートルごとに一本の木を残し、残す木を選ぶ際には、より大きく、より樹齢の長い、シマードがマザーツリーと呼ぶダグラスファーを優先させる）、③マザーツリーを中心とした部分で森の三〇パーセントを残す保残伐、④マザーツリーを中心とした部分で森の六〇パーセントを残す保残伐にするが、残す部分にある小さい樹木の一部も収穫として伐採する、という四つになる。それぞれの場所では、対照として伐採しない区画も残す。伐採を行なったそれぞれの領域では、さまざまに異なる移植と播種（たねまき）のやり方も試験する。そして今後数年から数十年にわたって研究者がそれらの場所を訪れ、森林の再生の様子、生産力、土壌炭素レベル、回復力を評価する。

林業者たちは数多くの質問をしたが、森の木々が私の近所の人たちよりも活発に日常会話をしているというシマードの根本的な前提に対して、私が予想していたような懐疑的な意見を口にした者は誰もいなかった。ひとりの林業者が、「なぜマザーツリーと呼ぶのですか」と尋ねると、シマードは「マザーツリーは子どもたちを育てるし、大きくて、年をとっているからです」と答えた。その言葉に笑い声が起きたが、それはたぶんそこにいた何人かの女性が、シマードを含めて母親で、大きくもなければ年をとってもいなかったからだろう。

皆伐して一種類のみの苗木で森を作ることへの違和感

シマードがこうして林業者たちと気軽にやりとりできたのは、少なくとも一部には、フランス系カナダ人の彼女の家族が林業の重労働に長く携わっていたからでもある。シマードの曽祖父とその兄弟たち、祖父とその兄弟たち、そして父親と叔父たちはすべて森林伐採の仕事をしていた。彼女が敬愛していた祖父はシーダーとアメリカツガの森の端で暮らし、電柱にするための小さいシーダーを切り倒しては馬を使って森から運び出すと、湖に浮かべて対岸の加工場まで引いていった。「祖父は木を切り倒す仕事をしていましたが、その腕前はすばらしいものでした」と、シマードが私に話してくれたことがある。「祖父はいつでも森を我が家にしようとしていたのです」

シマードは一九七〇年代に家族と同じ道を歩みはじめ、林学の学位をとるためにブリティッシュコロンビア大学に進学した。だが夏休みに森林でアルバイトをするうちに、林業が自分の祖先たちの時代とはすっかり変わっていることに気づきはじめた。皆伐が一般的になり、そのあとに残された広大な空き地に盛んに植林が行なわれた状況は、北米全体で小規模農家が消えて大農場に置き換わり、作物の多様性が失われて何百ヘクタールもの畑でたった一種類の作物が作られるようになっていった様子とよく似ていた。かつて、ダグラスファー、コントルタマツ、アメリカツガ、トウヒといった針葉樹と、カバノキ、アスペン、ハコヤナギ、ハンノキ、ヤナギなどの広葉樹が入り混じり、すばらしい多様性を誇る天然林があった場所を、林業を営む企業はよく売れる樹木だけの森に変えていた。同じ種類の針葉樹がきれいに列を作って並ぶさまは、巨大なトウモロコシ畑によく似ている。針葉樹の苗木が育っていくにつれて、何種類かの広葉樹も復活しようとして芽を出すが、除草剤の噴霧によって姿を消してしまう。林業と農業の両方で見られるこうした手法の背景にあるのは、(針葉樹でもトウモロコシでも)農林産物は、それ以外の植物との水、栄養物、日光の獲得競争がないほうが、よく育つという考え方だ。

シマードは一九八〇年代に大学を卒業して民間の木材会社で働くようになると、こうしてきれいに整えられた森は見苦しいと思った最初の反感がさらに深まり、長い目で見た森の健全さに不安を抱くようになった。「その仕事のよいところは、いつも森の中にいて、森のことがほんとうによくわかる点でした」と、シマードは当時の仕事について話す。道の配置を決め、伐採後に調査をし、植林の計画を立て、消火活動に携わることさえあった。「それでも私はそこで起きていることに衝撃を受けていました。アメリカマツノキクイムシの大発生が四六時中見られ、大規模になり、業界は谷全体の皆伐でそれに対応したのです」

そして結局、「森ではすべてがうまくいっているわけではないことを、よく理解できました」という結論に達したのだった。

シマードはまだ、広く行き渡っている見識――森林を伐採した土地にマツ、トウヒ、またはモミのいずれか一種類の苗木を用いて植林する方法には、経済的に意味があり、おそらく環境保護のうえでも意味があるという考え――が正しいという前提に立ってはいたが、植林地をより健全なものにするために独自の研究をはじめることにした。一九八〇年代後半には大学院に入学し、木材会社で働きながら、その見識を検証するために数百もの研究用の区画を立ち上げる。在来種が戻りはじめた植林地では、さまざまな組み合わせと程度でそれらを取り除き、競争が減った結果として針葉樹が最もよく成長する分岐点を探ろうとした。

だが思い通りのことは起きなかった。

「ほんとうに驚きました」と、彼女は話す。「ハンノキ、ヤナギ、カバノキなどの美しい植物をすっかり取り除いていると、針葉樹が枯れはじめたのです。枯死はとまりませんでした。病気が蔓延し、昆虫による被害も増えていくからです。こうした植物の観察を続けるうちに、何かがうまくいっていないと思いました」

シマードはその後、政府の森林管理科学者として職を得ると、植林の成果を高める方法を見つけ出すという任務を負った。そこでそれまでの研究に基づき、植林地には複数の種類の樹木を混ぜて——それも複数の針葉樹だけでなく、広葉樹の在来種を少しずつ加えて——植えるべきだと提案した。彼女はこれについて次のように話す。「それはまったく嫌われるやり方で、政府がやりたいことと真逆でした。政府は、一直線に並んだニンジン畑のような単一種の産業植林を目指し、ツーバイフォーの(二インチ×四インチの規格に合った)木材を次々に、永続的に生産できるようにしたかったわけですから」

それでもシマードの直属の上司が彼女の研究に関心をもち、ぜひとも博士号を取得して、森の中の交流についてもっと詳しく理解するようにと言ってくれた。そこで政府の科学者として活動を続けな

1-2　菌根（菌類である菌根菌と植物の根が作る共生体）を調べるスザンヌ・シマード。BRENDAN GEORGE KO

がらオレゴン州立大学に入学し、生態学者のデイヴ・ペリーと共に研究を進めることにした。ペリーも、広葉樹の在来種の存在が針葉樹の成長を促進する兆しを見つけ出していたからだ。彼は、樹木が地下で互いに助け合っている可能性を検討しており、それにはおそらく網目状につながった長くて滑らかな菌類の手を借りていると考えていた。森の中などでキノコを目にするとき（私の地元のオレゴン州ポートランドでも、とくに雨の後には、近くで何百ものキノコを見かける）、ほとんどの人はそれが地下で広大な範囲に張り巡らされた菌糸と呼ばれる細い糸の実の部分（子実体）にすぎないことには気づいていない。こうした菌糸は想像もつかないほどの密度で縦横に伸びており、シマードによれば私たちが森で一歩進むごとに、ひとつの足跡の下にはおよそ五〇〇キロメートル分もの繊細な菌糸があるという。

菌根菌のネットワークが森林にもたらす意味とは

シマードがちょうど博士号の研究を開始したころ、鉢に植えた草原生植物が菌根（菌類である菌根菌と植物の根が作る共生体）によって土の中でつながり合えることを、イギリスの科学者たちが発見していた。陸生植物の九〇パーセントほどに、こうした菌根が定着している。森林地帯などでは針葉樹と別のいくつかの樹木が根端の周囲を覆う外生菌根菌で結びついており、その他の樹木と草本植物は根の細胞内に侵入するアーバスキュラー菌根菌によって結びついている。科学者たちは当初、植物が光合成で生み出す糖を含んだ炭素燃料（カーボン）を菌類が盗んでいるものと考えたが、一八八〇年代以降、多くの場合は植物が炭素燃料を（光合成によって炭素を生み出せない）菌類に与える代わりに、水と栄養物をもらっていることがわかってきた。このように異なる種の間の互恵的な協力関係は相利（そうり）共生と呼ばれ、すべての生態系で起きており、おそらく地球上のあらゆる種を巻き込んでいる。それと同時にとても重要でもあり、生物圏全体に及ぶ養分循環から個々の細胞に至る全体に影響を与えている。

シマードは、自分の研究区画で広葉樹を取り除いたときに針葉樹が枯れてしまった理由は、それらが土を通してつながり合っていただけでなく、菌類の支援体制を通して相互に何らかの利益をもたらしていたからではないかと考えた。そこで博士号取得のための研究の一部としてこの考えを試すことにし、森林の皆伐された場所に隣り合って生えていたダグラスファーとカバノキ（「遷移初期」に見られる二つの樹木で、むき出しになった地肌や荒れた地表にこれらが混じり合って定着する）の若木に、炭素の放射性同位体を注入してみた。そして葉に当たる日光の量を変えてみると、ダグラスファーが日陰に入る程度に応じて、カバノキは外生菌根菌のつながりを通してダグラスファーに炭素燃料を分け与えることがわかった。ダグラスファーが日陰に入れば入るほど、カバノキはより多くの炭素を送り届けた。一方、近くに植えたウェスタンレッドシーダーは、カバノキからの贈り物をわずかしか受け取らなかった。ウェスタンレッドシーダーは周囲にある樹木と、外生菌根菌ではなくアーバスキュラー菌根菌でつながり合っているからだ。

その後、シマードが担当した大学院生のひとりがこの実験を異なる季節にわたって繰り返した。最初の実験の通り、夏の盛りにカバノキの葉が茂ってダグラスファーが日陰に入る時間が長くなり、光合成が難しくなってくると、カバノキの炭素の一部がダグラスファーに流れていった。一方、早春や晩秋にはカバノキが葉を落として光合成をできない状態になるので、成長しているダグラスファーの炭素の一部がカバノキに渡った。こうした炭素の移動を調整しているのが樹木と菌類のどちらなのかははっきりしていないが、両者が協力して多様性のある健全な森林群落を維持していることに間違いはない。最初の実験の結果と同じく、近くに植えられたウェスタンレッドシーダーがカバノキからもダグラスファーからもほんのわずかしか炭素を受け取らなかった理由は、ウェスタンレッドシーダーが他の二種類の木を結びつけている外生菌根菌ネットワークに含まれていないことにある。

シマードの最初の実験の結果が整理されて一九九七年に権威ある科学雑誌『ネイチャー』に掲載されると、このような「ウッド・ワイド・ウェブ」が存在する証拠は世界中に大きな反響を呼び起こした。シマードの研究の影響はハリウッドにまで広がって、ジェームズ・キャメロン監督の映画「アバター」を生み出すひらめきの一部にもなった。この映画では、崇拝される「魂の木」の根が、ナヴィの複数の仲間たちを同時につなぐ。一方、『ネイチャー』誌で論文が発表されるとすぐ、少しは名を知られることになったシマードに「バンクーバー・サン」紙の記者から連絡が入り、カナダ天然資源省森林局が広葉樹に除草剤を散布して植林地で針葉樹の成長を促そうとしている件について意見を求められた。シマードがまだ当の森林局に勤務する身で、博士課程をようやく修了し、しかも出産を控えた時期のことだ。疲れ果てた状態で、「効果は期待できそうもありません。無駄に時間を使っているのではないでしょうか」と答えた。そのコメントがやがて新聞の一面に掲載されると、あやうく職を失いそうになったので、自分は政府で働くべきではないと判断して研究の世界に身を置く決意を固め、以来そうしている。

シマードと熱心な学生たちは――世界中の何人かの科学者たちも交えて――木々のつながりと地中の菌根菌ネットワーク、そしてそのようなつながりが森林にもたらす意味について考え続けている。今後の気温の高い乾燥した気候のもとでどうなるかは、とりわけ注目している点だ。今では、菌類がこうして水と栄養物を仲間の間で分配するネットワークを構築したのは一〇億年も前のことで、さらに五億年ほど前からはそのネットワークを植物にまで広げはじめ、その結果として植物が水中から陸に上がり、陸上で繁殖できるようになったと考えられている。植物は動きまわって食べ物や水を探すことはできないが、個々の菌類（キノコ）は微小な菌糸を遠く広い範囲にまで伸ばし、土の粒子の隙間をぬうようにして水を探しながらネットワークに吸い上げることができる。菌糸はまた、そうした土の粒子を包み込むと酵素を用いて無機養分を集め、それらを素早く自分たちとネットワーク内の植物が利用できるようにする。もしも酵素の働きがなければ、植物がそれらの栄養物を取り入れるにはゆっくりした土壌の風化作用に頼るしかない。樹木の種子は森の腐葉層に落ちて発芽をはじめると、根を通して土中に化学物質を発散することで菌類につながりを求め、この菌根の宴に加わりたい意思を表明する。

では、幼木にとってどのような利点があるのだろうか。シマードと学生たちは森林でマザーツリーの近くに若木を植え、その調査を開始した。一部の若木では、根のまわりに目の細かい網の袋をかぶせて菌糸が通過できないようにし――そのため、菌根菌ネットワークに加われないようにし――、残りの若木にはつながりを妨げる網の袋のようなものを何もつけなかった。すると、菌類とのつながりをもった若木のほうが元気に育ち、つながりのない孤独な若木よりも高い割合で生き残ることができた。ネットワークにつながった若木は、マザーツリーの陰になって光合成に必要な日光が十分に当たらない場所に生えていてもしっかり繋ったので、研究室では、マザーツリーがその若木に追加の炭素を送ったためだと判断した。

私たちはまだ十分詳しく調べきれていないだけ

シマードと世界中の他の研究者たちは、こうした菌類によるつながりの価値を探ろうと努力を重ねている――外生菌根菌の地下ネットワーク（菌類と針葉樹およびその他のいくつかの樹木で構成される根のような構造）とアーバスキュラー菌根菌ネットワーク（菌類と他のほとんどの植物で構成されている同様のもの）を通して流れているのは、どのような恩恵をもたらすものなのだろうか。一部の研究は、同じ植木鉢に複数の植物を一緒に植えて温室内で育てることによって、実際の森林の広大で複雑な環境から離れてそれらの交流を観察し、植物の間で交わされている会話の少なくとも一部を聴くことができるようになっている。それは話し言葉ではなく、「化学的な言語」なのだと、シマードの研究室でかつて学んだジュリア・マディソンは説明してくれた。「耳や目に頼らない言語がどんなふうに機能するかはわかっていませんが、より直接的なものであることは、ほぼ確実にわかっています。化学的なメッセージが届くと、それが何かをします。脳やその他の器官が解釈する必要はありません」。菌根菌ネットワークにつながっていない植物群落をつながっている植物群落と比較したければ、研究者は植物を二つのグループに分けて育てる。植木鉢に植える一方のグループでは、それぞれの植物の根を細かい網で包み込んで互いのつながりを断ち、もう一方のグループは植物どうしで自由に連絡をとれる状態にしておく。また、空中を漂う揮発性の化学物質で互いにやりとりできないように——植物はつねにそうした方法で連絡をとり合っている——地上部分を袋で覆っておく。

これらの研究が蓄積された結果、菌根菌ネットワークが樹木と一部の他の植物に与えているのは、炭素、水、無機栄養素だけではないことがわかってきている。このネットワークは森林の早期警報システムとしても機能し、菌類を狙う害虫や昆虫による攻撃を察知すると、樹木が地下のネットワークに化学的悲鳴のようなものを発する。他の植物に、その害虫の食欲をそぐような化学物質を生み出すよう促す仕組みだ。その他の利点はまだ謎に包まれ、解明されていない。スイスの科学者フロリアン・ウォルダーがアマとサトウモロコシを一緒に育てた研究によれば、アマは自らの炭素をネットワークでほとんど共有しないだけでなく、大量の窒素とリンを取り出してしまうのに対して、サトウモロコシは多くの炭素をネットワークに注ぎ込む一方で、とくに取り出すものはないようだった。それでも両方の植物は共に、単独で植わっているより一緒に植わっているほうがよく育ったから、それぞれがたしかにネットワークを介して互いから何かを得ていた――ただ、科学ではまだそれが何かを突き止めることはできなかった。

「私たちはまだ十分詳しく調べきれていないだけです」と、シマードは私に言った。「こうした交流はどれも流動的で、つねに変化し、突然起こります。互いの交流のすべてを見ることができれば、それぞれがそうした関係から何か他のものを得ていることがわかるでしょう」

若木は成長するにつれて、森全体との菌根菌によるつながりを拡大し続けていく。若い間はわずか二〇種の菌類とつながっているだけかもしれないが、大木へと成熟するうちに何百もの菌類の種を巻き込んだ地中でのパートナーシップを築くことができる。シマードが教えた学生のひとり、ケヴィン・ベイラーは、カナダのカムループスに近い原生林にある六七本の木が生えた二七メートル四方の区画で、ダグラスファーの間を結ぶ菌類のつながりを追跡する独創的な方法を考え出した。ベイラーはその区画のダグラスファーからDNAのサンプルをとり、次に土に穴をあけて、木の根に広がったショウロ属（*Rhizopogon*）の菌類の二つの姉妹種の分布を追跡したのだ。その研究の結果、老木も若木も含めて木々をつなぐ菌根菌ネットワークがあることがわかった。ただし、若木がもつつながりは老木に比べてはるかに少なかった。際立った一本の老木は菌根菌ネットワークを通して四七本の別の

1-3 イギリスのニューフォレスト国立公園で共生関係を築いている、コモンボンネットマッシュルームとモチノキの若木。GUY EDWARDES／MINDEN PICTURES

木と結びつき、そのネットワークには二つの種に属する一一の菌類が含まれていた。その老木はおそらく他の種のもっと多くの樹木とつながるとともに、その研究では追跡しなかった別の一〇〇から二〇〇の種の菌類にもつながっていると推定でき、そのすべてが、森林全体から品物、サービス、ニュースを——化学的なメッセージのかたちで——運ぶ独自のパイプラインとして機能している。

人間にたとえるなら、ベイラーの研究で際立っていたこの木は、ここポートランドにいる私の友人のロリ、あるいは私がかつて暮らしていたクリーブランドにいる友人のリンダとカレンのようなものだ。彼女たちがそれぞれの街を歩けば、教え子か同僚か、近所の人か、あるいはかつてデートした相手のお姉さんかは別にして、必ず知り合いと出会うはずだ。それらの女性を通して、自分が住む街のことや街の住民のことがわかる。街の歴史と暮らし、そして今という瞬間と、つながる。だが、このたとえではまだ不十分で、樹木と菌類は生命をも維持する進行中の対話をとぎれることなく続けているのだ。私たちには、テクノロジーのおかげで数多くのつながりがあるのに、それはできない。

森にはたくさんの樹木の種があるように、たくさんの菌類の種もある。シマードによれば、ポートランドの私の家からあまり離れていない場所にあるような小規模な都市林でも、〇・四ヘクタールあたり少なくとも五〇の異なる種が見つかるという。ダグラスファーと交流できる菌類には何千もの種があり、そのすべてがそれぞれ少しずつ異なるパートナーシップを木に提案できるらしい。樹木には、生態系の遷移初期に見られる種と遷移後期に見られる種があるように——ダグラスファーやカバノキのように遷移の早い時期に居場所を見つける種もあれば、初期に根づいたそれらの植物が裸地や焼けた土地や劣化したランドスケープを正常に活動する生物群集に変えはじめた後で居場所を見つける種もある——菌類にも遷移初期に姿を見せる種と遷移後期に姿を見せる種があって、それらはおもにあたりのランドスケープの中で最も古い樹木と結びつく傾向がある。ベイラーが研究したショウロ属は遷移後期の菌類で、シマードがマザーツリー・プロジェクトで注目している大きくて古いダグラスファーと結びつく。シマードと彼女の研究室のスタッフはこの菌類の働きをすべて把握しているわけではないものの、それが水を吸い上げるのにとりわけ大きな力を果たすことを突き止めた。だから、ベイラーが研究した四七本の木とつながるマザーツリーは、日照りになるとそれらの木々に少しずつ水を分け与えることができる。そしてもちろん、その木は別の二〇〇の種に属する菌類ともつながっているし、別の樹木の種とそれぞれの菌根菌ネットワークともつながっている。そのすべてが化学的な言葉で互いにささやき合い、科学者がどうやっても解き明かせないような方法で森林群落とやりとりをしている。

こうした重層的なつながりは驚くべき、おそらく無限の、広がりをもっている。「あらゆるものが、他のあらゆるものとつながっています」と、シマードは言う。「入れ子になったネットワークが、あたりのランドスケープ全体に行き渡っているでしょう。私たちがパイプラインを敷設したり道を作ったりして地面を掘れば、そのネットワークが分断されてしまいます。ただ、そうした分断を差し引いたとしても、すべてがつながり合っていないなどとは、とうてい思えませんね」

シマードと彼女の研究室ではおもに樹木と菌類の間の交流を研究してきているが、もちろん森林の相互関係のウェブはそれよりはるかに大規模なものだ。どのランドスケープにも動物がいて、生態系を作り出す多様な交流の一部を担っているにもかかわらず、科学のそれぞれの分野は孤立する傾向があり、そうした生き物をすっかり分離して考えてしまっている。私がこの本を書いている間に、シマードの学生のひとりアレン・ラロックがカナダ北西部の森林に対してパシフィックサーモンが与える影響を調査していた。

サーモンが森にもたらす恵み

毎年、性成熟した何百万匹というサーモンが海を離れて河川を遡上し、自分が生まれて稚魚の時期を過ごした上流に戻っていく。産卵のためのこの長旅は海から何百キロメートル、ときには何千キロメートルにも及び、海面よりはるかに高い山間地の渓流にまで達することもある。大半は目的地までたどり着けない。一部は餓死したり、市街地に近い汚染された河川で病気になったり、人間に捕まったりし、大半はクマ、カワウソ、ワシの餌食になる。

私たちはこれまで、サーモンが内陸に暮らす食欲旺盛な動物たちにとっての大いなる恵みだとみなしてきたが、こうしたサーモンが森林をはじめとしたさまざまな地勢に大量の栄養分を定期的に運んでいることに気づいている人はほとんどいない。サーモンが大地にもたらす主要な栄養素は窒素で、あらゆる生き物にとって欠かせないものだ。動物はタンパク質やＤＮＡ、その他の重要な要素を生み出すために窒素を必要とし、植物はそれに加えて葉緑素の主成分として窒素を用いる。私たちはいつも窒素を求め、窒素がなければ衰えていく。そして窒素は大気の大半を占めているものの、動物も植物も窒素をそのまま利用することはできず、別の化学形態に「固定」されていなければならないのだ。自然界では細菌や落雷の力によって固定され、太平洋岸北西部にある森林にはさまざまなかたちで窒素が蓄積されている。一部の森林にはアメリカハンノキのような植物が点在しており、ハンノキの仲間は一定の種類の細菌と関係を築いて根の部分に「根粒（こんりゅう）」を形成し、その細菌は自らのためと植物のために窒素を固定する――それは大量のエネルギーを必要とする作用で、その結果として四〇〇年も持続する窒素の形態が生まれる。一方、樹木のほうは炭素燃料の形態で細菌にエネルギーを提供する。ときには木の枝から林床に窒素が落ちてくることもあり、そこでは地衣類に住み着いている細菌が窒素を固定する。だが、森に窒素をもたらす単一で最大の源は、サーモンの死骸であることも多い。科学者たちはこの魚の森に対する貢献を、「サーモンの影」と呼んでいる。

「(『指輪物語』の)モルドールから響き渡る音のように、この影は大地全体に広がっていきます」と、ラロックは笑う。「それは森全体に影響を与え、川から何キロも離れた場所にまで届くんですよ。それでも最も大きな影響を受けるのは、一〇〇メートルから二〇〇メートル離れた場所までのようですね」。こうした大きなサーモンの影は森のダイナミクスを変え、どのような種類の植生、昆虫、鳥の群集がそこで繁栄するかに影響を与える。

ラロックは、私が話を聞いた時点ですでにこのプロジェクトに三年の歳月を費やしており、その間にサーモンが飛び跳ねる渓流にも何回か出かけていた。サーモンがいる場所にはクマもいる。ある調査旅行では、ラロックと同僚たちが曲がった川に沿って歩いていくと、岩の上に鋭い爪で腹を裂かれたサーモンがのり、むき出しになった心臓はまだ脈打っているのが目に入ったという。慌ててほんの二、三分ほどの距離を遠ざかり、振り向くと、クマが獲物を摑んで去っていった。「サーモンが遡上している間、森全体に食肉処理場のような匂いが漂います。どこもかしこも死骸だらけですからね」と、ラロックは話す。

そしてその死骸には窒素がいっぱい詰まっている。すべての植物と動物の体には窒素が含まれ、窒素はタンパク質に含まれる——つまり、タンパク質が豊富な食品には窒素も豊富だ。植物の場合、たとえば根の先端や急成長している芽など、生物学的に最も活性のある部分にタンパク質が集中している。ラロックは、「だから、草食動物は古い葉より新鮮な緑の葉を好んで食べるのです。新鮮な緑の葉には窒素が多いですから。それに、新鮮な葉のほうがおいしいのではないかとも想像しています」と説明してくれた。窒素はこうして食物連鎖に蓄積され、(タンパク質が豊富な)動物を食べる動物

1-4　海の奥深くから運ばれてきた窒素でアラスカの大地を豊かにする、ピンクサーモンの残骸。CHRISTOPHER MILLER

は植物だけを食べる動物に比べて、より多くの窒素を体に蓄えていることになる。人間の場合も、肉が好物という人のほうがヴィーガンよりも、一定のかたちの窒素（窒素15と呼ばれる窒素の安定同位体）を体内により多くもっている。サーモンも肉食で、一生のうちに多くの窒素15を蓄積する。そのために陸上のサーモンの痕跡には固有の特徴があり（窒素15のもの）、科学者は簡単に測定することが可能だ。

このようなサーモン由来の窒素の一部は、クマやオオカミが獲物を自分の好きな場所までもっていっておいしい部分だけ食べ、残りを放置することで、森の奥にまで運ばれる。「サーモンの森」プロジェクトにも参加しているテレサ・ライアンによれば、こうした肉食動物たちはサーモン遡上の時期になると一日あたり一五〇〇匹もの魚を森に運ぶことができるという。だがシマードの研究室では、より大きい窒素拡散のメカニズムが機能しているのではないかと考えている――つまり、森の中で重なり合うように存在している数多くの菌根菌のつながりだ。

ラロックは手始めに、自分が試験調査の場に選んだ区域の土壌、菌類、植生に自然な状態で存在している窒素15を測定した。それは長い年月をかけてサーモンが上流まで窒素を運んできた結果だ。それから新しい窒素15を大量に地面に撒いて、腐ったサーモンをシミュレートする。その後、時間の経過に伴って土壌、菌類、植生の試料を採取し、森に網目のように張り巡らされた相互関係を通して窒素15の波が移動していく様子をとらえられるかどうかを確かめていく。

ポプラと根粒菌

ブリティッシュコロンビア州の森から遠く離れた場所で、森の中の樹木を含めた植物に窒素を提供するもうひとつの関係をワシントン大学の科学者が見つけた。「その瞬間に『やったー！』と思ったわけではありません」と、生態学者シャロン・ドーティは話す。「『いったい何なの？』と思ったのです」

ドーティは二〇〇一年に、樹木による環境汚染物質の分解を助ける遺伝子操作プロジェクトの一環として、ポプラの木の幹を研究していた。ところが、作業の第一段階として幹の組織を準備するたびに、彼女が「ネバネバした細菌」と描写するものが漏れ出してきた。そこで、その細菌が何かを正確に知れば殺すのも簡単になると思い、ＤＮＡの配列を決定してみた。するとその細菌は根粒菌であることがわかり、驚いてしまった——根粒菌はクローバーやエンドウマメなどのマメ科植物の根粒に入って、炭素の燃料と引き換えに窒素を生み出すことでよく知られた細菌だ。ドーティが発見するまで、科学者たちはこの細菌がマメ科の根粒でのみ窒素固定のサービスをするものだとすっかり信じていた。そのために科学雑誌の編集者はその考えが間違いだったことをなかなか認めず、ドーティがこの発見について書いた論文の掲載が許されるまでには三年以上の歳月を要している。

根粒菌をはじめとした窒素固定菌は、ポプラの枝、葉、根の内部に密集していた。「樹木は病原体から自らを守ることができますが、これらの細菌を高密度で住まわせてもいます。組織一グラムあたりに数百万個の微生物細胞が見つかることもあるんですよ」と、ドーティは話す。根粒菌は根にある亀裂から中に入り、維管束系を通って樹木全体に移動していく。さらに、そよ風にのって、雨粒にまじって、あるいは昆虫に運ばれて、葉の表面にたどり着くこともあるだろう。いったん表面に着地すれば、気孔から葉の内部に進むことができる——気孔は葉の表面にある微小な穴で、葉はその穴を通して光合成に必要な二酸化炭素を取り入れ、不要な酸素を吐き出す。

ドーティと仲間たちは、ポプラの葉で見つかった窒素固定菌が別の植物にも同じ働きをするかどうかの研究を続けた。ポプラの根粒菌から作った溶液と、ポプラとは別のさまざまな植物を用い（トマトやトウモロコシやコメなどの農産物がとれる植物から、ダグラスファーやウェスタンレッドシーダーなどの森林植物まで）、種子を浸したり根に噴霧したりしてみたのだ。すると、そのすべてで窒素固定菌による成長の増加が見られた。ドーティは次のように言っている。「これは大昔からの共生関係だと思います。ダグラスファーのような針葉樹は進化の過程で、何百万年も前にトマトなどの顕花植物から枝分かれしました。こうした植物の両方がこの微生物の定着を許し、成長を促す大きな影響を受けているという事実は、それらの植物がつねにこの方法で栄養物を手に入れていることを示唆しています。化学肥料を与える私たちのような霊長類から手に入れているわけではないのです」

一部の植物は別の種類の植物よりも、組織内の窒素固定菌による強力な後押しを必要としているのかもしれない。ポプラは、ほとんど土壌のない岩だらけの場所に生える傾向があるので、地中の共有システムから手に入れられるものは森の真ん中に生えた樹木ほど多くないだろう。ポプラはまた早期定着の種で、周囲にあまり別の木が生えていない岩や砂の地面でも成長していくことができ、そうした場所には樹木間の菌根菌経路は少ないはずだ。そのような環境で繁栄できるのだから、代わりに栄養物をもたらしてくれる微生物のパートナーを引きつける力がとびぬけている可能性がある。また別の研究者、ブリティッシュコロンビア大学のクリストファー・チャンウェイは、やはり早期定着の種であるコントルタマツの松葉にも窒素固定菌が豊富にあることを発見している。こうした早期定着種の樹木は、新たに生まれつつある菌根菌ネットワークを通して自らの窒素の一部を分け与えることによって、別の樹木が森に定着するのを助けているらしいというのが、ドーティの考えだ。

彼女はまた、ポプラの組織内で暮らす細菌は単に植物に窒素を供給するだけではなく、はるかに多くの力をもっていることも発見した。この細菌は葉の中の気孔に近い部分に集まって、日照りになると気孔を閉じるホルモンを生成し、その植物が水分を節約できるよう手助けしているという。さらに、そうして気孔を閉じた状態になっても、その植物は二酸化炭素を取り入れられずに困ったりはしない。細菌が植物の炭素燃料を食べ、（人間と同じように）老廃物として二酸化炭素を放出することで、日照りの危機が過ぎ去るまで植物を飢えさせることはないからだ。ドーティが根粒菌を溶かし込んだ液に稲などの植物の種子を浸した場合にも、種子の渇水への耐性が強まった。別の研究者が同様の実験で種子の塩分耐性を調べ——灌漑によって農地の塩分が高まる傾向があるため、塩分耐性は農業でとても重要な問題になっている——根粒菌は植物の塩分耐性をも高めることがわかった。

「微生物はこうして植物を助けられる、信じられないほど大きな力をもっているのです。それはまだ利用されていない、とてつもなく大きな資源です」と、ドーティは話す。

自分たちの食料、水、材木、居住空間などを求めるために環境を混乱させ、今もまだ混乱させ続けながら、それをなんとか立て直そうとしている私たち人間にとっては、まだ利用されていない、とてつもなく大きな資源だ——だが自然界にとってはごく普通の日常的な営みであり、生き物は私たちの気づかないところで絶え間なく複雑な交流を続けている。私は二〇一七年九月にシマードとローチの後を追ってマルコムナップ研究林に足を踏み入れたとき、小刻みに震える小枝の一本一本、倒木から顔を出して大きく反り返るキノコの一つひとつ、元気なコケの盛り上がりのそれぞれ——私を囲むあらゆるもの——が、数多くのパートナーの力を得て続いている生命のダンスで脈打っていると感じずにはいられなかった。科学はその意味を、ようやく理解しはじめたばかりだ。

次に生きる共同体にDNAをもたらすすべてのもの——森の記憶を記録する

科学者たちを責めることはできない。今利用できる時間、資金、テクノロジー、スキルでは、自然界で起きていることのほんの一部にしか対応できず（科学の大部分は別の場所、たいていは製品開発につながるようなところに向かって進んでいる）、自然界を理解するのは大仕事なのだ。私が参加したたった二日間でも、とてもたくさんの道具を森に運び込み、また運び出さなければならなかった。シマードとローチが私に運ぶよう手渡したものはほんの二つか三つだったが、シマード本人はあらゆる道具類を詰め込んでパンパンに膨れあがったバックパックを背負い、重さが偏って何度も転んでいた。目的地に着くと、二人は器具類を地面におろし、なんだか落胆しているように見えた。「木がいっぱいある」と、シマードがつぶやいた。

「ほんとうに、木がいっぱい」と、ローチも同意する。

私にはわけがわからなかった。二人は森林科学者なのだ――木がいっぱい生えているのを見れば、嬉しいはずなのに。

さっそく研究対象となる場所を整える作業に取りかかる――林業者がやって来て四つの異なる方法のいずれかで伐採をはじめる前に、そこには現時点で何があるのかという基準を定めなければならない。シマードとローチはまず、その円形の区画の正確な中心を決めた――樹齢千年のシーダーのすぐ近くだ。その木は傷み、焼け焦げながらも、まだ一五メートルの高さにそびえ立っている。次に二人は白いテープを用いて、大きなパイを切るようにその円を区切りはじめた。区切られた一つひとつの楔形で、そこにあるすべての樹木の状態を明らかにしておく必要がある――一本一本の健康状態、幹の周囲の長さ、高さ、樹木の種、その他さまざまなデータを記録する――そして通し番号をふった小さな金属の札をつける。一本ずつ、伐採する高さのすぐ下の位置に釘を打って番号札を固定するのは、私の役目になった。その番号のおかげで（それぞれの番号は、ローチがデータソースとして私たちのイニシャルとともに研究文書に記入する大量の統計値に対応している）、シマードもローチも将来の研究者たちも、その場所をかつて覆っていた樹木の種類と配置を知ることができるというわけだ。私たちはさらにその場所に生えているその他の植物の量も推定し、土とコケの試料を採取した。

私は楔形の一つひとつを隅々まで移動しながら、木を一本ずつ測定し、番号札をつけていく。そうするうちに、その場所には木が多いと言って二人ががっかりしていた意味をようやく理解できた。ほんとうに、そこには木がいっぱいあった。大半はほっそりしたダグラスファー、アメリカツガ、シーダーで、八〇年ほど前に伐採された後に根づいたものだったが、伐採を免れた大きな木もわずかながら残っている。私は何度も手をすべらせては自分の指をたたく失敗をしながら、すべての札が同じ方向を向くよう注意して、地面に近い位置に打ちつけていく。番号を順番に並べようとしたものの、ときどき見落とした木があるのに気づいては、また戻って札を固定する。シマードの学生のひとり、ケイティー・マクマヘンが私の後ろについてきて、それぞれの木のデータを大声で読み上げると、ローチが手早くその内容を記録した。少しだけ難しいこの仕事にそろそろ慣れてきたように思えたそのとき、「五四三番が見つかりません！」と叫ぶマクマヘンの声が聞こえた。私は急いで戻って彼女が札を探すのを手伝い、まもなく一緒に見つけた——五四二と五四四からほんの数ヤードの位置にあったのに、まるで迷路のように入り組んだ場所で一本の木を見つけるのはひと苦労だ。

シマードは六メートルほど離れた場所で穴を掘りながらこの様子を見ると、声を上げて笑いながら叫んだ。「ねえ、クリスティン。その札は今から一〇〇年たっても、まだここにありますよ。そのころの研究者たちはきっと、『番号札の釘を打ったこのKOっていう人は、いったい誰なんだ?』って言うでしょうね」

その様子を考えると愉快だったが、同時に少し目がくらむ思いもした。もう三〇年以上前にシマードが研究を行なった古い区画は、今でも保護されたままで研究が続けられている。シマードにとって最大の研究となる今回の区画にも、私たちがいなくなったずっと後まで、たくさんの科学者たちが繰り返し訪れるにちがいない。

その後、私は腰をおろして、この区画内に掘る予定の四つの穴のひとつで作業をするシマードの手際を見つめた。彼女は一辺二〇センチメートルの正方形を地面に描き、その四角の中の林床を掘り進めていく。まず一番上にある落葉層を取り除き、次に腐葉層(小枝や針葉や生物の塊を微生物が分解しているが、まだ見分けがつく層)、さらにその下の腐植層(分解が進んで、それらの見分けがほとんどつかなくなった層)を掘る。もっと深くまで掘り続ければ、やがて一番下にある硬い鉱物質の土壌の層に達する。その日、すでに掘られた穴の鉱物層は表土から九〇センチメートル以上の深い場所にあったが、この穴の場合はおよそ六〇センチメートルの深さだ。彼女は硬い土に混じった白亜色の鉱物をつまみあげ、「ときどき小さい貝殻が見つかります。ここは全部、その昔は海だったから」と、感慨深そうにつぶやく。そして腐葉層から小さい黄色の枝のようなものを引き抜いて、私の手の中に落とした。それはサンゴのように見えたが、力を加えると曲がり、もろかった。

「ピロデルマ、森のキノコの一種です」と、シマードは教えてくれる。「これはまだ目立つほうで、この森にはたぶん一〇〇種ものキノコがあるけれど、大半はほとんど見えません」

その後、マクマヘンがシマードとの出会いを語った。マクマヘンはブリティッシュコロンビア州のマウント・ポリー鉱山で五年間、働いていたそうだ。在職中に、その鉱山で大規模な鉱滓(こうさい)堆積場（採掘で残った岩などが蓄積されている場所）に続くダムが決壊し、地元新聞によれば「有毒な水と泥の混じった懸濁液が、かつては世界で最もきれいな水をたたえた深い湖として知られたケスネル湖に流れ込んだ」。そしてシマードが近くにある森の環境悪化に関する助言を求められたことから、二人は出会い、ランドスケープの修復について共通の関心をもつことがわかったのだという。

マクマヘンの研究は壊滅的な鉱山災害だけにあてはまるものではなく、世界中でランドスケープ悪化の原因になっている、もっと一般的な災害にも適用できるものだ。「私たちは生態系の遺産と記憶を利用する方法を、いくつか試しています。混乱をきたす前にあった環境のかけらを利用するのです。真菌胞子や種子など、多くのものが生き残っていて、そうした小さな記憶のすべてが生態系の復元に役立ちます」と、マクマヘンは言った。

それはとても単純なプロジェクトで、一部はマザーツリーのプロジェクトと呼応する。溢れ出た鉱滓に直撃された森の端に近い場所に小さな苗木を植えるが、マクマヘンによれば、土壌は劣化して、ほとんど土とも呼べない状態だ。一部の樹木は溝の反対側に植えて、その溝によって森にある菌根菌ネットワークとのつながりを妨げるようにする。一方で、一部の樹木ではそのような妨害をしない。マクマヘンらは、菌根菌ネットワークがどの程度まで生きた森の端を越えて死んだ部分に達し、新しい樹木に生命力を吹き込むことができるかを調べることになっている。また別の樹木では、植える際にひと握りの森の土を加える。森の記憶の一部がその土の中で生き残り、若木を後押しするかもしれないという着想だ。

私がプロジェクトについて尋ねると、シマードは次のように言った。「そうです、森の記憶です――それは森の青写真を内部に備えた、あらゆる生物です。次に生きる共同体にDNAをもたらす、すべてのものということになります」

あらゆる場所に、完全な姿を取り戻すための生きた記憶とDNAがあるのだろうか。私たちの目に入る最も荒廃したランドスケープにも？　最も荒廃した人間関係にもそれはあるのだろうか。ひとり対ひとりの関係にも？

第2章 もっとよい隠喩(メタファー)が必要

「ごまかす」生き物たち

私たちはロッキー山脈に咲き誇る野草の間を縫って、しっかり踏み固められた小道を走りまわる。頭上で花々が小刻みに揺れるなか、すばしこい「オレンジ78」の後を追っているのだ。でもその姿は白いコリダリスの群生にまぎれ、すぐに見えなくなった。ここのコリダリスはポートランドのわが家の庭に咲いている華奢な紫色の花の仲間だが、野生種だけあって、花がとても大きい。そうこうしているうちに「イエロー54」が視界に飛び込んできたので、あわててそれを追うことにし、向きを変えながら周囲の植生が生み出すグリーンのカーテンをかいくぐって進む。「イエロー54」はマウンテンブルーベルに向かって一直線に飛(ビーラインで)んで行った。

その飛び方は文字通りの「ビー(ミツバチ)」ラインだ。「イエロー54」は小さなマルハナバチ(バンブル「ビー」)で、数年前に研究を目的として捕獲され、標識をつけられ(背中に54と書かれた黄色い点が強力瞬間接着剤の力で張りついている)、登録され、DNAのサンプルを採取された。

生物学専攻の学部生カレン・ワンが、手にしていた目の細かい網を放り出し、素早く小型のレコーダーを手にすると、かがみこんでブルーベルの長い管状の花をのぞきながら「イエロー54」の観察を開始する。「一」と大声で言っているのは、ハチが素早く花にもぐった一回目のことだ。「アウト。二……アウト。三……アウト。それから――、四は二次盗蜜！　五は二次盗蜜！　六は二次盗蜜！　それから――」。ここでワンの声が小さくなった。「今度はまた通常の方法に戻った」

ミツバチと花の相利共生は、あらゆる相利共生のなかで最もよく研究されたもののひとつだ。花はミツバチを引き寄せるために蜜を作り、ミツバチは蜜を求めて花にもぐり込むと、軽いエナジードリンクになる花粉のついた葯（やく）を乗り越えて進み、ときどき子どもに与える蜜と花粉を混ぜあわせる。花から出てくるミツバチは金色の粉まみれだ。ハチたちはそうした状態で花から花へと飛びまわり、第三者として交配を手伝うことで、律儀にも蜜の代金を支払っている。花粉を周辺に配って受粉を促し、その植物が種子を作れるようにしているからだ。

だがときには、ミツバチが「ごまかす」――相利共生の関係にありながら自分の役割を果たさない生き物の振る舞いを、生物学者はどことなく陽気な検閲官のように記録する。「イエロー54」が野草にとまった様子を見てワンが報告していたのは、まさにそれだ。場所はロッキーマウンテン生物学研究所にある道路の脇で、この研究所では何十人もの生物学者が野生生物を研究しながら夏を過ごす。

「イエロー54」の任務は見かけほど簡単なものではないと、ノースカロライナ州立大学の生態学者レベッカ・アーウィンがのちに説明してくれた。アーウィンの研究室では、ロッキー山脈一帯に生息する九つのマルハナバチの種のうち、三つの種を研究している。彼女によれば、マウンテンブルーベルをはじめとした盗蜜の多い花の場合、開花した姿が細い管状をしているために、丸々と太ったマルハナバチが葯を越えて花蜜までたどり着くのは大仕事なのだという。

ミツバチはたまに、花の根元の部分を噛んで穴をあけることがある。そのほうが手っ取り早く甘い褒美にありつけるわけだが、この方法では受粉が省略されてしまうことが多い。また一部のミツバチは、「イエロー54」のように研究者が二次盗蜜と呼ぶ行動もとる。この場合は、自分で花の根元を噛むのではなく、別のハチが噛んであけた穴から中に入ってごまかすのだ。いずれであっても、植物はたくさんの働きをした――光合成によって大気中から二酸化炭素を取り出し、それを甘くて炭素がいっぱいの液体に変え、その液体の一部を蜜に仕上げた――にもかかわらず、お返しの恩恵にはあずかれない。少なくとも「イエロー54」がもたらす恩恵はない。

ミツバチは協力して行動するお手本のような存在だと、ほとんどの人が思っているだろう。ところが研究者たちは、ミツバチをはじめとした生き物が――魚から細菌まで――ときおり「ごまかす」証拠を次々に見つけている。共生関係にある生き物の一方が、ミツバチよりずっと理不尽なやり方でごまかすことさえある。たとえば、シジミチョウ科(*Lycaenidae*)のチョウの一部はアリと相利共生の関係にあり、シジミチョウの幼虫が特殊な器官から甘い液体を出してアリに与え、その代わりにアリはその幼虫を食べようとする生き物から守る。ところがたまに、シジミチョウの幼虫がアリの幼虫や卵の匂いを真似てアリになりすますことがあり、そうするとアリは真面目にそれを自分たちの巣穴に運んでいく。そしてその幼虫に、自分たちの幼虫にするのと同じように口移しで餌を与え、チョウの幼虫がアリの巣穴の中で周囲のアリの幼虫を食べてしまうというあり得ない状態も見逃す。

2-1　一部の地域で、外観も香りも雌のミツバチにそっくりな花を咲かせて雄のミツバチを引き寄せるミツバチラン。雄のミツバチは交尾しようとして、花の受粉を助ける。ここドーセット（イギリス）のように分布域の北部では、このランは自家受粉する。BOB GIBBONS／SCIENCE PHOTO LIBRARY

「チョウがいよいよ姿を見せた瞬間、アリたちはどれだけびっくりするか、いつも考えてしまいます」と、熱帯林でのアリと植物の共生を研究しているトロント大学の生物学者、ミーガン・フレデリクソンは話す。「チョウが大急ぎでアリの巣穴を逃げ出さなければならない様子を撮影した、すばらしい動画があります。アリは突然、侵入者の存在に気づくわけですからね」

他にも、自らは何も負担せず、相利共生の恩恵だけを手に入れるよう進化した生物がある。たとえばランの仲間だ。ランは植物のなかでも世界最大級の科だが、その三分の一は受粉に役立つ昆虫を引きつける蜜を作らない。そうしたランの一部に、雄の昆虫をだまして花へと誘い込むものがある。同じ種の昆虫の雌の匂いや形状をうまく作り出すという方法だ。雄は交尾しようとして転げるように動きまわるので、その体が花粉だらけになる。その後も花から花へと飛びまわり、同じように実現する見込みのない密会を繰り返すことによって、花粉を別のランの花に広げていく。

不可解な相利共生

私をロッキーマウンテン生物学研究所（略してＲＭＢＬ――「ランブル」と呼ばれている）に招いてくれたのは、二〇一五年出版の書籍『相利共生（Mutualism）』（今ではこの分野の権威ある学術書籍とみなされている）の編集を担当したアリゾナ大学の生態学者、ジュディス・ブロンスタインだ。コロラド州ゴシックにあるこの生物学研究所は、昔は鉱山の町として栄えたおよそ四〇〇ヘクタールの広さをもつ敷地にあり、「一年間にやってくるフィールド生物学者の数が世界最多」を誇る。ブロンスタインと彼女の学生たちは夏になるとここに来て、この高山地帯の渓谷で暮らす生き物に見られる、互いの利益になるような交流を調査する。ＲＭＢＬ（ランブル）の環境がすばらしいのはもちろん、ここでは一九二八年以来この渓谷で自然を研究してきた九〇〇〇人もの他の生物学者の研究を足がかりにできるのだから、彼女たちにとっては絶好の機会だ。

ブロンスタインはＥメールを通して、ＲＭＢＬで相利共生の研究に参加する仲間たちを前もって紹介してくれていた。だから私は現地に到着するとすぐ、試験する場所を決めてデータを集めに戻るたくさんの研究者の後を追って、草地や山の中をかけまわることになった。ワンをはじめとした学生たちと共に番号つきのマルハナバチを追いかけた日は、楽しいだけでなく、とても興味深い一日だった。

相利共生を研究するのに、なぜ共生の役割を果たさない様子に注目するのだろうか？　ブロンスタインが後で話してくれたところによれば、そのような怠慢な行動を観察することによって、研究者は共生全体から見た費用対便益の関係をよりよく理解できるからだという。

「相利共生は、とても不可解なものですよ。だって、パートナーどうしが相手をうまく利用できることは、すぐわかりますからね」と、ブロンスタインは説明した。「植物が蜜を作り出すには大きな犠牲が伴い、作る蜜がもっと少なくたって、ミツバチから大きな注目を集められるはずです――それならば、なぜあんなにたくさんの蜜を作るのでしょうか？　それに私たちが研究しているミツバチは、植物に穴をあけて蜜を手に入れることができます――ときには開いた花を通っていくよりそのほうが手っ取り早いこともあるでしょう。それなら、なぜ全部のハチがごまかしてしまわないのでしょうか？　なぜ、自分自身の利益にならないように思える場合にも、できる限り協力するのでしょうか？」

「ごまかす」パートナーは、ときどき自らの無頓着な行儀の悪さのせいで罰せられることがある。土壌に住むほとんどの細菌は、クローバー、エンドウマメ、ハンノキのような植物の根粒に窒素を固定する遺伝的技能をもちあわせていないが、ときおり共生の特技をもつ細菌の仲間に潜り込み、植物のために窒素の支払いをすることなく炭素のごちそうにあずかることがある。花盛りの植物は花の横にあけた穴から蜜を盗むミツバチを罰するようには見えないが、植物は折にふれて、ただ食いをする細菌に制裁を下すことができる。カリフォルニア大学リバーサイド校の植物学者ジョエル・サックスの研究室で行なった研究によれば、植物は窒素固定の力をもたない細菌が潜り込んでくると、自らの細胞の一部を殺してしまう。

それでも相利共生のパートナーの大半は、相手から返礼を受け取れなくても利益を提供し続けている。まるで、ダーウィンの時代から競争と利己主義にこだわり続けてきた科学的思考の主流を無視しているかのようだ。

私はロッキー山に出かけるまで、ミツバチなどの生き物が相利共生の義務を怠けていることを知らなかった。実際のところ、前著で植物と土壌微生物の互恵的な相互関係について書いたにもかかわらず、「相利共生」という用語の意味をあまりよく理解していなかったのだ。そしてこの本のために調査をはじめたとき、検索でスザンヌ・シマード以外に自然界での協力を調べている研究者を探し、生態学者ダグラス・バウチャーの一九八五年の著書『相利共生の生物学（The Biology of Mutualism）』を見つけた。ところがその本の第一章に書かれていた次のような内容で、すぐに行き詰まってしまった。「（相利共生は）この一〇年間で生まれ変わった考え方だ。生態学的な考え方から完全に消えたわけではなかったが、現代の生態学が発展するにつれて人気を失っており、再び重要だとみなされはじめたのは一九七〇年代初頭になってからだった。このような最近の復興の機運が再び薄れてしまうかどうかは知る由（よし）もないが、少なくとも現在のところは、着実に地歩を得ていると言えるだろう。生態学者たちは再び、この考え方に関心を示している」

だが、ブロンスタインの著書がバウチャーの著書の三〇年後に出版されたとき、生態学での相利共生の研究はまだ、生物の種の間の敵対的な関係に向けられた熱烈な関心に比べて大きく後れをとっていた。ブロンスタインによれば、一九八六年から一九九〇年までに主要な科学雑誌に掲載された種の相互関係に関する論文のうち、四分の一が相利共生に関するものだったが（もちろんそれは圧倒的な七五パーセントがそれ以外だということを意味するが）、当時の教科書での相利共生の記述はわずかだったという。

社会情勢と科学

互恵的な相互関係が適切に研究されず、正しく評価されていない理由を、科学者と科学史学者は数多く指摘している。かつて「憂慮する科学者同盟（Union of Concerned Scientists）」で地球温暖化に対する森林破壊と農業の影響を研究するプログラムを率い、今ではすでにこの同盟を退会したバウチャーは、この問題が二〇世紀の政策と社会的状況に関係しているかもしれないと考えていた。「第二次世界大戦中および戦後、競争こそが人生における圧倒的な事実となった社会で人々は生きてきました」とバウチャーが私に話したのは、二〇一五年のことだ（特筆すべきは、それが二〇一六年のアメリカ大統領選挙の前だった点で、その選挙で生じた激しい社会的分断は衰えることなく今も続いている）。「ソビエト連邦が崩壊して冷戦が終結した今、社会における協調の考え方がより素直に受け入れられ、自然界でもそれを見たいという思いが生まれています」

ブロンスタインの著書は、有名な生物学者で伝統的な考えを打破しようとしたリン・マーギュリスの（彼女については後で詳しく述べる）、相利共生が無視されてきたのは男性が科学を支配しているからであり、男性は自らが攻撃的なために自然界でも攻撃性を探してそれを見つける可能性が高いのだとする主張に注目している。またバウチャーとマーギュリスは、相利共生の考え方が社会主義者と無政府主義者によって早くから支持されたことにも注目し（これについても後で詳しく述べる）、そのことが西欧の科学者たちを臆病にしたと考えた。別の議論は、協力よりも競争のほうが観察も研究も単におもしろいとする――盗まれたＵＰＳの荷物や炎上を狙ったツイートは注目を浴びて見出しになるが、近隣の人たちが道具の貸し借りをする様子、受刑者の野菜作りや海岸のプラスチックごみ拾いを手伝うボランティアの活動はまったく関心を引かないのと同じだ。科学者ではない多くの人たちは、科学というものは最も重要な問題や疑問に知性の光を当てるものだとみなしているが、もちろん科学といえども人間の努力という点では他の試みと同じで、偏見や文化的動向、権力者、そして小さいとは言えない財源の問題などによって、焦点がずれてしまうこともある。

とはいえ、自然界で利益をもたらす相互作用を、科学について考える人々がいつも無視してきたわけではない。バウチャーは、自然界の協力と競争に関する思想の歴史に丸々一章を割き、初期西洋文明の生態学的理論は「自然の調和」に目を向けていたと指摘している。古代の文筆家は相利共生の例を用いながら、自然はバランスを保ち、同じ種の生物が多すぎることも少なすぎることもないと説いた。古代ギリシャの歴史家ヘロドトスは、ワニの口からヒルをつまんで食べてくれるチドリの例をあげ、「ワニはこの状況を喜び、その結果として、けっして鳥を傷つけたりはしない」と言っている。キケロなども同様の物語をあげ、人間は動物からよりよい行動を学ぶことができると提言した。

ルネッサンスの時代になると、自然の調和は人間社会の構造に似た階層構造とみなされるようになったとバウチャーは説明している。植物と動物は人間に、また互いに食べ物を与えるために存在し、

2-2 南アフリカ共和国のムプマランガでインパラにとまってダニ、ノミ、シラミを探す、一対のアカハシウシツツキ。その関係は両者に恩恵をもたらす互恵的なものだ。インパラは有害な寄生生物を取り除いてもらい、アカハシウシツツキはおいしい食べものを手に入れる。
HEINI WEHRLE / MINDEN PICTURES

それぞれの生き物には神によって前もって定められた決まりがあると考えられていた。一七世紀にはじまった科学革命は、実際にはこうした考え方を補強するものだった。生物の近代的な命名法と分類法を確立したスウェーデンの植物学者リンネは、次のように述べている。「動物は、第一に植物の間に正当な割合を維持する役割を果たし、第二に自然の舞台を飾るとともに余分なものと無用なもののすべてを消費し、第三に動物と植物の腐敗から生じるすべての不純物を取り除き、最後に植物を増やして広め、他の多くの点で役立てる……このように自然は十分に整えられた国家に似ている……」

一七五〇年ごろにはじまった産業革命は、そのように秩序のある快適な自然界という考えを打ち砕いてしまった。古い社会階級や政治的階級、古い生き方は否定され、人々の間の、また人間とそれを取り囲む自然との間の、新しい関係がもてはやされた。産業界の実力者が富を独占し、都市に押し寄せた庶民は困窮した。当時の最もよく知られた学者のひとり、トマス・マルサスは、裕福な牧師で社会経済学者でもあり、人間の数の増加はつねに食料その他の資源の増加を上回るため、生存のための戦いが生まれることによって人口の大半が苦しむ——実際にはこの戦いが社会の均衡を保つことになるから、社会のためになると説いた。「マルサスは単に、死が調和を生むという自然神学の要素のひとつを取り上げ、自分の周辺で発展を続ける産業社会の観点から表現したにすぎない」と、バウチャーは書いている。今では現代的な自由放任の資本主義の知的な父とみなされている一九世紀の哲学者ハーバート・スペンサーも、戦いと競争が力となって前進すると指摘していた。そしてカール・マルクスも、その共感は裕福な者には向けられなかったものの、(労働者と資本家の)闘争によってよりよい社会が生まれると確信していた。

チャールズ・ダーウィンは、絶滅した種の化石および自然のいたるところで見られる驚くほどバラエティー豊かな生物形態を説明するために進化論を考え出したが、その過程でこうした考え方に大きな影響を受けており、すべての生き物は共通の祖先の血筋を引いていて、より劣る形質をもつ者は自然選択によって排除されてきたと論じた。進化生物学者で『人魚の尻尾——生き物を生み出した四〇億年の協力(The Mermaid's Tale: Four Billion Years of Cooperation in the Making of Living Things)』の著者でもあるケネス・ワイスによれば、ダーウィンは自らの人生の立ち位置に影響されて、ある集団や個人が別の集団や個人より成功に適しているとみなす傾向があったのかもしれない。「ダーウィンは思いやりのある人物だったが、大英帝国の上流階級に属しており、イギリス人は他の誰よりもすぐれているとみなしていた。彼は自らが生きた時代の産物であり、それは私たちすべてに言えることだ」

ダーウィンは自伝で、新しい理論的方向づけをしてくれたのはマルサスだったと述べている。「一八三八年一〇月、それは私が体系的な探求をはじめてから一五か月後のことだったが、気晴らしのためにたまたまマルサスの『人口論』を読み、また動物と植物の習性を長い間観察してきた結果、あらゆる場所で絶え間なく生存のための競争が続いていることを理解できる準備が整っていたこともあって、このような状況では有利な変異が残り不利な変異は滅びるのだと思いついた。その結果として生まれるのが、新しい種だ。こうして私はついに、すべてを説明できる理論を見出した」

偉大な人類学者の故デヴィッド・グレーバーの楽しい随筆『楽しめなくて、何の意味がある？(What's the Point If We Can't Have Fun?)』によれば、ハーバート・スペンサーは「『種の起源』の自然選択を促す力が、自らの自由放任主義の経済理論とあまりにもよく似ていることに驚いた。資源をめぐる競争、有利な点の理にかなった計算、そして弱者のゆるやかな絶滅が、万物の主要な指令とみなされていた」。ダーウィンの『種の起源』を読んだ後、スペンサーはその競争を説明する「適者生存」という言葉を考え出した。ダーウィンはその後、一八六九年に発行された『種の起源』の第五版でその表現を借用すると、最良の形質を備えた個体がその形質を次世代に伝えていき、やがて生き残りの競争を勝ち抜くのに十分な変化を遂げてまったく新しい種を作り上げていくのに対し、進化の敗者は――生き残りと繁殖を確実にする形質をもたずに――消えていくと説明した。

競争と戦いを通した進化についてのこうした力強い考えと隠喩は、スペンサーらによって「社会ダーウィン主義」というかたちで人間社会に適用され、富める者は優位に立つ一方で貧しい者には当然の苦難があるという見方が肯定された。だが、そうした考え方への抵抗が姿を現わしはじめる。労働組合と事業者団体を通してイギリスの低収入労働者が力を蓄える一方、フランスでは労働者たちが共済組合を作り、バウチャーによればそれらが社会主義的思想の温床になっていく。労働者階級の学生だったピエール＝ジョセフ・プルードンは著書『所有とは何か』で表舞台に出ると、労働者の協同組合からなる一種の相互主義(ミューチュアリズム)を主張し、それが最終的に、そして非暴力的に、資本主義にとってかわるだろうと主張した。

無政府主義者にしてすぐれた生物学者でもあったクロポトキン

ここでもまた、用語が学問分野を飛び越えることになる。プルードンの「相互主義」が、ベルギーの科学者ピエール＝ジョセフ・ファン・ベネデンによって生物学に応用されたからだ。一八七三年に行なわれた講義で彼は次のように言った。「数多くの種で相互扶助が見られ、サービスは役立つ行動や現物として素早く提供される」。相利共生という考え方と用語の両方が生物学者によって取り込まれた――そしてロシアでカール・ケスラーによって支持された――わけだが、それらが実際に大きく広まったのは一九〇二年になってからで、ロシアの無政府主義者ピョートル・クロポトキンがベストセラーになった著書『相互扶助論――進化の一要因』を書いたときだ。オンラインでクロポトキンを

2-3 1842年にロシア貴族として生まれたピョートル・クロポトキン。のちに世界有数の無政府主義者になる一方で、世界で最もよく名を知られた科学者にもなり、種の間の協力が生き残りを助けると説いた。ベストセラーになった著書『相互扶助論――進化の一要因』では、次のように書いている。「『互いに戦い続けている動物と互いに助け合っている動物のどちらが適者か』と自然に尋ねたなら、互いに助け合う習性を身につけている動物が間違いなく適者であることが、すぐにわかる」PUBLIC DOMAIN

検索してみてほしい。その本と、『ある革命家の手記』『パンの略取』など他の数多くの本を、今もまだ買うことができる。そう、西欧の主流の科学を驚かせたのは、クロポトキンの相互主義に対する扇動的な影響だったのだ。

クロポトキンはいくつかの書物の主題にもなっている。進化生物学者リー・アラン・デュガトキンの『進化のプリンス（The Prince of Evolution）』がその一例だ。「私がこれまでに科学史で研究した人物のなかで、クロポトキンが最も興味深く、最も重要な人物のひとりです」と、デュガトキンは私に話してくれた。「彼は進化の観点から、この相利共生という考え方に明確な形を与えた最初の人物でした。そして知名度はリチャード・ドーキンスやスティーブン・ピンカーと同等です。何十年もの間ロシアの警察に追われながら世界中をまわって、科学と政治のこうした物語を伝えていました。もっともっと多くの人たちに知られてしかるべき人物ですよ」。実際、私はデュガトキンの著書と、その他に何冊かクロポトキンに関する本を読んだ後、実在のスーパーヒーローを探している映画制作会社があれば、この人物には映画の主人公にするにふさわしい、大いなる価値があると感じるにちがいないと思った。

クロポトキンは一八四二年に、ロシア屈指の古い歴史をもつ裕福な公爵家に生まれた。「当時、裕福さの度合いは地主が所有する『農奴』の数で判断された。そして多くの『農奴』とは多くの男性の農奴を意味し、女性は数に入らなかった。私の父親はおよそ一二〇〇人の農奴を三つの異なる地方にもち、農奴の所有に加えてそれらの小作人たちが耕す広大な農地ももっていたので、裕福な人物とみなされていた」。このように書いたクロポトキン自身、ロシア皇帝の宮廷で同じように豊かな華々しい人生を送ることもできたはずだ。八歳のときすでに舞踏会でロシア皇帝ニコライ一世の目にとまり、その七年後には貴族の子弟に対して軍隊や宮廷警護の訓練を施す皇帝の近習学校に入学を許されている。だがそれよりずっと前からクロポトキンの心を魅了していたのは、自然、そして急進的な政治活動だった。

クロポトキンの家族は毎年、夏になるとモスクワを離れて田園地方で過ごしており、子ども時代の最も楽しかった思い出は松林の中を八キロメートルも抜けて夏の別荘へと向かうときだったと、自叙伝(『アトランティック・マンスリー』誌に連載され、その後一八九九年にホートン・ミフリン社から出版された英語のエッセー)に書いている。「その森はまるでアフリカの砂漠のように深い砂で覆われていたので、私たちはずっと徒歩で進まなければならず、ウマは砂に足をとられて何度も立ち止まりながら、ゆっくり馬車を引いていった。私は十代になると、家族を置きざりにしてどんどん進み、最後までひとりで歩くのが楽しかった。どこを見ても樹齢数百年の巨大なアカマツが並び、あたりは静まり返って、耳に届くのはそびえ立つ木々の声だけだ。小さな渓谷に澄みきった清水が湧き、そこには通りがかりの人が残した小さなじょうご形のひしゃくが置かれていた。カバノキの樹皮で作ったひしゃくに、折れた枝の持ち手がついている。一匹のリスが音もなく木の幹を駆け上がり、下生えも高木と同じように神秘に満ちていた。私の自然に対する愛が芽生え、絶え間なく活動する森の生命を、かすかながらもはじめて感じたのは、あの森の中だった」

クロポトキンは自然に心を奪われる一方、家庭教師のひとりだったモスクワ大学の学生スミルノフによって急進思想を教えられる。クリミア戦争と「冷酷な専制君主」である皇帝への不満を背景に、スミルノフは教え子の協力を得て、検閲下にあったプーシキンやゴーゴリといった作家の原稿を手書きで写しては配布していた。スミルノフはまだ若いクロポトキンにモスクワのあちこちを案内して、政治亡命者と作家の家を見せた。デュガトキンによれば、また別の家庭教師もクロポトキンの急進思想への転換を促しており、その家庭教師が「フランス革命のときに自らの称号を捨てた貴族の話をすると、ピョートルは自らをプリンスと名乗るのをやめて、それ以降はサインにP・クロポトキンの名前を用いるようになった」。ただし世間がその称号を忘れることはなく、彼の著書やスピーチ、数々の目覚ましい功績を伝える新聞記事や発表の多くでは、たいてい「元プリンス・クロポトキン」と呼ばれていた。

クロポトキンは一五歳で皇帝の近習学校に入学したが、そこで冷静になって成功を収めようという気持ちは少しもなかった。敬服すべき何人かの教師がいて、彼自身も読書と勉強が大好きだったものの、校長による些細な弱い者いじめに我慢がならなかった。校長は「心の奥底では独裁者であり、自分の気に入らない生徒を嫌う——ひどく嫌う——ことができた」。クロポトキンは、無礼な言動をしたり自分がばかげていると思った命令に従うことを拒否したりして、たびたび懲罰を受け、大切な本なしに暗い小部屋に一〇日間も閉じ込められたことがある。それでも勉学にとても秀でていたことから近衛兵に任命され、皇帝とも親密なつながりができた。

こうした親密さは、通常であればさらなる栄誉と昇進につながる足がかりとなるはずだが、実際には帝国への忠誠心を失わせる結果となった。皇帝の残酷さと大衆への軽蔑を目の当たりにしたからだ。自叙伝には、皇帝に随行していると——その新しい役割では、舞踏会から軍隊の行進まで、あらゆる場面で皇帝と同じ速さで進まなければならなかった――ひとりの農民がひざまずいて、皇帝に嘆願書を差し出したときの様子が書かれている。「私は彼［皇帝アレクサンドル二世］のすぐ後ろに控えており、その農民が突然姿を現わしたときに彼が恐怖で身震いした様子だけ目に入ったが、彼は足元にいる人間の姿に一瞥を加えることもなく進み続けた……私は後で叱責されることを承知で、それ［嘆願書］を受け取った。嘆願書を受け取ることは私の任務ではなかったとはいえ、その農民がはるばる首都まで足を運び、さらに行列を取り囲む警官と兵士の列をくぐり抜けて、ようやくそこにたどり着いたにちがいないことを思い起こしていた。皇帝に嘆願書を手渡そうとするすべての農民がそうであるように、彼も逮捕されることになり、どれだけ長く閉じ込められるかは誰も知らない」

一八六二年には学校で過ごす時間も終わり、クロポトキンは他の近習たちと共に、経歴の次の段階として進みたい軍隊の部門を選ばなければならなくなった。大学に進学したいと思ったものの、父親――軍人で、戦いの経験はなく、着飾って儀式に参加するのを大いに楽しんでいた――が許してくれないことはわかっていた。そこで（ロシアがアムール地域を併合したばかりの）シベリアに新しく配備されたコサック隊での地位を希望したので、誰もが驚き、家族はひどく落胆した。彼は新たな勤務地で憧れのアレクサンダー・フォン・フンボルトと同じように科学的な観測を行ないながら、労働者の間の政治改革を進めたいという希望をもっていた。

クロポトキンは一九歳という若さで旅を始めると、「馬車、蒸気船、ボートを利用しながらも、大半は馬の背で揺られて」凍える北の地を巡り、やがてそれは五年間にわたる総計八万キロメートルもの旅となった。それはまた、彼の左翼に傾いた政治観に拍車をかける旅にもなった。最初の探検で皇帝の軍隊の一員として与えられた任務のひとつが、アムール地域での監獄に関する報告書の執筆だったからだ。予想できる通り、クロポトキンはあまりにも過酷な状況に、そして官僚主義の無力さに、愕然としていた。その地でみじめな生活を送っていた政治亡命者たちに会い、そのひとり――詩人で女性の権利の擁護者であるM・L・ミハイロフ――からプルードンが書いた無政府主義の小冊子を受け取っている。

一方、シベリアを移動した別の探検は――そのときは金鉱をつなぐ道を見つける任務を負っており――ダーウィンのビーグル号での南米への旅が『種の起源』を生み出したように、クロポトキンの自然観の基礎をなす旅となった。この新進のロシア知識人はダーウィンの名著を一八五九年の出版からほどなくして読んでおり、大草原や山地でダーウィンの考えのカギと言える生存競争を研究できることを大いに楽しみにしていたのだが、その期待は裏切られてしまう。だがその代わりに、過酷な自然に対して生き物がどれだけ果敢に戦わなければならないかを知り、持ちこたえるために、たいていの場合は群れをなしていることに感銘を受けた。動物どうしの争いと皆殺しの様子を目の当たりにする一方で、次のような驚きについても書いている。「それと同時に同じ種に属する動物や、少なくとも同じ集団で暮らす動物の間では、同じだけの、いや、おそらくそれ以上の、相互支援、相互扶助、相互防衛が見られる。社会性は闘争と同じ自然の法則なのだ。もちろん、これら両方の事実の重要性を相対的な数値で予測するのは、おおよそであってもきわめて難しい。だがもし私たちが間接的な試験という手段をとり、『互いに戦い続けている動物と互いに助け合っている動物のどちらが適者か』と自然に尋ねたなら、互いに助け合う習性を身につけている動物が間違いなく適者であることが、すぐにわかる」

クロポトキンがここで言及している同じ種の内部での協力行動は、「相互扶助」と呼ばれ、花とミツバチに見られるような異なる種の間の相利共生とは大きく異なっている。ジュディス・ブロンスタインが私に話してくれたように、「同じ種の中での協力と異なる種の間の協力には共通点もあるが、生態学的に同じではなく、関係している進化の過程の違いはとても大きい」。

クロポトキンは、動物たちが身の安全を守るため、そして食べ物を調達するために協力する様子を目にしただけでなく、単なる楽しみのために交流しようとするのにも気づき、驚嘆した。そして、「社交性——同類の仲間たちと共に行動する動物にとって必要なもの——は、社会のための社会への愛が『生きる喜び』と結びついたもので、ようやく今になって動物学者たちから正当な注目を集めはじめている」と書いている。「私たちは今では、アリから鳥、そして最も高位の哺乳類に至るすべての動物が遊びを好み、取っ組み合い、追いかけっこ、鬼ごっこ、ふざけあいなどをしていることを知っている。そして多くの遊びは、いわば子どもたちがおとなになるために必要な正しい行動を教える学校のようなものだが、そうした実利的な目的とは別に、踊りや歌と同じく、ただあり余った力の発露でもある——それは『生きる喜び』であり、さまざまな方法で同じ種や別の種の動物と共感したいという願望にほかならない——要するに、本来の社会性の発露と言うことができ、動物界全体の際立った特徴となっている」

一八六七年になるとクロポトキンはシベリアを離れ、サンクトペテルブルクで大学に入学する。表向きはそこで数学を学んでいたが、熱中したのは政治だ。シベリアにいる間に彼の考えはさらに左派へと傾いており、それはシベリアで政治亡命者たちに出会い、プルードンの著書を読んだからだけではない——自然界で見つけて心を打たれた相互扶助が、シベリアでは人間の間でも盛んなことを目の当たりにしたからだった。政府の官僚機構から遠く離れて点在する集落で暮らしながら、国家の組織に助けられることも汚されることもなく、人々が互いに思いやりと良識をもって接しているのを、自分の目で見たのだ。支配・被支配関係のないそうした協力がクロポトキンにとって理想になった。「動物たちが相互扶助を実践していた事実——そして政府のようなものは一切なしでそうしていたこと——は、深いところに生物学的な根源があることを示唆していた」と、デュガトキンは書いている。「進化の過程は動物の個体群に見られる相互扶助を好み、もしそうした動物の振る舞いに政治的な肩書をつける必要があるなら、それは『無政府主義』だろうと、クロポトキンは感じた」

もしクロポトキンが現代を生きていたとしても、アンティファ（反ファシスト）の黒いバンダナを身に着けはしないと思う。彼は資本主義や帝国主義の国家を転覆させたいと思ってはいたが、そのやり方としては非暴力的なストライキと操業停止がうまいやり方だと考えていた。とはいえ、そうした考え方と行動によってまもなく問題を抱えることになる。小作人に過激な文書を配布して欧州労働組合について教える学生グループに、関わるようになったからだ。その学生たちは自ら村に出かけ、医師と助産師の手助けをしたり先生をしたりと、小作人たちと親しくなるためのあらゆる活動も行なっていた。帝政国家はそうした活動を警戒して監視し、すでに逮捕者も出ていたため、クロポトキンは自分も検挙の対象になるのではないかと恐れたものの、ある科学的な関心から、身の安全を図って地下に潜る道を選ぶことはなかった。

彼は大学に入学する前、皇帝の命を受けたもうひとつの大規模な探検隊に参加して、ロシアと中国が覇権を争っていた満州の国境地帯で現地調査を行なった経験をもつ。そしてこの探検で山地の地理に魅了され、自分では科学へのはじめての貢献と思えた成果を上げている。それは、アジア山岳地帯の配置と形成に関する研究だった。この研究がロシア地理学協会に注目されたため、フィンランドとスウェーデンの氷河を研究する探検にも派遣された。そして協会から氷河時代の起源に関する論文の執筆を求められ、承諾したのだが、その数時間後に逮捕の憂き目に遭い、投獄されてしまう。『氷河期の研究』を書きあげたのは獄中だった。

クロポトキンは獄中で二年を過ごしたころに健康を害し、医療刑務所に送られた。そして体調が順調に回復をはじめ、当局も外部との連絡を大目に見ていたころ、友人たちと共に向こう見ずな計画を立てた。それはインディ・ジョーンズ顔負けの大仕事で、赤い風船とバイオリンを秘密の合図に首尾よく脱獄を果たすと、イギリスに渡ったのだ。こうしてクロポトキンの亡命者としての暮らしが始まった。まもなくロンドンで新しい『ネイチャー』誌の編集という職を得たものの、国際的な無政府主義運動に加わりたい気持ちが強く、そうした運動は大陸でのほうが熱を帯びていた。そこでスイスに移り住み、地理の研究と無政府運動の両方に関わっていたが、皇帝の暗殺事件が起きた後、本人は実行グループと何の関係もなかったにもかかわらず国外追放となる。クロポトキンは妻と共にフランスに移り住んだのち、ロシアのスパイに包囲され、無政府社会主義組織の一員だったことを理由にフランス当局に拘束されたうえ、懲役五年の判決を受けた。だが国際的な著名人の一団が釈放の嘆願書を提出する——署名した人々の中には、イギリスの国会議員、小説家のヴィクトル・ユーゴー、大英博物館の首脳陣、『ブリタニカ百科事典』の編集者も含まれていた。最終的にはフランス政府が圧力に屈するかたちでクロポトキンを釈放し、イギリスに送還することになり、そのころにはイギリスでも初期の無政府主義運動がようやく活動の幅を広げつつあった。無政府主義者は概して恐れられ、嫌われたが、デュガトキンは次のように書いている。「クロポトキンはそうした通例にあてはまらなかった。というのも、イギリスでは多くの人が彼の相互扶助の考えを好み、その［監獄からの］逃亡の大胆さに魅惑されたからだ……彼はその後も相互扶助から無政府状態、社会主義まで、あらゆる考えを説き続けた」。このころまでにクロポトキンは豊かな生家と縁を切って、作家として生計を立てていた。政治活動を控えることを条件にケンブリッジ大学地理学教授の職を打診されても、受け入れることはなかった。

それでも科学界の話題や論争にはしっかり耳を傾け続け、一八八八年には科学者トマス・ヘンリー・ハクスリーが書いた論文に激怒している。ハクスリーはダーウィンに心酔していたことで知られ、無政府主義者を嫌い、クロポトキンをフランスの牢獄から釈放するよう求める嘆願書への署名も拒否した人物だ。

ハクスリーがその論文を書いたのはダーウィンが世を去ってから数年後で、その死はハクスリーにとってもクロポトキンにとっても悲しい出来事だったにちがいない。だがクロポトキンは日ごろから、ダーウィンの著作は彼の支持者たちによって誤って解釈されたために、生き物に対する過度に厳しい見方を助長することになったのではないかと疑っていた。ダーウィンのほんとうの意図はそのような見方ではないと、確信していたのだ。実際、ダーウィン自身が次のように示唆したと書いている。「適者とは、最も強い体をもつ者でも、最も巧妙な者でもなく、強者も弱者も同じように共同体の繁栄のために互いを支え合える者である」。この一節は『種の起源』の一二年後に出版されたダーウィンの著書『人間の由来』から引用している。「最も思いやりのある構成員を最も多くもつ共同体が最も繁栄し、最も多くの子孫を育てる」。そしてクロポトキンは、ダーウィンの考え方の変遷とみなすものを次のようにまとめた。「その［生存競争という］言葉は、一人残らずそれぞれに競争するというマルサス主義者の概念から生まれたものだが、『自然』を知る者の心の中から、その狭量が消え去った」

だがハクスリーの論文はダーウィンの見解を、最も過酷で、最も好みに合わない方向に解釈し、次のように書いていた。「道徳主義者の観点からすると、動物の世界はローマの剣闘士の見世物とほぼ同じレベルだ。生き物は平等の待遇を受けて戦いに臨み、そこでは最も強い者、最も速い者、最も抜け目のない者が生き残って、また次の日の戦いに臨むことができる。傍観者が反対する必要はないし、情け容赦もない」。また同じ論文でハクスリーはこの剣闘士の見世物を、初期の人類にも結びつけている。「最も弱い者、最も愚かな者は押しのけられる一方、最も強い者、最も抜け目のない者、最も知恵があって環境に対処できる者が生き残った。そうした力のない者は生き残ることができなかった。生きることとは絶え間のない乱闘であり、家族の限られた一時的な関係を超えて、ホッブズの万人の万人に対する戦いこそが存在の通常の状態なのだ」

クロポトキンはハクスリーの論文を掲載した雑誌の編集者に、これに対する反論を書く許可を得ると、長い論文を提出して掲載された。これを冒頭部分とし、その後も次々に掲載されていった論文は一冊の本にまとめられて、彼の最もよく知られた著書『相互扶助論』になる。彼は何年もかけて反論に磨きをかけ続け、闘争と競争はたしかに自然界に存在するが、相互扶助と社会性も同じように強い力をもち、それらは進化を実現するうえでより大きな役割を果たしているかもしれないと論じた。こうした考えに関するクロポトキンの話を聞きたいという要望は大きく、一八九七年と一九〇一年には大がかりな北アメリカ講演旅行を実現させている。さまざまな場所で受けた招待に応えながら大陸を移動し、多様なテーマについて話をした――トロントでは地質学と氷河について、ワシントンではシベリアについて、ニューヨーク市では相互扶助と労働組合主義について講演をした他、ボストンではヨーロッパでの社会主義運動、キリスト教信仰、道徳性について三つの異なる話をしている。またボストンにはのちに再び訪れ、そのときはロシア文学について一連の講演を行なった。無政府主義について話したときにはニューヨークで四〇〇〇人もの聴衆を集めており、アメリカへの三回目の講演旅行も計画していたのだが、バッファローでウィリアム・マッキンリー大統領が無政府主義者によって暗殺されると、国民感情は劇的な変化を遂げた。そしてアメリカの雰囲気が無政府主義者に敵対する方向に変わるにつれ、クロポトキンと、その友人である無政府主義者のエマ・ゴールドマンが、暗殺に関係しているといううわさが広まっていった。その後、連邦議会は一九〇三年移民法を制定して無政府主義者の入国を禁じた。

クロポトキンはその後もイギリスにとどまって、相互扶助、進化、ダーウィン、無政府主義などについて執筆を続けていたが、長い間支持し続けてきたストライキや大規模な抗議行動によって一九一七年にロマノフ朝が滅亡したことをきっかけに、ロシアに戻った。そして何千人もの人々に迎えられ、臨時政府で要職につくよう促されたものの、その申し出を断っている。それまでの帝政より

2-4 カナダのグレート・ベア・レインフォレストの近くで、獲物のニシンを食べるために「バブルネット・フィーディング」と呼ばれる手法を用いるザトウクジラ。何頭ものザトウクジラが協力して水中から魚の群れの周囲に泡を吹き出し、魚を海面の狭い範囲に集めてから、一斉に浮き上がって食べる。IAN MCALLISTER

はずっとよい政府だったとはいえ、それはまだ国家だったからだ。だがその年のうちにレーニンとボリシェビキが支配権を握ると、ますます中央集権化した国家はクロポトキンが信じるものとは正反対になった。そこで彼は妻と共にモスクワ近郊の小さな家に移り住み、最後の著書（人間やその他の動物での相互扶助の役割について書いた『倫理学――その起源と発達』）を仕上げながら、農民が運営する協同組合で控えめな役割を果たすとともに地域の地質学的な収集物を管理した。一九二一年に世を去ったとき、その遺体はモスクワに送られている。レーニンに国葬を提案されたものの家族がそれを断り、その代わりに無政府主義者のいくつもの集団が資金を出して執り行なわれた葬儀には、数千人が参列した。労働組合、無政府主義者の集団、科学関連の協会、文学の団体といった多くの組織の代表者たちが葬列に加わり、それぞれの団体が掲げた色とりどりの横断幕は、クロポトキンの情熱と影響力の大きさを証明していた。

ほんとうに、なんとすばらしい人物なのだろう！

それなのに、ほとんどの人はその名を聞いたこともない。無政府主義者たちは今もまだクロポトキンを尊敬し、その著書を読むし、デヴィッド・グレーバーのような知識人も折に触れて彼を思い起こしていたが、科学的な文献ではほぼ忘れ去られている。それでも、デュガトキンが一九八〇年代に動物の間の協力の進化を研究しているときに彼を見つけたのは、科学の分野だった。デュガトキンがクロポトキンの引用文を目にしたとき、はじめは何のことかよくわからなかった。この有名な無政府主義者が一流の科学者でもあったことに、気づいていなかったからだ。

その後デュガトキンはクロポトキンで頭がいっぱいになり、その著書をすべて読むと、アムステルダムに保管されているクロポトキンに関する大量の資料に目を通し、モスクワで開催された彼に関する会議に出席し、仲間と共に彼の日記を英語に翻訳した。また、一九三〇年代と四〇年代にクロポトキンの考えを足掛かりとしたシカゴ大学の生物学者たち、さらに一九六〇年代に生まれつつあった新しい社会生物学という分野についても研究した。社会生物学は、自然選択が相利共生と協力関係を好むことにおおむね同意していたが、デュガトキンはクロポトキンが想定していた道筋は、詳細な理論的分析には耐えられないだろうという結論に達した。そして次のように言う。「クロポトキンに関する考察と彼の業績は、この第二の点のせいですっかり忘れ去られ、その研究は見えない場所に棚上げされてしまった。だが二〇〇〇年以降、彼の研究のすべてを捨て去るべきではなかったという認識が生まれている。自然選択が協力を好むという考えは、彼の時代であれば急進的な考えだったかもしれないが、時の試練に耐えてきた」

利己主義と闘争の生物界

そうしているうちにも、他の生物学者たちは新しい隠喩を次々に考え出していた。なかでも抜群の説得力をもっていた表現は「利己的な遺伝子」で、進化生物学者リチャード・ドーキンスが一九七六年に出版した書籍のタイトルだ。この本は絶大な影響力を発揮し、なかにはこれを科学書で世界初のベストセラーとみなす人たちもいる。ドーキンスは、進化の過程を動かしているのは遺伝子だと考え、すべての生き物はそれらの遺伝子を未来に運ぶ最良の乗り物にすぎず、その乗り物を作る役割を果たしているだけだと論じた。「私たちは生存機械であり、遺伝子と呼ばれる利己的な分子を生き残らせるために、無条件に従うようプログラムされたロボットの乗り物だ」と彼はこの著書で述べている。ひとつに、ドーキンスも彼が研究を参照した新ダーウィン主義者たちも、ダーウィンが自身の理論の弱点として不安視していた部分を標的にしていた。それは、同じ種の仲間の間で利他的行動が見られることだ。古典的な例をあげるなら、ミツバチの巣では雌の働きバチが女王バチの子どもの世話をするために自らは子をもたず、巣全体の利益のために自分自身の見かけの自己利益を放棄している。ドーキンスの著書は、遺伝子を進化の推進力とみなせば、そのような場合にも理論的な弱点はないと論じた。彼の分析によれば、利他的行動は個々が一族と共有している遺伝子を次の世代に受け渡すのに役立つから進化したものだ。もちろんドーキンスの著書のタイトルは隠喩であり、利己的という言葉に暗示されている意識を遺伝子がもっていると言っているわけではないが、彼の隠喩はマルサス、スペンサー、ダーウィンから受け継いだ隠喩と相まって、利己主義と闘争に駆り立てられた生物界の姿をみごとに描き出している。

このタイトルに対する論争は年を追うごとに激しさを増したため、ドーキンスはたびたび、この本の名前は別のものになっていたかもしれないと話している。おそらく「不死身の遺伝子」といったものだろう。それでも彼を擁護する人たちは、このタイトルは隠喩だと繰り返し主張して異論を跳ね返してきた。だがもちろん隠喩も重大であり、とりわけ一流の科学者が事実を説明したもので、より多くの人の間で幅広く反復される「ミーム」になっているなら、なおさらだろう。隠喩は私たちの世界観を形作り、私たちがどのように行動して他者と関わるか、自分の周囲の世界をどのように解釈して未来に何を期待するかについて、方向づけをする役割を果たす。「異なる文化は、それぞれの世界から意味を生み出す中心的な隠喩を構築し、そうした隠喩によって形成される価値観が最終的に人々の行動を駆り立てる」と、ジェレミー・レントはその著書『パターン化する本能――人類の意味探求の文化史（The Patterning Instinct: A Cultural History of Humanity's Search for Meaning）』で説明している。

人類学者デヴィッド・グレーバーによれば、ドーキンスはダーウィン主義について、とりわけ荒涼とした曲解を思いついた。ダーウィンは、同じ種の一員の微細な違いでさえ適応度を決定することがあると、理論の上で想定していた。あらゆる違いが重要な意味をもつとするこの考えに従い、ダーウィンの志を継いだ科学者たちは、選択はそうした違いにレーザー光線のような正確さで焦点を合わせるものとみなした。グレーバーは次のように書いている。「新ダーウィン主義者たちは実質的に、彼らの当初の仮定から結果を導かざるを得なくなった。その仮定とは、科学は合理的な説明を求めていること、つまり、あらゆる行動は合理的動機に起因すること、そして、真に合理的な動機とは、人間の場合は通常、利己的または貪欲と説明されることだ。新ダーウィン主義者たちは、単に生存競争だけではなく、見たところ不合理とも思える無限の成長を続ける責務に駆られた、合理的計算の世界を想定したのだ」

こうした絶え間ない闘争と利己主義の隠喩は、目に暗いレンズをかぶせるかのように、私たちを取り巻く世界の色を灰色に変えてしまう。あるいは、ハンス・クリスチャン・アンデルセンの童話『雪の女王』に登場するガラスの破片に似ている――『雪の女王』は、一〇〇年以上も後にディズニーが脚色して広く知られるようになった『アナと雪の女王』とは、まったく異なる物語だ。『雪の女王』では、悪魔が魔法の鏡を作り、その鏡は映るものすべてをゆがめる力をもっている。世界の欠点と醜さばかりがはっきり映しだされる一方で、よいものはぼんやりと霞んで、よく見えない。その鏡が割れたとき、ひとりの少年の目に破片が入って、その少年の目にうつる周囲の世界は荒涼としたものになった。豹変した少年は、それまでずっと仲良しだった少女に悪態をついたあげく、どこか遠くに行ってしまう。やがて少女は少年を氷の国から救い出すために、壮大な旅に出る……。この物語のガラスの破片と同じように、絶え間ない闘争と貪欲さの隠喩は、正義は妨げられやすく、善意は疑わしく、私たちは――延々と続く進化の歴史で頂点に立ったとされる生物として――この惑星の人間以外のものすべてを食べつくしながら自分たちの生物学的運命を全うしているだけの存在なのだと思わせる。そして、生命はすべてゼロサム・ゲームで、一方の利益は他方の損失であることを示唆する。こうした隠喩に縛られているなら、私たちの文化を向上させて自然界との関係を修復していくことに、どうすれば絶望を感じずにいられるというのだろうか。

闘争と利己主義のこうした隠喩に傾倒している人たちは、すばらしい寛容さの例を見せられたときさえ――たとえば、プールで溺れそうになった人を助けようとして誰かが飛び込んだ話を聞いても――闘争と利己主義を強調するように説明する方法を見つけがちだ。「ハイパーダーウィニストは、協力は競争が変装したものにすぎないと言う」と、かつて溺れかかった女性を助けようとして実際にプールに飛び込んだ経験をもつ進化生物学者のケネス・ワイスは語る。「私がそうしたのは、そのうちいつか、彼女か誰か他の人が私を助けてくれるかもしれないからだと、彼らは言う。それを専門用語で言うなら『でたらめ』だ。私が彼女を助けたのは、私には共感があるからだ」

穏やかな選択がもたらすもの

こうした隠喩と考え方は不愉快なだけでなく、科学的にも誤っているのだろうか？　ワイスと彼の共著者――妻で人類学者のアン・ブキャナン――は誤っていると考える。二人の著書は、膨大な数の構成要素が互いに影響し合って世界の種の多様性を生み出すのだと論じた。ワイスは次のように言う。

こうしたすべての構成要素では、「協力関係こそが生命の基本原理であり、ほぼ間違いなく競争よりはるかに広く行き渡って、重要なものだ。なぜなら、それはあらゆるレベルで、あらゆる時に、微小な細胞内の空間から遠大な生態系まで、瞬時にも進化の長い時間にわたっても、起きているからだ。私たちの体は膨大な数の細胞で成り立っており、それらは共通の利害のために相互に作用する必要があり、私はそれを協力関係と呼んでいる。協力関係がなければ多細胞生物にはなれない」。たしかに、種の中の一部の構成員は環境の求めにもちこたえることができないために生き残りに失敗するが、ワイスとブキャナンはこれを虚弱者の失敗と呼ぶ——生物が生き残って繁殖するためには、必ずしも最適者である必要はないという意味だ。実際、同じ種の生物にはさまざまな変異があり、そのすべてが生き残って繁殖するのに十分な適合を果たしている。

新ダーウィン主義者は、現在の私たちやその周辺にいる種を進化と呼ばれる長距離レースの勝者とみなしているが、適応度によって必ずしも種の生き残りが約束されるわけではない。偶然はつねにサイコロを転がし続けており、幸運は適応度より生き残りに大きな影響を与えることがあると、ワイスは論じる。火山の噴火、ハリケーン、山火事、津波、洪水、その他さまざまな災害や外部の変化は生き物の個体数を大きく減らし、自分の遺伝子を次世代に首尾よくつなぐ生物は必ずしも最適者とは限らない。それは最も幸運な者だ。あるいはワイスがうまく表現しているように、「最も安全な者の生存」ということになる。

進化は競争と利己主義によって進むプロセスだとする見方は、一九六〇年代に進化生物学者のリン・マーギュリスによって完全に刷新された。マーギュリスは微生物の世界に魅了され、娘のジェニファー・マーギュリスによれば、自分のことを「微小生態系の代弁者」と呼んでいたという。マーギュリスは、掲載されるまでに一五の科学雑誌で拒絶された論文の中で、地球上に生命が姿を現わしたばかりの時期を振り返り、単細胞生物（細菌はおよそ三八億年前に登場した）はおよそ一五億年前に、共生関係を通して多細胞の複雑な生き物に大転換を果たしたと論じている。この仮説では、二つの異なる微生物が群れをなして暮らしているうちに――細菌が今もそうしているようにスライムやマットを形成しながら、数百万が集まって互いに影響し合い――やがて両者が融合して、新しい、内部がもっと複雑な、真核生物の細胞が生まれた。そしてこうした真核細胞もまた共生関係を形成し、やがて多細胞生物になった。真核細胞には、細胞核の外に束状のものが含まれており――エネルギーを作り出すミトコンドリア、植物の場合は光合成を促進する葉緑体――マーギュリスはそれらが両方とも以前は自由生活をしていた細菌の名残だと考えている。こうした考え方は、遠くクロポトキンとダーウィンの両者を受け継いだ二〇世紀初頭のロシア人科学者たちの研究にまでさかのぼるが、それは当時の西欧では無視された。マーギュリスが研究を発表した後、科学の世界が彼女を異端として非難するのをやめるまでに、ほぼ一〇年という年月を要している。私たちの体は隅から隅まで、他の動物、植物、菌類の体と同じように、真核細胞でできている――協力関係によってまとまったこのきわめて小さい塊は、生命そのものの誕生を除けば、この地球を何よりも大きく変えたものだった。

私がこの本を書いていることを伝え聞いた友人が、科学雑誌『ノーチラス』に掲載された神経科学者ケリー・クランシーのすばらしい小論を送ってくれた。タイトルは「最も友好的な者の生き残り（Survival of the Friendliest）」（訳注／Survival of the Fittest のもじり）で、この一文によって私は「緩和選択（relaxed selection）」の概念を知ることができたのだった。この小論でクランシーが指摘しているように、自然選択――種の中で生き残りの可能性が小さくなる形質をもつメンバーが取り除かれ、より役立つ形質をもつ他のメンバーが急増する状態――は、生命体の力ではどうにもならない外部の出来事によって「緩和」されることがある。たとえば、捕食者の数が減る、食べ物の供給が急に増える、好天が長く続く、などで、そうした緩和によって生命体は変化する自由を手にし、新しいやり方で成長できる。だが選択は、生命体自身の行動によっても緩和されることがある。「進化は、体に関する選択に限るものではありません」と、クランシーは私に説明してくれた。「行動、姿勢、求愛のダンス、生息環境による選択もあります。文化的レベルで作用するものなのです」

大昔に真核細胞を生み出した微生物の融合は、たしかに緩和選択の例だった。二個の単細胞生物が協定を結び、一方が相手の内部で安全な環境を確保するとともに、もう一方は体内にエネルギー源を確保した。「ここでは進化は軍拡競争ではなく、相互依存する国々の間で結ばれる平和条約なのだ」と、クランシーは書いている。新しく生まれた真核細胞はこの融合によって数を増やす自由を、そして生物学的創造性を高める自由を得た――その創造性はやがて、私たちをはじめとしたこの世界にいるあらゆる動物、植物、菌類という、より複雑な存在へとつながっていく。

緩和選択は私たちのまわりのあらゆる場所で進み、他の生物にも同様の自由を提供している。クランシーの小論で紹介されているのは世界中の海で繰り広げられている、とても興味深い例だ。海面ではシアノバクテリアのシネココッカス（*Synechococcus*）とプロクロロコッカス（*Prochlorococcus*）が隣り合って浮遊する群落を形成し、どちらも日光と二酸化炭素を糖の燃料に変える光合成で栄養を得ている。ところが、これらのシアノバクテリアが光合成をすると毒性のある副産物が生まれてしまうため、水中に酵素を出して毒素に対抗しなければならない。酵素を作るには大きなエネルギーが必要で、それをできる遺伝子をもっているのはシネココッカスだけだ。だがプロクロロコッカスもまったく同じ利益を得る。シネココッカスが生み出す酵素は共通の水域に漂い出るので、利益を共有できるからだ。プロクロロコッカスは酵素を作るためにエネルギーを消費する必要がない代わりに、より多くのエネルギーを繁殖に集中させられる。そして繁殖で十分な仕事をすることで、海洋生物群集全体に利益をもたらすことができる。研究者によれば、海に浮かぶ何兆ものプロクロロコッカスはフォルクスワーゲンのビートル二億二〇〇〇万台に匹敵する重さをもち、他の何千という海洋生物に食べ物を供給するとともに、地球全体の酸素の五パーセントを生み出しているという。

プロクロロコッカスはかつて酵素を作る遺伝子をもっていたが、他のシアノバクテリアが代償なしにその仕事を引き受けてくれる協力的な生物群集の中で暮らすうちに、その遺伝子がなくてもすむようになったというのが、科学者の打ち立てた理論だ。この理論には楽しげな「黒の女王仮説」という名前がつけられている。この名の由来となったトランプの「ハーツ」というゲームでは、プレイヤーがスペードのクイーン（黒の女王）を引かないようにしながらカードを出していく。生物学にはこれに対応する「赤の女王仮説」もあって、競合する生物が絶え間ない進化の軍拡競争に巻き込まれることを示唆する理論だ。こちらの名前は、小説『鏡の国のアリス』に登場する赤の女王がアリスに向かって言う、「同じ場所にとどまるには、全力で走り続けなければならない」という言葉に由来している。ほとんどの人は、生物は成功するために進化によってどんどん複雑なものになると思い込んでいるだろうが、科学者はその逆方向の進化も理論立てている。生物が群集内の他者から共通の利益を得られるなら、複雑さを減らしていけるというものだ。私はこの理論から結婚生活を思い起こしてしまう――男性は洗濯の方法を忘れ、女性はグリルの火を起こす方法を忘れ、二人は結婚によって手にした自由な時間を別の何かに使う――庭仕事か、読書か、イヌの世話か……。

私たち人間はさまざまな理由から種としての成功を遂げてきたが、その理由のひとつはたしかに、目覚ましい考案や発明によって選択の手をゆるめることができた点だろう。農業に医術、建築物に暖房装置、交通信号に自転車用のヘルメット――すべてが私たちの繁栄に役立ってきた。だが今になって生じている問題は、こうした考案や発明の多く、その結果として膨れあがった豊かさが、周囲の自然にかける圧力を高め、生態系を破壊し、他の種を絶滅に追いやっていることだ。手にした豊かさにしても、自分たちの種の全員を養うことさえできず、一部の人たちだけがとびきり裕福になって金のトイレを使い、他の人たちは貧しく、溝にしゃがみ込んで用を足す。私たちは他の種との関係を表わす新しい隠喩に導かれて、周囲の自然にかける圧力をゆるめていかなければならない――その隠喩が、できることなら私たち自身の互いの関係にも波及することを願う。私たちはもっと優しくなる必要がある。

第3章 私たち一人ひとりが生態系

大気中に漂う微生物

飛行家アメリア・イアハートが一九三七年に失踪する前の最後の言動のひとつに、微生物にまつわるジョークがあった。

イアハートとナビゲーターのフレッド・ヌーナンは、歴史的な赤道上世界一周飛行をはじめるにあたり（その飛行は世界初の試みだっただけでなく、およそ四万七〇〇〇キロメートルという、地球一周の最長距離を飛ぶものだった）大気中を高速で進みながら大気試料を採取して、母国の科学者を手助けする計画を立てていた。その試料には生命のかけらが含まれているかもしれないからだ。そこで米国農務省は、二人が使用する飛行機ロッキード・エレクトラに「スカイフック」を取りつけた。見た目は楽器のピッコロによく似たこの装置は、植物病理学者フレッド・マイアーが作成し、チャールズ・リンドバーグと妻のアン・モローが一九三三年の北大西洋横断飛行ですでに使用していたものだ。スカイフックを通過する粒子はアルミニウム製の円筒の内側にあるスライドグラスに付着するので、スライドグラスをあとで調べることによって確認できる。イアハートとヌーナンは飛行中に三〇分間だけ、この管を手で操作して開く。イアハートは次のように書いている。「(そうすると) 内部のスライドグラスが空気の動きにさらされるので、そのとき通過している大気中で何か微細な小動物が生きていれば、何であれそれを集めることができる……その後、筒を閉じ、密閉してから、試料を採取した場所と時刻を記録した」

マイアミからアフリカまでの飛行中に、二人はこうした記録を十数回繰り返していたのだが、実は最初の一回は、誤って離陸する前に採取したものだった。離陸前の準備中にこの装置をあれこれいじって円筒の扱い方のコツをつかもうとしていたとき、ヌーナンがうっかりスライドグラスの一枚を前にしたまま、くしゃみをしてしまったという。イアハートの説明によれば、ヌーナンは「これは台無しだ」と言って、スライドグラスを捨てようと手を伸ばしたらしい。「ここに付着したたくさんの病原菌は、顕微鏡で覗けば、ただの寄せ集めに見えるだろうからね」

ところがイアハートは、そのスライドグラスと円筒も保存して、後から集める予定の試料と一緒に科学者に手渡すほうがいいと主張した。そして次のように書いている。「実験室の研究者たちが赤道上空の空気にいるもっと無害な細菌を調べるうちに、このスライドグラスの内容に出会えば、彼らには何かユニークな考えが浮かぶのではないかと思った。フレッドの貢献に導かれて研究者たちがどんなすばらしい結論に達するかは、神のみぞ知ることだ！」

だがもちろんヌーナンのくしゃみに、以前は地表近くにあって今は遠く大気中を浮遊している生命体より、もっと珍しいものが含まれているはずがなかった。

細菌（細胞核をもたない単細胞生物）と原生動物（細胞核をもつ単細胞生物で、植物にも動物にも菌類にも属さないもの）をはじめて見つけたのはアントニ・ファン・レーウェンフックで、一七世紀後半のことだ。レーウェンフックはオランダの織物・小間物商だったが、この発見によって思いがけず、その時代で最も偉大な科学者のひとりとみなされるようになった。肉眼では見えないほど小さい生き物が顕微鏡の登場によって新たに見えるようになり、当時は顕微鏡を通して見た絵が大流行した――イギリスの生化学者ニック・レーンによれば、そうした絵が掲載された『ミクログラフィア（顕微鏡図譜）』という本は、ロンドンで「ほとんど流行のアクセサリーのようなもの」になっていたという。そのような時代を背景に、レーウェンフックはレンズをさらに磨いて、肉眼では見えない世界をもっと詳しく見ることにした。そして当時では最も強力な顕微鏡を作り出すことに成功し、好奇心に満ちた目を周囲のあらゆるものに向けはじめる。その顕微鏡を用いた発見について書いた数多くの手紙が、イギリス王立協会の学術雑誌『フィロソフィカル・トランザクションズ』に発表されており、一六七四年の手紙で微生物を見たことについてはじめて触れている。また、近くにある湖で夏に見られる藻類の縞模様についても記述し、その驚くような線について次のように書いた。「これらの縞模様の間には、非常に小さい微小生物が見えた……そしてこれら微小動物の大半は水中でとても素早く動き、上に行ったり下に行ったりまわったりするので、見ていてとても楽しかった。私の認識では、これらの小さい生き物の一部は、私がこれまで見たことのある最も小さいものの一〇〇〇分の一よりさらに小さい」

レーウェンフックはもともと商人で、しかも彼が自分の顕微鏡で見るものは他の誰にも見えないものだったから、しばらくの間その主張は議論の的になった。それでもやがて、洞察力のある他の観察者も微生物を見つけるようになっていき、その後、これらの発見が人間にも大きな関係をもつとわかったのは一八七六年になってからだった。その年、ドイツの細菌学者ロベルト・コッホは、そうした微小生物のひとつである炭疽菌（*Bacillus anthracis*）が特定の病気（ウシの炭疽）とつながっていることを発見したと発表し、のちに研究室の寒天培養で細菌を培養する方法を見つけ出した。それとほぼ時を同じくしてフランスの化学者ルイ・パスツールは、微生物と発酵とのつながりを発見している。その時代の科学者たちはほとんど、発酵は単なる化学的な作用だとみなしていたが、パスツールは生きた微生物が存在するときだけに発酵が起きること、そしてその微生物は空気によって運ばれることを証明した。

パスツールは浮遊する微生物の存在に魅了され、田園地帯を歩きまわってはフラスコに試料を集めているうちに、生きた細菌とカビの胞子が空気中を漂っているだけでなく、場所によってその数が異なることに気づいた。そこでもっと高い場所からも試料を集めたくなり、熱気球での実験も考えたが、最終的には山に登り、海抜八五〇メートルと二〇〇〇メートルの場所で試料を採取することで落ち着いた。そして二〇世紀初頭に登場した航空業界の先駆けたちが、ようやく何千メートルも上空の大気から試料を採取できるようになり、この地球上のいたるところに微生物がいることをおよそ二五〇年にわたって少しずつ探り続けてきた科学者たちを、大きく後押ししたのだった。

科学者たちは今もなお、どのような種類の微生物が大気中を舞い、それらがどのような影響を及ぼしているかを知りたいと考えている。ただし、今では科学者自身が飛行機に乗ることも多い。スイスで大気プロセスを研究しているアサナシオス・ネネス教授はハリケーンのはるか上空を、高度約一万メートルという対流圏の上端に達する高さまで飛んで、この大規模な気象の攪乱が環境に及ぼす影響を調べた。ネネスとその同僚たちの目的のひとつに、その高さまで舞い上がっている粒子の試料収集があった。ハリケーンは地面を掃除する巨大な掃除機に似た動きをし、粒子を吸い取っては空に吐き出すので、そうした粒子は貿易風に乗って一週間で地球をぐるっとひとまわりすることができる。研究チームは、そのような厳しい環境でも、粒子に生きた微生物が数多く含まれていることに驚いたという。

「それらは低温と乾燥のなかで紫外線放射にさらされても、死ぬことはなかった」と、ネネスは言う。「われわれが研究室に持ち帰ると、そのほとんどが成長し、活発になった」

科学者たちが極限環境——地熱噴出孔、異臭を放つ硫黄泉、南極の氷、途方もない水圧がかかった海底——を探すと、どこにでも細菌が見つかった。何もないと思える場所でも、道具の精度を上げてみると必ず生命の豊富さに驚かされることになる。実際、二〇一八年後半にはあるグループが、地表からおよそ五〇〇〇メートルの深さに推定二三〇億トンの微生物が集まった広大な地下生態系が存在することを明らかにした。人類すべてを合わせた重さの数百倍にのぼる重量をもつその生態系は、光のない環境で想像を絶する高熱と高圧に耐えており、そこには食べるものもほとんどない。なかにはウラニウムで呼吸を保っているものもある。また一部はこの暗闇に閉ざされた超高温の世界で、ある種の仮死状態になって生きているようだ。テネシー大学の科学者カレン・ロイドは「ガーディアン」紙に、次のように語っている。「不思議なのは、一部の生命体が一〇〇〇年もの間生きられることです。

それらは代謝的には活性を保ちながら静止状態で、私たちがこれまで生命を維持するために必要だと考えていたエネルギーより、少ないエネルギーで生きているのです」

多種多様な細菌

微生物と微生物が与える影響についての研究は、あらゆる環境にいる微生物、さらにその環境で暮らす生き物の内部に生息する微生物まで含め、現代の科学で最も人気のある領域のひとつだ。また、健康法を見出そうとする人々が交わす会話でも注目の話題になっている。食料品売り場を見てまわっただけで、そのことは見てとれるという読者もいるだろう。加工食品などのメーカーが、マーケティング戦略に科学を取り入れようとしているからだ。今、アメリカでは「プロバイオティクス」の（おそらく体によい影響を与える細菌が含まれている）飲料水と板チョコが、イランではプロバイオティクスのパスタが、インドではプロバイオティクスのミューズリー（訳注／シリアルの一種）が、プエルトリコではプロバイオティクスのパンケーキミックスが、中国ではプロバイオティクスの歯磨き粉と口内洗浄液が、それぞれ販売されている。だがそうした食品メーカーの驚くほど大げさな宣伝は別にして、同じ惑星で私たち以外の生命と共に生き、両者のつながりを再認識するのは、すばらしいことだ。

生き物の行動と生態系に対する影響について、私たちが知っていると思っていることのほとんどは、数千年にわたるマクロ生物学（植物、菌類、動物）観察の成果に基づいたものだ。けれども今では、私たちマクロ生物はすべて、信じられないほど広大な微生物のスープに浮かんだ肉と野菜のようなものだということがわかっている。あるいは、果てしないダークマターの広がりの中で漂う恒星と惑星のようなものだ。私たちは、細菌などの目に見えない生き物の集団の力で互いにつながり、また自然界の他の部分と結びついている。そうした目に見えない生き物の一部には、あまりにも小さくて風変わりなために、科学者たちが「生きている」という言葉の定義を議論しはじめるようなものもいる。それら微生物は、渓流から私たちの涙管に至るまで、ほとんどすべての生息環境が機能を維持するために不可欠な存在だ。そしてまた、病院の建設から植林、あるいは夕食の調理と、暮らしのあらゆる場面で考慮に入れなければならないこともわかってきている。こうした微生物の存在と影響力に関する新たな理解に後押しされて、科学者たちの間では、自然界についてすでに理解できたと思っていることすべてを考え直そうという機運が高まっている。そしてもちろん、私たち自身もその自然界の一部だ。

ロベルト・コッホが一八七六年に細菌と炭疽のつながりを公表した一〇年後、オランダの微生物学者マルティヌス・ベイエリンクは、細菌には有害なだけでなく有益な面もあることを明らかにした。コムギなどの作物を大量に収穫したあとの畑にエンドウマメやクローバーなどのマメ科の植物を植えると、土地がまた肥沃な状態に戻るという、農民たちが何千年も目にしてきた現象を説明したもので、ベイエリンクはマメ科の植物の根粒内にある細菌（根粒菌）が大気中の窒素を植物が利用できるかたちに変える（「固定する」）ために、畑が肥沃になることを発見したのだ。だがこうしたベイエリンクの貢献にもかかわらず、細菌などの微生物は目に見えなくても死をもたらし、科学的に攻撃すべきもの、または避けるべきものだという考えは、科学者でも素人でも変わることはなかった。

一九七〇年代になっても、私たちの体内や周辺にある微細な生物の役割、数、驚くべき多様性について、科学はほとんど理解していなかった。生物学者は古くから、植物、動物、菌類の物理的特性と化石記録を調べることによってその進化系統と遺伝子的関連性を追跡し、動物には三〇から四〇の異なるグループ（門）があることで同意していた。だがこの方法で細菌などの微小な生物を分類することは、ほとんど不可能だった。

「微生物に、数多くの形態はない」と、ハワイのボブテイルイカと生物発光細菌の共生関係を研究する生物学者、マーガレット・マクフォール＝ガイは言う。ボブテイルイカは、細菌のスーパーパワーを借りて特殊な発光器官を発達させることで、暗い海を照らす月の光に溶け込んで暮らしており、輪郭が見えにくくなるので餌を得るのも捕食者を避けるのも容易になっている。このような相利共生の研究は、マクフォール＝ガイが着手した四〇年ほど前には風変わりとみなされて、誰からも注目されない分野だった。そのような事例は少ないと考えられていたためだが、現在ではその正反対だとわかってきている。「顕微鏡で見分けられる形態は、五つか六つくらいしかない。それに、ほとんどの細菌は培養の［研究室で育てる］方法がわかっていないため、研究は難しかった。広大な未知の世界が広がっていた」と、マクフォール＝ガイは続ける。

その後一九七〇年代後半になると、カール・ウーズが微生物を分類する新しい方法を提唱して、生物学を激変させた。その方法は、すべての生命体が共有している進化の遅い遺伝子を基準にした分類法だ。マクフォール＝ガイによれば、これによって微生物学にそれまでなかった要素が加わった。それは異なる微生物の間の関係性、そして微生物が時とともにどのように変化してきたかについての、進化の視点から見た理解だ。当初、遺伝子の塩基配列決定には多大な費用と労力が必要だったが、その費用も労力も、年を追うごとに急速に少なくてすむようになった。テクノロジーの進歩に伴って細菌の種の推定数は急増し、その上昇曲線は今もなお続いている。ウーズは一九九〇年に発表した論文で、細菌の門（主要系統）は一九七〇年代に考えられていたような四つではなく、数十だと主張した。さらに時が過ぎて二〇一四年になると、パブロ・ジャルサとその同僚たちが『ネイチャー・レビュー』誌で論文を発表し、細菌の門は一三五〇にのぼる可能性があると示唆している。

「五〇年前、動物には三〇から四〇の門が存在すると考えられていた。そして今――誰の組織を支持するかによるものの――私たちはまだ、三〇から四〇の異なる種類の動物がいると考えている。だが細菌の場合は、四つから一三五〇に増えた」と、マクフォール＝ガイは言う。

最新の推定によれば、世界には一兆の異なる細菌の種があり、それらはおよそ三八億年前からこの地球上に存在してきた。それほど膨大な数と多様性から考えて、もしそのうちかなりの割合のものが人間を含む大型の生き物にとって有害であれば、私たちは存在できていないだろう。「細菌のすべての種のうち、動植物にとって病原となるものの割合は間違いなく小さい」と、ハワイ大学名誉教授で生物学者のマイケル・ハドフィールドは二〇一三年にPhys.Org（科学、研究、技術のニュースをウェブベースで伝えるサイト）に語り、次のように続けている。「私の考えでは、この宇宙に存在する細菌の総数に対して有益／必要なものの割合も同様に小さく、この点において細菌の大半は『あたりさわりのない』ものだ。ただし、有益な微生物の数は、非常に必要とされる微生物も含めて、病原体の数よりはるかに多いことも確信している」。つまり、ほとんどの細菌は私たちにとって可もなく不可もなく、ただ自分に必要なことだけをこなしている——そして細菌の仕事は多くの場合、私たちが依存している生態系を維持することだ。一部には危険な細菌もあるが、それよりずっと多くは活発な協力者ということになる。そうした細菌がなければ、現在あるような生命は存在していないだろう。

すべての生き物は微生物叢の宿主

細菌は、数が多くて多様なだけでなく、高度な適応力ももっている。短時間で繁殖する（なかには二〇分に一回ずつ増えるものもある）が、動物の場合とは違い、遺伝的な多様性を拡大するために交尾と生殖の必要はない。その代わりに、互いに密集して暮らしている細菌は（多くの場合は互いに身を守る大規模なコロニーを形成するが、人の腸内で見られるように、一定の空間にひしめき合うように集まっていることもある）、ただ周囲にいる仲間と力を合わせ、特定の問題に対処するために必要なDNAを交換することができる。私は目の色が茶色い女性で、目の色が青い男性と結婚したことで、生まれた娘の目は青い。だがもし私が細菌で、青い目が必要なら、性行動も生殖も関係なく隣の細菌からDNAをもらうだけですんでしまう。これを、遺伝子の水平伝播と呼ぶ。実際には、それが最初の性行動だった。リン・マーギュリスとその息子ドリオン・セーガンは著書『ミクロコスモス』の中で、次のように語っている。「生物学者が認識する性行動とは、別々の源からの遺伝子の混合または結合である。それを生殖と同じように扱うべきではない……細菌の性行動は動物の性行動より、少なくとも二〇億年は先行しており、まるでトランプのカードのように、あらゆる種類の微生物が進化ゲームに参加し続けることができた」

細菌が進化ゲームにとどまったひとつの方法について、そして私たちのように目に見える生物と目に見えない微生物の間の関係について、また別のいたずらっぽい説明がある――「私は植物を、微生物が人工知能を用いた最初の実験とみています」と語るのは、ニューメキシコ大学の分子微生物学者デヴィッド・ジョンソンだ。「微生物は自分たちのためにエネルギーを得る何か別のものが必要になり、植物の発達を手助けしました。ところが植物はよく動けず、必要な食べ物すべてを手に入れるには不十分なことに気づいたので、バージョン二・一として動物を発達させました。その途中のどこかで大失敗をしでかし、人間を生み出してしまったのでしょう」

科学者たちは今では、細菌をはじめとした単細胞生物が力を合わせて真核細胞を作り出し、それがやがて（植物、菌類、動物を含む）生命の領域になったとするリン・マーギュリスの仮説を信じているだけでなく、植物界、菌界、動物界の内部で継続している進化の多くは微生物によって推し進められているとも確信している。この考えによれば、私たち真核生物はゲノムにコード化された形質と能力だけに基づいて進化したわけではなく、私たちと環境と微生物叢（そう）の間の、複雑な相互作用を通して進化してきたことになる――多くの人が微生物叢（microbiota）とマイクロバイオーム（microbiome）という語を置き換え可能なものとして用いているが、微生物叢は微生物の集まりを表わしているのに対して、マイクロバイオームは微生物叢とそれらの集積されたゲノムの両方を指している。実際、科学者は私たちが有益な微生物に依存するよう進化したと確信しており、イギリスの微生物学者グラハム・ルックをはじめとした科学者たちはそれらの微生物を「旧友」と呼んでいる。私たちはそうした微生物なしにはうまく生きられない。そして、微生物が宿主の進化を何らかの方法で推し進めたのと同じように、宿主のほうは自分専門の微生物の進化を推し進めてきた。ときには宿主に合わせて進化しすぎたために、他の場所では生きていけないものもある。たとえば、シロアリの体内で暮らす細菌の九〇パーセントは、他のどこでも見つからないものだと科学者は推定している。

人間の生理機能の基本的な特徴は、微生物とのパートナーシップの重要性によって説明できる。たとえば、たいていの人は気分が悪くなると体温計を取り出して、体温が通常の三七度前後を保っているかどうか確かめるだろう。一部の研究者は、私たちが体温を一定に保つ恒温動物として進化したのは、それが微生物叢にとって最も効率的に活動できる温度だからだと考えている。私たちの免疫系にも、同じような存在理由があるかもしれない。私たちが自分の免疫系をはっきり意識するのは体の具合が悪いときだけで、そうなると免疫系が動き出し、侵入してきた病原体と認識できるものを相手に、発熱、悪寒、炎症、くしゃみ、鼻水などを繰り出して戦う。そのため、免疫系が発達したのは体を細菌から守るためだと、ずっと考えられてきたわけだが、今では私たちの体がもつ膨大な微生物叢を日常的に保守するのが免疫系の本来の役割だと確信している科学者たちがいる。この考えの先頭に立っているのは、二〇〇七年に『ネイチャー』誌に論文を発表したマクフォール＝ガイだ。私たちがさまざまな環境から、微生物などの小さな粒子を体内に取り込むと（食べ物に含まれるものや、爪を噛むたびに口に入るものだけでなく、意識せずに吸い込んだり飲み込んだりするものもある）、免疫系がそれらの粒子を小腸に蓄積して吟味し、どの微生物を採用して集団に加えるか、どの微生物を警戒して避けるかを判断する。

今では科学者たちの力によって、ほぼすべての複雑な植物、菌類、動物が生き生きとした微生物叢の宿主になっていることがわかっている。それら微生物叢は、細菌、菌類、ウイルス、原生動物、その他の微生物の集まりで、私たちの体内や体表に住みついており、私たちの健康にとって不可欠であると同時に、それら微生物にとっては私たちが不可欠だ。私たちはひとりで生きているのではなく、誰もが生態系の一員として、めまぐるしく活動する一群の生物の宿主となっており、それぞれの生物は私たちとも、お互いの間でも、複雑な網目状のつながりを保ちながら生きている。私たち一人ひとりが宿主としてもつ生態系は、もっと大きい生態系（自宅の庭、近隣一帯、農場、街、残されているさまざまな自然）の中で暮らし、そこにある別の動物―植物―菌類の生態系やさまざまな目に見えないもの、さらに宿主とはまったく関係のない環境を自由に行き来しながら暮らしている微生物と触れ合い、相互に影響を及ぼしている。こうした、より大きい生態系は、さらに大規模な生態系の内部に組み込まれており、それが入れ子式にどんどん大きく広がって、この地球全体を包み込む壮大な生態系を形成しているわけだ。

そしてもし、懸命に頭を働かせてこのように入れ子になった生態系を思い描いても、大して驚かないという人は、私たち一人ひとりがもつ微生物叢もまた、それぞれの微生物叢をもっていることを考えてみてほしい。私たちの腸内細菌の間をウイルスだけでなく、さらに小さい移動性の「可動遺伝因子」（少量の遺伝物質を移動させることができるが、従来の生命の定義には当てはまらないもの）が縦横に動きまわって、細菌がもつ有害または有益な遺伝的潜在能力に影響を及ぼし、変化させている。

ヒトの微生物叢がもつこの微生物叢を研究しているのは「感染症ゲノミクス」と呼ばれる新しい分野で、科学者たちはすでにその働きの一部を目にした。例をひとつあげてみよう。私たちが広域スペクトラム抗菌薬を服用すると、腸内細菌の多くが無差別にストレスを受けて死んでしまう。この状況が引き金となり、抗生物質耐性をもたらす感染因子がひとつの細菌細胞から別の細菌細胞へと微小な橋を渡って移動し、やがて体内の生態系全体に抗生物質耐性が広がっていく。「この感染因子には、それぞれ独自の進化的圧力があって、移動するのがよい場合もあれば、宿主の元にとどまるのが最善の場合もある」と言うのは、イリノイ大学の微生物学者レイチェル・ウィテカーだ。「その細胞がストレスを受けていることを感知すれば、次の宿主を守るために移動して、抗生物質耐性を運ぶだろう」

この場合、感染因子が守っているのは自分の宿主である細菌だから、その結果として私たちの微生物叢が抗生物質への耐性をもつことになり、最終的にはその細菌の宿主である私たちに問題を引き起こすことになるかもしれない。けれども大部分において、大半のウイルスは、ほとんどの細菌と同じように、私たちにとって無害だ。ただしどちらも同じように濡れ衣を着せられており、そのはじまりは「ウイルス」という名前そのものだろう――ラテン語でvirusは、毒素という意味だ。ペンシルベニア州立大学のウイルス生態学教授で『美しい電子顕微鏡写真と構造図で見るウイルス図鑑101』の著者、マリリン・ルーシンクは、次のように言っている。「二〇年前には、すべての細菌が人を病気にするとみなされていたが、今ではそんなふうに考える者はほとんどいない。誰もが細菌の大切さを理解するようになったからだ。私としてはウイルスについても、人々がそう思ってくれることを願っている。私たちにはウイルスが必要なのだ！　人に害を及ぼすウイルスは、全体の一パーセントに満たない」

細菌と同様、ウイルスも信じられないほどいたるところにあり（数のうえでは細菌よりも多く）、人間の世界でもとても活発に動きまわっている。科学者たちの最近の計算によれば、この地球上には一平方メートルごとに毎日およそ八億個のウイルスが降り注いでおり、ネネスが調査した細菌のようにウイルスもまた吹き上げられて世界の空を飛んでから、目に見えない雨のようにシトシトと地上に降り続ける。ウイルスも、細菌やその他の微生物と同じく共生関係を築くこと（宿主のすぐそばで暮らすこと）ができ、また自力で増殖する力がないために自らのDNAを宿主の細胞に感染させて増殖する。そのために一部の科学者はウイルスを生物とはみなさないが、ルーシンクはその考えには同意しない。そして、「ウイルスは宿主の機構を借用しているのだ。だからウイルスは賢いのであって、生きていないことにはならないと思う。ウイルスは細胞の中にいるときには生き生きと活動し、そうでないときには潜伏している。おそらく独創的な生物形態なのだろう」と言う。

こうして感染しても通常は無害で、ときにはウイルスのDNAの膨大な引き出しから宿主に驚くべき小道具が提供されて、宿主のゲノムが永久に変わってしまうこともある。実際には、私たちのゲノムの四〇から八〇パーセントが大昔のウイルス感染につながっているというのが科学者たちの考えだ。太古のレトロウイルスが私たちの四本足の祖先の誰かに感染してDNAのかけらを残し、それが今では私たちの神経系の一部として、意識、記憶形成、高次の思考に欠かせないものになった。ウイルスが果たしたもうひとつの貢献としてルーシンクが好んで指摘するのは、哺乳動物の胎盤だ。胎盤はタンパク質が一群の細胞を融合させることで生まれるが、そのタンパク質は一億六〇〇〇万年前に哺乳

3-1 イエローストーン国立公園のグランド・プリズマティック・スプリングのような過酷な環境でも、微生物は繁殖できる。FRANS LANTING

動物のゲノムの一部になったレトロウイルスから、その作業の開始命令を受けると考えられている。

ルーシンクは一〇年前、仲間と共にイエローストーン国立公園で研究したのがきっかけで、ウイルスの共生関係に魅了されたという。そこで目にしたのは間欠泉や熱をもつ噴気孔周辺の高温になる場所に生えている植物だったが、そうした温度に耐えられるのは一定の菌類と相利共生の関係を築いている植物だけで、さらにそれらの菌類は特定のウイルスに感染していた。ルーシンクは、「美しい三者共生だった。それはとてもありふれていると思うが、研究するのは難しい」と言う。

実際、最もよく知られた相利共生の一部は、科学者たちが思っていたより複雑なことがわかってきた。古典的とも言えるマメ科植物と細菌の共生を例にとってみよう。植物は根粒を形成して細菌が暮らす場所を提供し、細菌はそこで栄養と住処（すみか）をもらう代わりに、窒素を植物が利用できるかたちに変えている。ただしこの共生が起きるのは、細菌に一定のプラスミド（細胞の染色体ＤＮＡから分離したＤＮＡの環状の分子）がある場合だけだということがわかった。細菌が環境内で（またその細菌が生息している生物の体内で）果たす重要な役割はすべて、ウイルスのようなもの、あるいは私たちがまだ気づいていない別の微生物との、何らかの相利共生によって可能になっているのかもしれない。

臨機応変に振る舞う微生物

人類史の大半にわたって、私たちは自らが存在するという奇跡に――自分たちの発想、自分たちの果たしてきた革新、自分たちが成し遂げた発明に――目がくらんだまま過ごしてきたように思う。一部の先住民文化は、周囲の自然を尊重して支えるかどうかが人類の運命を大きく左右することを理解していたが、歴史的に優位に立って勝利を手にしてきた者の視点からは、人類が進化の頂点に立ち、この惑星の支配者になったように見えている。だが目に見えない微生物の世界についての新しい理解によって、そうした考えもすっかり変わるだろう。さまざまなものが積み上がった山の頂上に私たち人間がいるのではなく、私たちはその山の一部にすぎない。あらゆるものがその山の一部だ。そしてその山は、私たちの内部にある。

私たちは自分を自然から切り離すことはできないのだ。もし革新と発明によって切り離そうとするなら、自分たちが消滅する危険にさらされてしまう。自然とは、ただ都市の境界線の外側にあったり、遠くの公園で保護されていたり、見捨てられた土地に茂っていたり、吹きすさぶ夏の嵐に翻弄されていたりするだけのものではないし、赤道付近の都会に暮らす人々が舗装道路のひび割れをつつくのを見かける熱帯の鳥のようなものとは限らない。自然は私たち人間のさまざまな器官、そして体中で繁栄している微生物の集まりでもあり、最も重要なのは腸内を覆う粘液層に潜り込んで少しずつかじっている大量の微生物だ。それらは私たちの代謝作用から精神機能までのあらゆるものに影響を与え、調整する役割を果たしている。私たちの血流に含まれている小分子の一五パーセントがこうした腸内細菌に由来し、それらの小分子は体内のあらゆる細胞と相互作用をする関係だ。

もし人間の体の各部を透明にできるなら、微生物が体の輪郭通りに残ることになるだろう。私たちは手に除菌ジェルをつけたりきれいに洗ったりすると、細菌をすっかり取り除いた気分になっているが、各自の共生微生物（最近までバイ菌と呼ばれていたもの）があっという間に定位置に戻る。「ただ直前の数分の間に手についた、表面の細菌を取り除いたにすぎない」と、カリフォルニア大学サンディエゴ校の小児科学と海洋学の教授、ジャック・ギルバートは言う。「人の皮膚は奥深い三次元の組織で、マンハッタンのようなものだ。きれいにしているのは高層ビルのてっぺんだけだと思えばよく、実際の微生物界はずっと下の通りやビルの中にある。そして各自がもっている微生物が、すぐ高層ビルのてっぺんにも戻ってくる」

そしてそれは、よいことでもある。皮膚マイクロバイオームは、傷を治すとともに病原体から身を守るのに役立つことがわかってきたからだ。

微生物の世界の研究には、大きく分けて、宿主をもつ微生物の研究と環境全体で自由生活をしている微生物の研究という二つの分野がある。ただし実際の微生物の世界では、その境界は曖昧なものにすぎない。私たちは『ピーナッツ』の登場人物ピッグペンのように、どんな環境にいようと四六時中、常在細菌をあたりにばらまいている。ギルバートによれば、人間が一時間あたりに放出している細菌は三八〇〇万個、菌類は七〇〇万個にのぼる。「人が息を吐き出すごとに、その皮膚からも髪の毛からも細菌と菌類が落ちている。椅子に座っているなら、それらは尻から外に出る。私たちは微生物の痕跡を残しながら動いているわけだ」

今は亡き私の母がこのニュースを耳にしたなら、叫び声を上げ、すぐに除菌スプレーと除菌ウェットティッシュを買いに走ったことだろう。そして過去の、微生物があまねく敬遠されていた時代には、ハグやキスや握手などの体を触れ合う親密さの表現がこれほど多くの文化で続いてきた理由を、科学者たちでさえ理解することができなかった。そうした行動は細菌をばらまき、病気を広めることにつながったのではないだろうか？

だが自然は、私たちが微生物叢を共有することを意図したようだ。コーネル大学の進化生物学者アンドリュー・メラーが行なった研究によれば、こうした親密な社会的行動を頻繁に行なうチンパンジーは、より多様性に富んだ微生物叢をもっていた。メラーは次のように言う。「ほとんどの微生物は片利共生の［ただ穏やかに問題なく暮らしている］状態か、むしろ有益でさえあることがわかった今、こうして微生物を移動させることは多くの面で有益だと考えるのが妥当に思える」

私たち一人ひとりがもつ微生物叢は、三五兆個ほどの細菌と——人体の細胞の数は、それら細菌細胞の数とほぼ同じだ——、菌類、原生動物、ウイルス、その他の微生物で構成されている。人体に備わった生息場所は腸内だけでなく口、肺、目、脇の下、尿生殖路、皮膚など、数百はなくても数十にのぼり、そこでは細菌をはじめとした微生物がその領域を健康に保つ作業に加わっている。「私は人間の体を、微生物が暮らすさまざまな生息場所のある、ひとつの世界だと考えている」と言うのは、アリゾナ州立大学の進化生物学者アシーナ・アクティピスだ。「私たちが絶えず日常の活動を続けている間、微生物はひとつの領域から別の領域へと移動できる」。人間がもつ微生物叢のうち最も密度が高くて最も重要な部分は腸で、そこでは一〇〇兆個にのぼる私たちの微細な共生微生物が約三〇〇平方メートルの表面積をもつ腸の内壁に生息し、身体全体の健康を維持するために不可欠な作業に加わっている。科学者たちの考えによれば、人間の微生物叢は出生時に産道を通った瞬間に身につくもので、母親の膣内から生命力の源となる滑らかな微生物を得て生み出される。看護スタッフが新生児の体をどんなにきれいにふいても、大腸菌はわずかに残ってしまうからだ。

微生物学者グラハム・ルックは、「動物のほとんどの種は、生まれている最中の赤ちゃんにウンチをかける」と言う。「コアラの赤ちゃんはお腹の袋から身を乗り出して、母親の特別なウンチを食べる。母親の微生物叢を子に伝えるのは非常に重要なことなのだ」

母乳で育つ赤ちゃんの微生物叢は、生まれてすぐに急増する。母乳にはオリゴ糖と呼ばれる炭水化物が含まれていて、私たち人間はそれを消化できないが、人間に共生している微生物にとっては大好物だからだ。人間の母親の最初の仕事のひとつは、子どものために微生物のスターターキットを用意

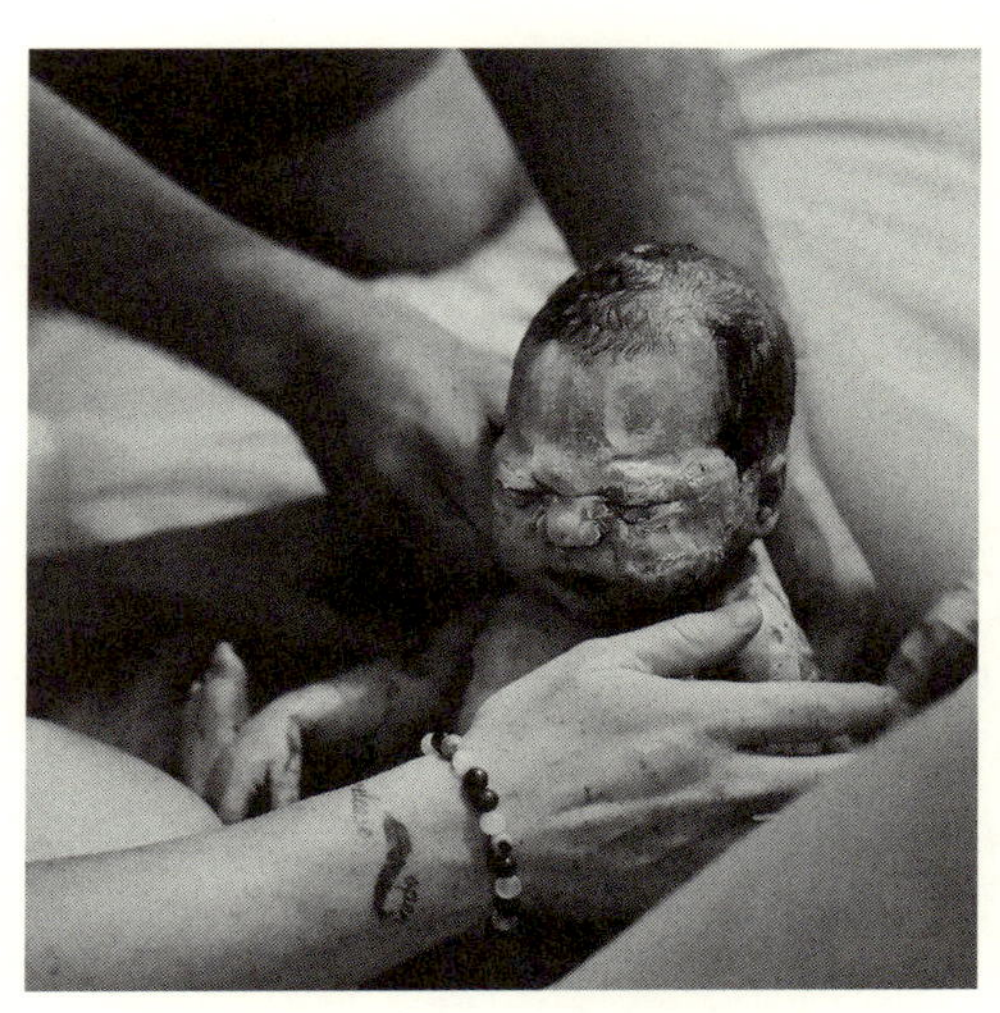

3-2　母親の産道から滑らかな微生物の集まりに包まれて誕生した新生児。LILIANA LEAHY

してやることらしい。スターターとして与えられた微生物叢は、赤ちゃんが外界との接触を続けるにつれて多様性を増していく。そして赤ちゃんは動ける年齢に達するとすぐ、足の指でもハエの死骸でも、手あたり次第に自分の口に入れる。チャンスがあればゴミ箱の中身でも、手あたり次第に自分の口に入れるようになる。ある研究者グループによれば、大人が大急ぎで止めに入らなければ、赤ちゃんは一日に二〇グラムの土を口に入れてしまうという。これは強固な微生物叢と免疫系を構築するための、生物学的戦略の一部のように思われる。こうして三歳になるまでには、大人と同じ程度の規模と多様性を備えた、安定性のある独自の微生物叢をもつようになるのだ。

だが、一度できあがったらずっと変わらないわけではない。微生物叢を研究している科学者は、それが動的なものであることを発見しており、含まれる微生物の相対的な比率や全体に占める割合は環境に応じて変わる。一例をあげると、人の腸内にある多様な個体群の個体数は、その人がいつ、何を食べるかによって、増えたり減ったりする。たとえば朝食の前には数が減っているだろう。そして朝食を食べれば、食品の種類に応じてそれを好む微生物が個別に増加する。たとえば植物性の食品をたくさん口にすると、複雑な炭水化物を分解する能力をもつたくさんの細菌が「食物繊維」（その大半は植物細胞壁）に群がって、その数がさらに増える。それらの細菌は私たちが消化できない食物繊維を、健康全般に不可欠な短鎖脂肪酸に変換するので、数が増えるのは重要なことだ。さらにそれらの細菌は、別の腸内細菌のえさになる副産物も生み出す。「複雑な炭水化物をより多く摂取すれば、そうした異なる食物連鎖のレベルすべてを、実際に手入れすることになる」と、アシーナ・アクティピスは言う。「それによって自分の体内に、より多様で回復力に富んだ生態系が作り出される」

一方、砂糖がたくさん含まれたジャンクフードを食べれば糖を食べる微生物が急増するが、この種類の細菌が増えても同じような利点は得られない――というより、正反対になる。アクティピスの論文によると、砂糖を含んだ食べ物は実際には一定の微生物と私たち自身の体細胞との間の戦いを誘発し、両者共に単糖から容易に得られるエネルギーを自分のものにしようとする。順応性は生命の基盤となる特性のひとつらしく、これらの微生物が単糖に群がるのは簡単にエネルギーを取り出せるからにちがいない。とりわけ、複雑な炭水化物からエネルギーをもぎ取る際に必要となる難しい生化学的手続きと比べれば違いは明確だ。糖を食べて急増する微生物は病原性をもつことが多く、マウスを用いた最近の研究では、それらの微生物が有益な微生物の腸内への定着を妨げている可能性があることもわかってきた。体はすぐ、それらをやっつけるために炎症で反応するが、糖を食べる微生物は単糖の独占を目指して戦いながら、より毒性を高めていく可能性がある。

健康的な微生物叢は人間のあらゆる臓器系、機能、特性に結びついているというのが、科学者たちの考えだ。「微生物叢は私たちの新陳代謝のまさに中心にあるのだから、それは別に驚くようなことではない」と、アンドリュー・メラーは言う。「そして、新陳代謝は体のあらゆる組織と器官系の中心にある。新陳代謝とは基本的に、動物がどのように環境のものを変化させて、より多くの動物へと取り込んでいくかだ」。その一方、腸内微生物叢の混乱と多様性の不足に結びついている身体的病気は、とても多い。たとえば、アレルギー、自己免疫疾患、肥満、糖尿病、循環器疾患、癌、中枢神経系の機能障害（学習障害、記憶障害、不安神経症、鬱、自閉症）などだ。

自然とのつながり

では、いったい何が、私たちの微生物叢にこうした混乱を引き起こすのだろうか？　問題の特徴を明らかにするひとつの方法は、自然界からの断絶に目を向けることだ。私たちの遠い祖先が哺乳動物から人類へと進化した際に、またそれよりずっと後の人類の祖先が経験してきたような、自然界からの断絶だ。それによって私たちは体の内側と外側のどちらでも、あらゆる微生物が揃った環境から切り離されてしまった。

帝王切開で生まれた赤ちゃんの場合は出生時に身につける微生物叢が少なくなるが、一部の見識ある医師は母親の膣から流出する液を塗りつけることによって不足分を補おうとする。また母乳を与えられない赤ちゃんの微生物叢には、短期間であっても、自然が用意した特別な栄養素が不足する。

さらに抗生物質によっても私たちの微生物叢が打撃を受け、減少することがある。抗生物質は自然界の細菌から作られた化学物質だ。一部の科学者の考えによれば、自然の状態にあるそれらの化学物質は、高濃度の薬剤で見られるような細菌大量破壊兵器ではなくコミュニケーションの道具で、細菌はその化学物質を用いることによって、互いが連絡をとりながら後退したり、近くの細菌やコロニーを刺激して行動を促したりする。ブリティッシュコロンビア大学の微生物学者ジュリアン・デイヴィスは、次のように言っている。「私たちは研究室の実験から、低濃度の抗生物質は他の細菌の一定の遺伝子を刺激するという証拠を得た。抗生物質がシグナル分子としての役割を果たすという考えには筋が通っていると思う。それは電話のようなもので、情報を与えるが、相手を殺しはしない」。治療のために強力な複合抗生物質を必要とする場合もあるが、医師たちは処方に際してこれまでよりずっと注意深くなっている。

そしてもちろん、現代世界で生きるために必要な食べ物と住処から受ける毎日の影響もある。私たちが口にする食べ物の大半は屋外の工場式農場で育てられ、そこでは微生物、植物、菌類、動物の間の自然なパートナーシップが失われてきた（これについては第5章でさらに詳しく話す予定だ）。そして工場の管理者はそれらのパートナーシップによって生まれる利点——たとえば肥沃化、病気や害虫からの回復力など——を、合成化学物質で置き換えようとする。それらの劣化した食べ物が量販向け製造業の大きな口に吸い込まれると、そこではさらに多くの合成化学物質が投入されて加工され、微生物の生命は根絶やしにされて——そうしないと腐るかもしれないから！——包装された製品が次々に生み出される。そのような製品は、とうてい本物の食べ物とは思えない。マイケル・ポーラン（訳注／元ハーパーズ・マガジン総編集長）が言うように、それはただの「食べ物に似た食べられる物質」にすぎない。このように自然から遠く離れて過度に加工された食べ物ばかりを食べて暮らそうとすると（良質な農園でとれた新鮮な果物に野菜、良質な飼料で育った畜産物を食べないと）、朝食、昼食、夕食、そしておやつを食べるごとに、自分の微生物叢の多様性を失っていくことになる。

産業社会で暮らす平均的な人は一日の約九〇パーセントを屋内で過ごし、それによって体がもつ微生物の集まりがさらに貧弱になっていく。自分が暮らす部屋は自分自身の微生物叢に含まれるものでいっぱいになるかもしれないが、現代の建物は周囲の空気を遮断するように設計され、建てられている。人々は、たいていは夏でさえ、窓をしっかり閉じ、念入りにフィルターを通して埃も花粉も微生物も取り除いた空気を吸って暮らしている。イヌを飼っていれば、少しは野生に近い自然が家の中に持ち込まれるかもしれないが（科学者たちはイヌが微生物叢によい影響を与えると言っている）、それを除けばほとんどの時間を、細菌を排除した微生物の乏しい環境で過ごす。

研究によれば、こうした近代的な技術革新のすべてが組み合わさって影響を及ぼした結果、人々の微生物叢では健康的な多様性が失われつつある。そうした研究のひとつでは、ブルキナファソのある村（その村の人々は、農業がはじまったばかりの時代に人類が食べていたものに似た、植物性の素材が豊富な食事をとっている）で暮らす子どもたちの微生物叢と、ヨーロッパの農村地帯で暮らす子どもたちの微生物叢とを比較した。するとアフリカの子どもたちではヨーロッパの子どもたちより多様性に富んだ微生物叢が見られただけでなく、体内の健康的な短鎖脂肪酸も豊富だった。また、ヨーロッパの都市部と農村部の（なかでもブタやウシなどの動物を扱って体が汚れる）住人を比較した別の研究でも、それぞれがもつマイクロバイオームに同様の違いが明らかになっている。

動物の研究に目を向けると、痩せた環境で栽培された材料を過度に加工した、品質の低い西欧の食品で暮らしている人々（なかでも、出生時に身につけた微生物に多様性が欠けていたうえに、どこかの時点で抗生物質を多量に摂取した人）は、重要なメンバーが体内から消えた貧弱な微生物叢しかもてない可能性がある。繊維質の果物や野菜をどれだけたくさん食べて、そうした過去の不足分を補おうとしても、最も重要な一部の微生物が全滅してしまうと、それを再生することは不可能だ。

けれども一部の科学者は、とりわけ弱体化した微生物叢も、自然とのつながりを取り戻すことによって補充できることがあると考えている。

最近では、微生物叢の持続性に疑問を呈し、これまで想定されてきたよりもずっと不安定なものではないかと考える科学者も出てきた。安定したメンバーだけでなく、定着せずに一時的にとどまってから通過していくメンバーによって構成されている微生物叢もあるようだ。「この分野では、そのように理解されはじめている」と、ヴァンダービルト大学の生物学者セス・ボーデンスタインは言い、人間の微生物叢の中で五年より長く安定している部分は全体の六〇パーセントにすぎないことを示した二〇一三年の研究を例にあげる。「この生態系が時間と地理的要因を通してどれだけ安定しているのか、まだ完全には理解できていない」

土と健康

いくつかの研究は、交代する部分の少なくとも一部が芽胞形成菌であることを示唆しており、それらは糞便を通して人体から離れると、数百年、あるいは数千年もの間、微生物種子として外の世界で生き残ることができる。そして過去に人間が暮らしたことのある場所ではすべて、土壌に前の世代によって残された人体適応菌の芽胞が存在する。そこで一部の科学者たちは、私たち現代人も自然に親しむことによって、とりわけ良質の土のある場所で一定時間を過ごすことによって、そうした細菌を再び体内に取り入れることができると考えている。グラハム・ルックは次のようにジョークを飛ばす。「だから私の腸内には、ジュリアス・シーザーの糞便に由来する微生物がいるにちがいない。シーザーはロンドンを通ったあたりで用を足したはずだ。芽胞は無数で、耐久性があるから、まだそのあたりにあることは間違いない」

都会人でも、伝統的な食べ物と生活様式に触れる機会を増やせばその微生物叢を変えられることを、少なくともひとつの研究が明らかにしている。その研究では、都会で暮らす五人の大人と二人の子どもがベネズエラの熱帯雨林にある村で一六日間過ごした。そこではキャッサバイモ、果物、魚、ときには狩猟で得た肉という土地の料理を食べ、村の生活様式に従うと同時に、川で体を洗うときには石鹸もシャンプーも使わず、歯磨き粉の使用も避けた。すると、都会の人々の微生物叢は腸内、皮膚、口腔、鼻腔をはじめ調査した場所すべてで多様性を増し、とりわけ子どもではその増加の幅が大きかった。またフィンランドで行なわれた別の研究は都会の環境でも自然の恩恵を受けられることを示唆しており、森の中に堆積している落葉や落枝を運んで都会の学童に触れさせたところ、その血中で丈夫な免疫システムを示す生体指標が増加したという。

微生物叢に関するこうした新しい研究のすべてが、「自然の近くで暮らす人ほど健康的だ」とする従来の疫学研究および民衆の知恵が正しかったことを示している。それらの研究は、死亡率の低下、さらに循環器疾患、アレルギー、精神医学上の問題の減少をはじめ、長期的な健康効果を明らかにすることを目的としていた。これまで、そうした健康効果は主として気持ちの問題か（たとえば森や牧草地で過ごすと心身共に健康的な刺激を受けるなど）、自然を楽しむことで経験が豊かになるとともに日光を浴びる時間が増える結果だと考えられていた。そしてもちろん、これらは体によく、健康的なことはたしかだ。だがルックが論文で指摘したように、そのような効果は一時的なもので、必ずしも長期的な健康に結びつくとは限らない。もっと正確に言うなら、自然な環境で過ごすと健康によい理由は、大昔の祖先たちと共に暮らしていた多様な微生物に出会うからだ。西欧社会を苦しめる病気はおもに免疫系の不調と炎症によるもので、それらは貧弱になった微生物叢と結びついている。

ルックは自分が進めている微生物叢研究について講演をすることがあり、ある会場では一人の養豚業者が、子ブタをコンクリートのブタ小屋で育てるときには必ず芝や土を運び込んで健康を保つのだと発言した。「野原で育つブタのほうが健康で、炎症も少ないことがわかっている」と、ルックは言う。「研究室で育つ無菌マウス（殺菌した環境で帝王切開によって生まれるマウス）でも同じことが言える。マウスを無菌の環境ではなく土の上に置いてやると、アレルギーが減って、より健康になる。

実際にはマウスの腸内を土壌微生物で再構成することができ、マウスは元気を保つ。だがそれからまたマウスだけの菌がある環境に移すと、またたくまに土壌微生物はそれらの菌に置き換えられてしまう。これによって、環境との触れ合いがどれだけ大切かがわかる」

だから思い切って自然の中に身を置き、ジュリアス・シーザーやジョージ・ワシントンやソジャーナ・トゥルース（訳注／奴隷解放に尽くした黒人女性）やジョン・ミューア（訳注／米国の自然保護の父）が残した細菌胞子にさらされることだ。そうすれば、そうした細菌が私たちの腸内で新しく価値ある主張をするようになるだろう。あるいは、腸内に定着せずに通り過ぎ、すばらしい贈り物を残していく素敵なお客様のような微生物に出会うかもしれない。そうした細菌のひとつにマイコバクテリウム・バッカエ（*Mycobacterium vaccae*）があり、一般的にウシが飼われている場所で見つかることからその名がつけられている［ラテン語の vacca は雌ウシを意味する］。この細菌が癌治療に役立つかどうかを調べていた科学者たちは、癌を撃退することはできなかったものの、治療を受けた患者たちが思いがけず精神病理学の面で改善したことに気づいた。そこである科学者グループがマウスを用いた研究を行ない、支配的なオスによってストレスを受けている（そうした環境では通常、ストレスが原因で大腸炎を起こす）マウスに、この細菌の過熱殺菌菌体を投与して免疫をつけた。すると、そのマウスのストレスおよびストレスによって引き起こされる炎症のレベルが低下し、研究の立案者であるルックは次のように説明している。「その動物たちは、ストレスによる精神的および脳化学的影響だけでなく、腸の炎症性疾患をも跳ね返す力を得た。これは実に刺激的な論文だ。そしてこれは少し庭いじりをするだけで見つかる種類の細菌だ」

だから私はいつも、草で育てたウシの肉を売りにくる若い女性に、もしよければ牛糞もひと袋もってきてくれないかと頼んでいる。庭の土に混ぜたいからだ。

土や樹木にも、苔の生えた岩や潮の干満がある海岸にも、まだ何千という未知の微生物があって、私たちの体に同じく有益な影響を及ぼしてくれる可能性が高い――科学者たちはそのすべての研究をはじめることはできていないが、そう推測できる。それらが人の常在菌に加わらないとしても、また別の重要な方法で私たちの体に恩恵をもたらすことになる――私たちの免疫系が味方と敵を見分ける訓練を続けてくれるからだ。私たちは赤ちゃんのころ、イヌの耳を舐めたり庭でカタツムリをかじったりすることで（私は今でもまだ、殻をかみ砕いた感触を覚えている）無意識のうちに健康的な免疫系の構築をはじめたわけだが、免疫系にはリマインダーが必要だ。再教育は免疫系が悪者と戦い続ける後押しをするとともに――同じように重要な点として――害のない微生物、花粉、その他のものと戦わないようにもする。

周囲の自然から切り離されることによる影響は、年配の人たちが老人ホームなどの介護施設に入居すると急に足元がおぼつかなくなる理由の一部を物語る。このような体力の衰えは（独立した暮らしと馴染んだ環境を失ったことによる）精神的なものだとみなされがちだが、孤立したための生理的損失も衰えの原因のひとつだ。ある研究によれば、長期的に介護を受けている人の微生物叢では多様性が減少するだけでなく、炎症のレベルが高まり、健全性が低くなる。「微生物叢の生物学的多様性を保つために、継続した入力が必要だと思われる」とルックは言う。

遠くにある保護区域の荒涼とした原野から手入れの行き届いた裏庭まで、人間が自然を敬い保護することには多くの理由がある。この本を読んでいる人たちはその理由を知っているはずだ。だが、私たちがもつ微生物のパートナーと、私たちの外のより大きな環境にある微生物との間の大切な対話と混じり合いは、また別の話になる。私たちがランドスケープを枯渇させてあまりにもひどく傷つければ、私たち人間だけでなく動植物界や菌界のマクロの仲間たちにとっても、対話がなくなることがあるのだろうか？

そしてどれだけ傷つければ、多くが入れ子になった世界の微生物叢が動きを止めてしまうのだろうか？　もし微生物どうしが化学物質を介して対話できるなら、私たちの煙突や排水管や農薬散布機から出る化学物質は微生物に何を語っているのだろうか？　近所の家の乾燥機の排気や七月四日の独立記念日を祝う花火から出る煙は、彼らにどれだけ匂いを押しつけているのだろうか？　私の髪を灰色から茶色に変えるために美容師が用いる変身用の悪臭によって、私の皮膚に住む微生物叢にはどんな命令と混乱が及んでいるのだろうか？　代償を知るまでもなく、そうした思いで、私はあきらめの境地になる。

第4章 砂漠を湿地に変える

アメリカ西部を水で潤す

キャロル・エヴァンスと私はテーブル上にあるベジタリアン・ピザと白ワインの残りを押しのけ、彼女のラップトップの画面を覗き込む。二人でじっと見つめているのはダリ風の写真で、緑色と金色のイグサで縁どられた真っ青な川の中央に、無人の金属製はしごが傾いたままポツンと置かれている。イグサのすぐ外側には灰色がかった低木が並び、その向こうには乾いた黄金色の丘が続いて、はるか遠くまで波打った光景はまるで無造作に毛布を投げ出したかのようだ。はしごは足元の水に映った自らの姿の上に乗って、打ち寄せる波の輪のせいで今にも揺れそうに見える。

「一九八〇年に撮影されたマギークリークの元の写真と、まったく同じ場所から撮り直してみました」と、エヴァンスは笑いながら説明する。エヴァンスはネバダ州エルコにある土地管理局（BLM／Bureau of Land Management）を退任したばかりの河川生物学者で、私はかねてから、彼女が現地調査の旅に出るときにはぜひとも同行したいと思っていた。ただし彼女の同僚から話を聞いたとき、ちょっとだけ躊躇したのはたしかだ。エヴァンスはこの仕事を心から愛しているので、調査に出かけると荒れ地をどこまでも歩いていかずにはいられない——このヤナギの木立より先に、あの丘より先に、何かがあるかもしれないという思いにかられ、どんどん先に進んでいってしまう——遅れずについていくのは大変だろう、と言われたからだ。

エヴァンスははしごを指さしながら話し続ける。「当時は、そこまでずっと歩いて行けたけれど、今では水で覆われています。はしごに乗って写真を撮ろうとしても、どんどん沈んでしまいました」

一九八〇年の写真とは、固有種の魚、ラホンタン・カットスロート・トラウトに大きな打撃を与えていたこの地の河川のただならぬ状況悪化を調査するために、一九七〇年代末にはじまった関係機関共同の取り組みの一環として撮影された写真のことだ。当時、エルコ地域のマギークリークとスージークリークを含む一五〇を超える河川で、およそ一六〇〇キロメートルに及ぶ流れに沿って何千枚もの写真が撮影されただけでなく、川の深さと幅、水温、土手の植生の量とその安定性も測定された。写真はその中の一枚になる。エヴァンスは三〇年以上にわたってこうした河川の周辺で仕事をしてきており、マギークリークとスージークリークの分水地点にあたる元の場所を調べて写真を撮りなおし、起きつつある大きな変化を記録していた。冒頭の写真に写った波を起こしたのは彼女自身で、二〇一七年一〇月初頭に私たちが会う数週間前、川底に沈まないでできるだけ以前の場所の近くまで行こうと考え、胴長靴を身に着けて進んだせいだった。

はしごの存在はともかくとして、そこは実に美しい場所だった。川は豊かな水をたたえ、岸にはヤナギ、スゲ、ガマなどの水辺の植生が青々と茂っている。さらに高地の砂漠の尾根が背景にアーチを描く。エヴァンスはさらに、ラップトップに保存されている何百もの写真ファイルを次から次へと画面上で確認し、三七年前の景色を私に見せてくれた。一九八〇年一〇月の時点では、この場所（ネバダ州カーリンのすぐ北にあるマギークリーク水路測量基準点S-9）は一面の荒れ地だった。当時の写真に写っている植物といえば、ヤマヨモギやラビットブラッシュといった高台の低木のみで、流れからは遠く、埃にまみれている。水辺の植生はまったく見られず、狭い川に沿った地面は遠くの丘と同じように乾燥して、黄色く見えた。古い写真では、エヴァンスのはしごとまったく同じ場所に口ひげを生やした若い男性が立ち（当時は陸地だった）、その手には位置を伝える情報を記した大きな紙がある。紙に書かれたマークは、撮影している人が上流を見ていることを示していた。まだGPSも、ジオリファレンス機能をもつカメラもない時代だったから、大きな紙とそれをもつ人物は過去の遺物なのだとエヴァンスは話す。そして、つい笑ってしまうことが多いのは、紙を手にした若者が裾の広がったジーンズなどの古いファッションに身に包み、ときには暑さのあまり、ほとんど何も着ていないことがあるからだと言った。そして、こうした写真を広く公開する場合には画像を加工して、服を足すという手間をかけているそうだ。けれども一九八〇年一〇月の写真の男性は暖かそうな服を着ており、胴長靴もまったく不要になって、カーキ色のズボンが見える位置まで下ろしている。

私がエヴァンスに会いに行ったのは、ネバダ州の北東部全域がこうして砂漠から湿地へとみごとに変身したからだった――そして彼女はその変化のはじまりから関わっていた。以前、復元生態学者で「住みやすい気候を実現するための生物多様性（Biodiversity for a Livable Climate）」を創設したジム・ローリーが、エヴァンスおよび大胆な思想家と実践家の集まり（牧場主、他の政府機関の担当者、科学者たち）は乾燥しきったアメリカ西部に水を取り戻せることを示したと言っていた。電話での短い会話の間に、次のように話してくれたのだ。「何百年もの間、大陸から水が排出され続けてきました。水の動きをゆるやかにして陸地にとどめるために自然がやっていることを、人類が破壊し続けているからです。そのために大陸は乾燥の一途をたどっています」。そしてキャロル・エヴァンスとこのグループが、そうした動きを反転させるために力を尽くしていると言った。

アメリカ西部に水を取り戻す？　私はカリフォルニア州のサクラメント渓谷で育ち、うんざりするほどの乾燥を身をもって体験してきたから、この言葉にすぐ興味をそそられた。子どものころは裸足で駆け回るのが大好きだったけれど、注意が必要だった。夏の舗装道路は驚くほど熱く、足の裏が簡単にやけどを負ってしまうし、雑草は干からびて鋭い槍のようになるから、うっかり裸足で踏めば母親がピンセットと、炎にかざして黒く熱した針を持ち出す羽目になる。当時はまだ、西部で最近よく起きる山火事にあった記憶はないが、近隣の父親たちはいつでも野火を未然に防ぐ対策を講じていた。草地が乾燥した後の野焼きもそのひとつで、水まき用のホースと麻袋で燃え広がるのを防ぎながら、通りに沿った部分の枯草を焼き、たとえタバコの吸い殻が投げ捨てられても燃料がない状態にしていた。私の家族はよくオーロビルの自宅からタホ湖までドライブしたものだが、私は毎回、湖に近づいたことを知らせてくれる目印をいち早く見つけようと夢中になった。スモーキー・ベア（山火事防止のシンボルになっていたクマ）の絵と、その日の山火事危険レベルを伝える数字が描かれた標識だ。

西部に水を取り戻す？　私にとっての西部は、いつだって乾燥しきっていた。

それでも最近の記憶が——一九五〇年代に子ども時代を過ごしたころの私のわずかな記憶も含めて

――人々を惑わしている可能性がある。一八〇〇年代半ばにカリフォルニアを目指した白人の開拓民たちはエルコ地域を通過しており、彼らが残した記録には青々とした河川と湿地帯で彩られた険しい地形が描かれていた。私は子どものころ不運なドナー隊の物語を読んで胸を打たれたが、それは一八四六年にシエラネバダ山脈を越えようとして、飢えと寒さで約半数の命を奪われた開拓民一行の苦難を描いている。私は家族と一緒によく冬にドナー峠を通ってタホ湖に出かけ、父はきまじめにタイヤチェーンをつけていたものの、凍った道で車がスリップするごとに自分たちが開拓民と同じ運命をたどるのではないかと恐れたものだ。ドナー家の人々と幌馬車隊の一行はキャロル・エヴァンスが記録してきた土地を通過している。それは一行が、ヘイスティングスという名の野心家が近道になるとして提案した経路を進み、結果的に何週間も余分に費やす遠回りを強いられた後のことで、瀕死の状態で「ヘイスティングスの近道」を通過した人々は、ようやく豊かな水の流れに魚が飛び跳ねる広々とした渓谷にたどり着いたのだった。

ドナー隊が苦難の近道を抜け出した場所では現在、ジョン・グリッグスがマギークリーク牧場を経営している。グリッグスの土地を流れる何本かの川もマギークリーク水路測量基準点S-9と同じように、以前は土手がむき出しで真夏には一部が干上がってしまう貧弱なものだったが、水辺の植生が茂り、一年中いつでも豊かな水をたたえる活発な流れへと姿を変えた。

瀕死の川

グリッグスも最近の記憶に惑わされていたひとりだ。彼がカウボーイとしてマギークリーク牧場にやってきたのは一九九一年で、当時の牧場主がすでにキャロル・エヴァンスとの協力を開始しており、彼女が現在記録している転換を導くための作業に取り組んでいた。グリッグスには、川のことでなぜそれほど大騒ぎをするのか理解できなかった。そのあたりの川には植物が生えず、夏に干上がるのは当たり前のことで、両岸の土が深く削られて切り立った溝の底をわずかな水が流れている様子を見慣れていたからだ。そしてそのころグリッグスは、一九〇〇年代初頭のネバダ州の牧場の暮らしを回想した『砂漠を舞う長い砂埃（A Long Dust on the Desert)』という本を読んだ。著者は年長の牧場主と話した思い出を語っており、一八六〇年代にそのあたりにやってきた牧場主の話では、川はかつて溝の底ではなく地表を流れており、たびたび氾濫してウシたちに豊富な牧草をもたらしたという。

「それは説得力のある情報です」と、グリッグスはジム・ローリーの主催した集まりで聴衆に語ったことがある。「川はかつて地表を流れていた——そのことは私に、なぜこの仕事を進めるべきかという理由を教えてくれました」

「この仕事」とは放牧の方法を変えることで、単純だがなかなかわかりにくいものでもあった。

一九七〇年代には、一〇〇年あまり続いたウシの放牧が多くの環境問題を引き起こし、川の劣化もそうした問題のひとつだということに、ほとんどすべての人が同意した。一部の牧場主は嘲笑（あざわら）うように川などいつもそんなものだと言い放ったが、他の人々は黙ったまま、自分の好きな仕事が自分の好きな土地を破壊しているかもしれないという思いに打ちひしがれた。自分の親とその親が入植して牧場を開いた土地で、いつも放牧していたからだ。水辺の地域はネバダ州の地形のわずか一パーセントにすぎないが、当初の入植者の屋敷も近代的な牧場も、そうした水がなければ存続することはできなかった。そのため、この地域の牧場はすべて泉や河川に近いわずかな私有地の周辺に作られ、土地管理局および森林局との契約を通して近隣の公有地の割り当てを受けることによって、何万ヘクタールにもなる広大な牧場を作り出していた。ネバダ州の開けた土地は荒涼として、見る人の好み次第で険しい月面のようにも、周辺の世界から逃れられる息抜きの場のようにも思える。そこに住むことを選ぶ人々にとっては美しい場所だ。「完璧だから何もないのです」と、放牧地生態学者のクリス・ジャスミンは私に言った。ネバダ・ゴールド・マインズで働くジャスミンとジェフ・ホワイトに、彼らの会社が採掘坑の上部に所有している牧場の川を案内してもらったときのことだ。そしてホワイトは、「樹木が多すぎるとき、そして五〇キロメートル先が見えないとき、私たちは神経をとがらせます」とつけ加えた。

牧場主たちは将来を考えて苦悩と恐怖を感じながらも、祖先と同じことを続け、春になるとウシを放牧場に解き放ち、秋の終わりに雪が降りはじめると連れ戻していた。およそ八か月の間ずっと、ウシたちは自由に動き回ることができる。その結果、川も放牧地もますます衰弱していった。ウシは高台の状態も悪化させることがある。好きな草ばかり食べすぎる一方で他の草には見向きもしないから、好みに応じて一定の草を全滅させ、むき出しになった地肌が簡単に浸食されるようになるためだ。それでも荒涼として乾燥したネバダ州では、ウシはいつも川の近くにいたがり、とりわけ高台が夏の熱風にさらされる時期にはそれが顕著になる。

「ウシたちが川の近くに集まるのは、そこのほうが涼しいからだ」と、ネバダ大学リノ校のタムセン・ストリンガムは言う。放牧地と水辺の生態学者として川の変化を研究しているストリンガムは、思いがけない運命のめぐり合わせでこの地にやってきた。彼女はドナー隊のリーダーの妻、タムセン・ドナーの子孫で、タムセンは西に向かう旅の途中、道に沿った川の周辺で「植物採集」をする楽しさを友人への手紙に書いていた。

ウシは川の近くの草を夢中になって食べつくしてしまうため、水辺の植物は衰えるか、すっかりなくなってしまう。さらに草を食べているウシの蹄も水辺に大きな打撃を与えることがある。川の土手から草が消え、土が湿ると（一部は一年中湿り気を帯びたままでいる）、ウシの蹄が地表から三〇センチメートルもの深さまで沈み込む。一方、水辺を安定させる植物の多くはスゲ、アシ、イグサのような草で、どれも地表のすぐ下にある根茎から生える。ウシたちを自由にさせておけば、蹄がそうした根茎を踏み砕いて、根を傷めてしまうだろう。過放牧された場所の植物は光合成によって炭素系の燃料をもっと生み出そうと、葉を広げたいところだが、根や根茎が傷んでいるためにそうするだけの資源を集めることができない。放牧される家畜の数が多すぎるうえに蹄の力が加わるというダブルパンチによって、川の周辺の植生は死に絶えるしかない。そのようにして土手を支える根がなくなり、流れをゆるやかにする植物バイオマスが消えると、定期的に起きる水位の上昇によって土手が削られていく。

水辺の領域が受けた打撃は、さらに流域全体に広がることになる。水が周辺の地形にしみわたり、地下水を潤していくためには、ゆっくりと移動しなければならない。植物でしっかり支えられた土手によって水の流れが曲がりくねり、あちこちに池を作れば、それが流れをゆるやかにし、なくてはならない地中への浸透を促すことになる。エヴァンスの説明によれば、それは水のエネルギーを消散させる働きをする。ところが植生が死に絶えて土手が劣化すると、川は曲がりくねるのをやめ、池も消えて、水はただ一直線に流れ下るようになり、地中にも浸透しない。急な流れは川底を削って低くしていき、大地に深い水路を刻むようになる。その結果、周辺の地下水位は下がり、地下水の供給は妨げられてしまう。それまで水分を含んだ牧草地だった場所は乾燥した台地になり、切り立った水路の底を流れる川の水は地表から遠く、そこで暮らす生き物の多くを支えることはできない。川は太陽の光から水面を隠す植物のベールを失ううえ、地下水位の低下で冷たい地下水の流入がなくなるために水温が上がって、魚には過酷な環境になる。

私と一緒にネバダ州北東部で変化する川の写真を見ていたエヴァンスは、乾燥した台地の一部を写した衛星写真を画面に出して、過去にあった河川が残したかすかな傷跡を指さした。誰もが飛行機の窓から、地面に落書きをしたようなそれらの線を目にしていたはずだ。「ここはかつて氾濫原でしたが――低地のいたるところに水路があったけれど――今では乾燥した台地です」と、エヴァンスは言った。「ヤマヨモギばかりが生えているこの乾ききった台地の多くは、二〇〇年ほど前には多様性に富んだモザイク模様で、水をたたえた水路、複雑なビーバーダムの数々、水辺と湿地に生える植物群が入り混じっていたのです」

持続可能な放牧

一部の環境グループは公有地での放牧を一切禁止すべきだと考えている。私も、農場主や牧場主をはじめとした慎重な大地の世話係がランドスケープを修復する様子を目にする前ならば、そう感じたかもしれない。なんといっても、その考えは筋が通っているように思える――ウシが水路の状況を悪化させているのなら、ウシを排除して、大地が自らを癒やしはじめるのを待てばいい。一部の人たちはアラン・セイボリーの考えに影響されていた。生態学者のセイボリーは以前のローデシア（現在のジンバブエ共和国）で禁猟区の管理者をつとめ、一九六〇年代に放牧に関する独自の考えを示した人物だ（私は前著『土は私たちを救う（The Soil Will Save Us)』で、セイボリーについて書いた）。セイボリーはウシをはじめとした草食動物の行動によってアフリカの草原が砂漠化した状況を見て、すべてのウシを撃ち殺してしまいたいと言ったことで知られる。しかし、一定の時間をかけて慎重に観察し、アンドレ・ヴォアザンなどの先達の科学者たちの仕事を研究した結果、放牧が必ずしも状況の悪化につながるわけではないことに気づいたのだった。あらゆるランドスケープが動物の影響を受けて進化してきており、とりわけ放牧地は草食動物の存在と共に進化したものだ。古代から存在したそうした動物の群れが大地の健全さを保ってきた。動物たちは地面に積もった枯草を食べることで新たに芽生えようとしている植物に日光が届くようにするとともに、表土をほどよく（水が浸透し、種子が芽生えるための足がかりを確保し、ウシ自身も細菌を豊富に含んだ糞で土に養分を与えられるように）耕すからだ。セイボリーによれば、近代的な放牧が土壌を悪化させたのはウシを自由にし、好きな場所に好きな時間だけとどまることを許したためで、一方の大昔の動物は一か所にまとまり、いつも群れで移動していた。捕食動物に襲われるのを恐れていたからだ。人間が動物たちを家畜化し、襲われる恐怖を取り除いたことで、その行動は変化した。そのように変化した行動が大地を劣化させたというのがセイボリーの考えだ。

そうした考えには賛否両論があり、なかでも環境保護主義者の間では大きな議論を呼び起こしているが、適切な放牧によって大地の状態をよくすることができると――逆に、動物の影響をすっかりなくしてしまえば大地は傷ついていくと――確信する牧場主や放牧生態学者の数はどんどん増えている。あらゆるランドスケープが、そのようなシステムにストレスを加えるさまざまなかたちの混乱を通して進化し、恩恵を受ける。たとえば時折発生する洪水、同じ時期に繰り返される火事、腹をすかせた大型動物の行動などだ。だがそうしたストレスが新しい活力を生み出すこともあり、それはエクササイズによって生じる混乱が筋肉と骨に活気を与えて成長を促すのと似ている。

「草食の生き物は植物のはじまりからずっと一緒に生きてきた」と言うのは、やはりネバダ大学リノ校で放牧地と水辺を研究している科学者のシャーマン・スワンソンだ。「更新世には二七もの大型動物類の属が存在し、その多くは大型の草食動物だった。ネバダのような場所では、その暮らしの中心は水辺の地域だったと思われる。現在のウシの場合と同じだ」

スワンソンは、土地から草食動物を排除してしまうと（一部の環境保護主義者はそれを解決策と考えているが）、実際にはその地に生息している魚を追い詰める場合があることを示した研究を紹介している。科学者たちは、アメリカ南西部のアッシュメドウズとオーストラリア中部のダルハウジーにある泉を柵で囲って、家畜の立ち入りを禁じることによる湧水への影響を調べた。放牧をやめると、川の周辺の植生が急激に増えて開けた水面が減っていき、生息している魚が苦しむようになる。人々が手作業で草を刈って水面の広さを維持しようとしたが、草の繁殖速度に追いつくことはできなかった。その結果、アッシュメドウズでは少なくともひとつの魚の個体群が死に絶え、オーストラリアの川では一八の個体群(その地の五つの在来種のうち四つ)が姿を消した。研究者たちは、在来種の魚の住処を守るために、小川には放牧による「十分な攪乱」が必要だと結論づけている。

セイボリーの考え方は、きちんと管理された放牧が大地に与えるプラスの影響を示すその他の観察結果と一致する。スワンソンが教えを受けた教授のひとりはいつも、野草を見つけたければ放牧されている牧草地に行くようにと言っていたそうだ。ウシが肥料を施しているだけでなく、枯草を取り除いて野草の成長を促すからだという。

その後一九八五年に、オレゴン州プラインビルの河畔専門家ウェイン・エルモアが率いる土地管理局が、セイボリーの考えの一部を取り入れた新しいやり方を試すことになった。場所は、一八〇〇年代後半からずっとウシの放牧が行なわれていたオレゴン州中部のベアークリークだ。その川はひどく劣化し、地中深くまで掘り込まれたうえに土手が崩れて、水は断続的にしか流れていなかった。土地管理局と森林局は共に、それぞれが貸していた土地で放牧する動物の数と放牧時間とを制限し、この場所ではそれまで六月から八月までの期間に二五頭のウシ(役所の用語に従うなら、75ＡＵＭ/animal unit months)の放牧が許可されていた。そこで、六月のはじめから夏の間ずっと動物たちに自由に歩き回ることを許す（伝統的なやり方で、一部の牧場では今でもまだ行なわれている）方法をやめ、冬の間に積もった雪が解けるとすぐ牧場主が所有するウシを放牧できるようにしたのだ。それによって冬の干し草にかかっていた費用がなくなり、年間一万ドルを節約できた。さらに五月のはじめになると、牧場主はウシたちを別の牧草地に移し、水辺と高台の植物を夏の嵐に間に合うように回復させた。この方法によって、それまで苦戦していた水辺の植物は短期間だけ有益な動物の影響を受けることで、再生する時間を十分に確保することができた。川の土手が安定するにつれて、土の中で眠っていた「埋土種子」や、鳥の糞に混じったり哺乳動物の毛から落ちたり綿毛のパラシュートで空中から舞い降りたりした「散布種子」から、新しい植物が芽生えた。

その後の二〇年間に、この方法はベアークリークに驚くべき影響を及ぼすことになる。エルモアが『レンジ』誌に寄稿した論文によれば、土地管理局は一九八九年までに、牧場主が一九七六年当時の五倍の数のウシを放牧することを許可するようになった。そして一九九六年には水辺の領域が川の流れ一キロメートルにつき三ヘクタールにまで広がり、一ヘクタールあたり約二二〇〇キログラムの飼料を生み出すようになっていた。流域に新たに成長した植生はウシにもたらす食べ物を増やしただけでなく、川に沿って移動していく堆積物をとらえてその場にとどめる役割を果たすので、川底が一九七六年当時より七五センチメートル以上高くなった。さらに川は曲がりくねって水の流れがゆるやかになり、地形にとどまる水の量が増え（曲線部の長さをすべて測ると、実際に二分の一キロメートル長くなっていた）、研究者の計算では水辺の領域が蓄える水の量は一九七六年には一キロメートルあたり約一二〇〇キロリットルだったのに対し、一九九六年までに約九五〇〇キロリットル近くになっていた。そして小川では再びニジマスの泳ぐ姿が見られるようになった。

スワンソンをはじめとした水辺を研究する科学者たちは、持続可能な放牧の実践について西部地域全体に効果を伝えはじめ、(土地管理局には漁業生物学者として加わった) キャロル・エヴァンスのような政府機関の職員が、変化を起こす意欲をもつ牧場主と親しい関係を築いていった。そう聞くと単純な話に思えるかもしれないが、代々受け継がれてきた牧場の習慣を変えるのは難しい。春になったら広大な放牧地にウシたちを放し、秋に連れ戻すやり方のほうが、週単位や月単位で放牧の場所を積極的に管理する新しい方法より、はるかに簡単なのだ。一部の牧場主はウシの群れを集めて移動させる方法で管理しようとしたものの、現代のカウボーイには医療補助も確定拠出年金も必要だし (それには膨大な経費がかかる)、ウシの群れを手際よく管理する牧夫の技術はアメリカ全体で不足している。そこでほとんどの牧場主と政府機関の管理者は、様変わりしてしまった広大な放牧場に柵を立てて、いくつもの小さい牧草地に区切ることにした。ただし柵を立てるのも、それを手入れする作業も、好ましかったわけではない。かなりの費用がかかるうえ、ウシたちは柵を敵対視していたからだ。

さらに、こうした変化を実現させるためには牧場主たちがかつてない方法で大地について学び、牧草をはじめとしたさまざまな植物の成長周期に細かく目を配る必要もあった。「私たちはウシを飼う牧場主で、健康的なウシを求めていました」と、ジャービッジ山脈の近くでグリッグスの牧場のおよそ八〇キロメートル北東に一万三〇〇〇ヘクタールを超える広さの牧場をもつエイジー・スミスは話す。彼の父親が一九九四年にエルコの近くで開催された「全国カウボーイ詩作集会 (National Cowboy Poetry Gathering)」に出かけた際に、アラン・セイボリーが話すのを聞いて、その考えを自分の牧場でぜひ試してみたいという思いを抱いて戻ってきたそうだ。当時、その牧場は伝統的な手法で家畜の飼育を行なっており、破産の危機に瀕していたという。「私たちがやっていたのはウシに関することばかりです。私は大学に行って畜産学で学位を取りましたが、植物については何も学んでいません。ウシたちが食べるのに十分な牧草がありさえすれば、地面のことなど見向きもしませんでした。とんでもないことだったわけです」

同じ地域で牧場を営んでいたほんの一握りの人たちが、より持続可能な方法で積極的にウシを管理しはじめると、そこにあった川はまたたくまに改善されていった。それまで土がむき出しになっていた川岸の土手にも牧草とイグサとヤナギが芽を出した。当時はまだ懐疑的だったグリッグスも、真夏になるといつも干上がっていた川の流れが一年を通して途絶えなくなったことに気づくと、たしかな方法だと信じるようになった。やがてヤナギが成長して茂みになりはじめたために、ウシたちを扱う彼らの仕事はもっと難しくなっていく——川の近くの草を食べるウシが茂みの中に入っていくので、移動させるのは一仕事だ。それでもなお彼はそのプログラムを守り続けた。

ビーバーの復活

二〇〇一年ごろになると、豊富なヤナギに誘われてビーバーが姿を見せるようになる。

ビーバーはネバダ州の北東部からすっかりいなくなっていただけでなく、過去二世紀の間にその数を大幅に減らしていた。一八二〇年代まで、毛皮を目当てにした猟師がその地域でビーバーを捕らえて裕福に暮らしていたことから、ビーバーはほとんど死に絶えてしまったのだ。実際、探検家で毛皮商のピーター・スキーン・オグデンによる一八二八年の探検はハドソン湾会社の命を受けたもので、ライバル会社であるアメリカン・ファー・トレーダーよりひと足先にできるだけ多くのビーバーを殺し、この地を「毛皮砂漠」にするよう指示されていたという。ただし、毛皮商が過去の名残になった時代にもまだ、牧場主はビーバーを昔と同じように厳しく追いつめ、銃で撃ち、ダムを壊した。ビーバーが牧場の灌漑システムをめちゃくちゃにするのを恐れたからだった。グリッグスもまた、この新しくやってきたビーバーの一団がヤナギの木をかじって倒しながらダムを作りはじめたので、自分や仲間たちが川の植物を再生させるためにそれまでやってきた努力が無駄になってしまうのではないかと恐れた。さらに、もっと大きい哲学的問題もあった。「私たち牧場主は、自分たちでコントロールできるものはコントロールしようとします。コントロールできないものが、あまりにも多いからです」と、グリッグスはため息をつきながら私に話した。「ビーバーのせいでそれをあきらめるのは、きつかったですよ」

ビーバーたちがヤナギを少しずつ倒してスージークリーク沿いにダムを作りはじめるのを、彼はがっかりしながら見つめていた。もとよりウシをヤナギの茂みから連れ出すのが難しかったとはいえ、入り組んだビーバーダムによって生まれた湿地と島からウシを移動させるのは、もっと難しかった。

ところが、ヤナギの木が少しずつ減る一方で、グリッグスもエヴァンスも他の牧場主たちも、ビーバーダムによって小川とその周辺の大地の回復が飛躍的に加速しているのに気づく。かつては大地を潤すこともなく一気に通り過ぎていた水が、ダムの後方にある池にとどまるようになったからだ。川

4-1　スージークリークを横切るように作られたビーバーダム。ネバダ砂漠に湿地帯と川面を備えたオアシスを生み出している。CAROL EVANS

は深くなり、河岸植生の範囲が着実に周囲のランドスケープへと広がってウシのための牧草と飼料を増やしただけでなく、野生生物の住処も改善されていった。地下水位も上昇した。かつて川の周辺に茂っていたネバダ州を象徴するヤマヨモギが枯れはじめたのは水分をうまく取り込めないからで、ヤマヨモギはもっと乾燥した土壌に適応している植物だ。高台の低木が葉を落とし、枝が乾いていくにつれて、そこはもっと湿った環境に適した植物に置き換わっていった。ビーバーは人間の手をまったく借りることなく巧みにランドスケープを作りなおし、かつて粉塵と砂利しかなかった場所は活気ある湿地に姿を変えたのだった。

その土地の変化を計測して記録するエヴァンスの作業に加えて、遠隔計測装置も強力な手段となり、家畜の放牧の変化、その結果として起きた川沿いの水辺の植物の成長、そしてその流域を改善したビーバーの活動の増加が、しっかり数値化されてきた。ユタ州パークシティの「放牧地コンサルティング（Open Range Consulting）」は衛星写真および航空写真を用い、一九九四年から二〇一六年までの間にマギークリークの流域で水辺の植生が二〇〇ヘクタール以上増えたことを明らかにしている。また、アイダホ州ボイシの非営利組織トラウトアンリミテッドが実施したスージークリークに関する別の調査によれば、水辺の植生が四〇ヘクタール、開けた水面が八ヘクタール増加し、川の長さも（新しく曲がりくねった部分をすべて計測した結果）およそ五キロメートル伸びて、以前はひとつもなかったビーバーダムが一三九も見つかった。これらの流域の改善は異常気象が見られた年も乗り越えて、続いてきている。二〇一五年には、どの牧場もかつて経験したことがないほどの四年にのぼる最悪の干ばつに見舞われていたが、そのときでさえ以前は真夏になるときまって干上がっていた部分を含めた川全体が一年を通して流れ続け、青々とした植生に囲まれていた。

グリッグスは今では、ビーバーは牧場主の友だと考えていて、次のように言い切る。「ビーバーたちがすることを真似ようとして有り金をはたいても、ぶざまに失敗するでしょうね。私たちの手には今、ビーバーたちが作り出した地下の水槽にいっぱいの水があります」

だがそれは放牧のやり方を変えなければビーバーにもできなかったことで、新たな放牧の方法が成功の前提条件だった。エイジー・スミスの記憶では、かつてコットンウッドクリークなどの小さな水路でビーバーがダムを作っていたが、そうしたダムは春の雪解けによる増水できまって流されてしまった。急激な増水がビーバーダムを直撃し、周囲を激しく流れて弱った土手を削り取り、堆積物を含んだ激流がやがて牧場の灌漑システムを詰まらせることになる。そのせいでダムそのものも破壊される。「このシナリオが絶えず繰り返されていました」と、スミスは話す。

だが彼は一〇年前、ビーバーダムが流されない場合が多くなり、雪解けの増水時にもダムの周囲の土手が削られないことに気づくようになった。川を取り囲む水辺の領域はどんどん健全さを取り戻して、今ではビーバーが自分で作り上げた構造を、活気に満ちた植生の丈夫な土台とつなげることができる。スミスとその家族は、川の水が急増しても下流の流れが透き通っているのを目にしたという。堆積物はダムの後方に閉じ込められて、やがて川底に沈んでしまうからだ。「もう灌漑システムのフィルターを掃除する必要はほとんどありません。ビーバーがシステム全体のすぐれたフィルターなのです」と、スミスは話す。

人間は自分たちの工学や技術を用いた解決策をランドスケープに押しつけがちだが、根気よく待てば(実際、根気が必要だ)、自然や動植物の活動が損傷を修復してくれるものだ。タムセン・ストリンガムは次のように言っている。「必ずしも私たちが修復しなければならないわけではない。人間はときに強引すぎる。ときには人間の工学が、修復どころか損傷を大きくすることもある。母なる自然には修復する力があるのだ」

ネバダ州の北東部で水辺の地域が生まれ変わった経緯は、実際にすばらしい物語だとはいえ、人間がどのようにして自然と力を合わせればランドスケープの傷を癒やせるかというだけの話ではない。これまで互いを疑いの目で見たり、あからさまな敵対心を抱いたりしていた人間どうしが、力を合わせて取り組むことを学んだのだ。

ほとんどの人が、ネバダ州ではこんな物語など期待できないと思っているだろう。全米で最も名を知られているこの地の牧場主、クライヴン・バンディがいるからだ。

グリッグスやスミスをはじめとした牧場主が連邦政府機関の人々と力を合わせて放牧地の復活に取り組んでいる場所から数百キロメートル南で、バンディとその一家は数十年にわたって連邦政府と対立を続けている。バンディの父親は土地管理局が所有する土地での放牧を政府から許可されたが、バンディはそこで自分のウシを放牧しながら代金の支払いを拒絶しており、未払いの使用料は一九九五年までで一〇万ドル近くにのぼる。そしてこのように政府の主張を無視したばかりか、彼は放牧が完全に禁止されている土地管理局所有の土地でも無断で放牧をはじめたのだ。二つの裁判所がバンディに違法の判決を下したあと、二〇一四年に土地管理局は連邦政府の土地から彼のウシを排除すると宣言し、家畜を集めにかかった。だがその作業は、軍隊を動員した土地管理局と、バンディ一家およびそれを支持するために集まった反政府武装集団との対立に発展してしまう。このとき、CNNの取材班から使用料と罰金を連邦政府に支払うつもりがあるかどうか尋ねられたバンディは、「奴らとする取引などない」と応じている。バンディ一家を相手どった政府の申し立ては二〇一八年一月に却下され、二〇二〇年には控訴も棄却された。バンディ一家のウシたちは今もなお、使用料をまったく支払うことなく公有地で草を食(は)んでいる。

タッグを組んだ牧場主と役人と科学者

水辺を取り戻す努力に関わった牧場主と政府機関の人々の間に、とりたてて対立と言えるものなどなかったとはいえ、いつも友好的な関係が続いていたわけでもなかった。やがて川に改善の兆しが見えるにつれて互いに親しみを感じ、誰もがこの共同作業による成果を心強く思うようになっていったのだが、両者の関係がほんとうの意味で変化したのは、一九九〇年代半ばにエイジー・スミスとその妻ヴィッキーが自分たちの牧場全域をセイボリー形式の全体的な視野に立った放牧に変えると決めたときだった。その過程で、この努力に加わった人々は「牧場主―政府機関―科学者」による協力のモデルを生み出した。

エイジー・スミスの祖父にあたるホレス・エイジーは、一九二〇年代にオニール家からコットンウッド牧場を買い取った。オニール家はゴールドラッシュのさなかにカリフォルニアにやって来た後、金の採掘に失敗するとネバダ州に移り、ウシ泥棒と銃撃戦で名を馳せた一家だ。牧場は今ではオニールベイスンと呼ばれるようになった人里離れた美しい高地に位置し、北西のジャービッジ山脈、東のスネーク尾根というゴツゴツした険しい岩山にはさまれている。私はそこにたどり着くために五〇キロメートル以上も砂利道を揺られ、途中、オハイオ州の友人と電話で話していると車の目の前を三頭のミュールジカが走り抜け、その一分後にはマウンテンライオンが飛び出してきた（電話の向こうの友人には、「どうして叫び声なんか上げたの？」と聞かれた）。スミスの母親は今でもオニール家の時代に建てられた丸太小屋に住んでいて、エイジーとヴィッキーは別の家で、その娘のマッケンジーと夫のジェイソンはさらに三軒目の家で暮らす。エイジーが子どものころには、一五〇キロメートル以上離れた学校まで毎日、母親に車で送迎してもらっていたそうだ。現在はその周辺に住む子どもの数が減ってしまったので、マッケンジーとジェイソンは自分の子どもたちをホームスクールで勉強させている。「今は牧場でも光ファイバーのインターネットを利用できますからね。最高ですよ。世界中とつながっているんだから」と、エイジーは私に話した。

一家は何十年にもわたって牧場でウシを飼い、秋には小型のシカや大型のアメリカアカシカを追うハンターに宿を提供してきた。一九八〇年代に牧畜による収入がどん底に落ち込んだために、新しい共同経営者の助けを借りて大きなロッジを建て、ハンターの拠点とすることで暮らしを維持することにしたのだ。一方で他人のウシを牧場に受け入れ、自分たちのウシはわずかな数まで減った。それでもなお牧場を流れる川の様子はどんどん悪化していき、土地所有者の連邦政府（土地管理局と森林局）からは川にウシたちを近づけない対策として柵で囲むようにと迫られた。「財政的に無理な話でした」と、エイジーは言う。「精神的にも苦しい時期でした。土地管理局や森林局の人たちが立ち寄っても、会いたくないと思ったものです」

ちょうどそんな時期に、エイジーの父親は仲間の牧場主が一九九四年のエルコ全国カウボーイ詩作集会で自作の詩を読む予定だと聞き、出かけていった。そして戻ってくると、セイボリーの研究を詳しく調べてみるべきだと言った。

「放牧と家畜が土地を再生できると耳にしたのは、まさに人生を変える出来事でした」。エイジーがそう話すのは、自らが経営するハンター用ロッジのダイニングテーブルの前だ。エイジーの視線の先には、スミス家の敷地をゆっくり歩きながら低木の葉や落ちたリンゴを少しずつ食べている一頭のウマがいて、その背景では何十頭ものウマが囲いの中を走り回り、さらにその背景に見えるジャービッジ山脈ではエイジーの娘がアメリカアカシカのハンターたちを案内していた。このあたりでは、印象的な風景が次から次へと連なっているように思える。「ウシたちを手段として使えると、ウシはいつも悪者なわけではないと、耳にしたのです。私はそれまで、自分たちは環境に害を及ぼす仕事をしているという考えを黙って受け入れていました。それとは別の考えや、それを変える方法があるなどとは、思ってもみませんでした。でも（アラン・セイボリーの以前の同僚が実施した）講習を受けて、その道を歩みはじめたのです。私たちはこれから未来永劫、この旅を続けますよ」

スミス家の人々は自分たちの牧場を、新しい方法を試す実験の場にすることを申し出た。自分たちの畜産業を守るにはそれが唯一の方法に思えたし、自然に対するこのまったく新しい見方にワクワクしていたからだった。驚いたことに、州政府の機関も連邦政府の機関もすべて、やってみる価値があるということで意見が一致した。森林局と土地管理局は一家の牧場を特別な事例とみなして一部の規制をゆるめ、家畜の管理方法に柔軟性をもたせただけでなく、スミス一家が飼育するウシの数を三〇〇頭から一〇〇〇頭に増やすことを許可した。この新しい方法は家畜の数に関する考え方をすっかり変えたからだ――数の多さが災いをもたらすのではなく、正しく管理されたウシは大地によい影響を与え、効果を上げるためには十分な数が必要だとみなすようになっていた。

セイボリーの取り組みの生命線は利害関係者の協力で、プロジェクトによって影響を受けるすべての人とグループが意見を言えることが不可欠になる。そこで一九九七年にプロジェクトが具体化しはじめたとき、スミス一家はハンター用ロッジのテラスで五〇人ほどの会合を開いた。近隣の牧場主から、多様な政府機関や環境グループ、さらに放牧を嫌って公有地での放牧をやめてほしいと思っている人たちまで、この土地に関心をもつ人をすべて招いた集会だった。テラスに集まったメンバー全員に、まず質問が出された。「一〇年後にこの土地がどんなふうになっていてほしいですか？　二〇年後はどうですか？」

一人ひとりが索引カードに答えを書いてから、カードを開いて答えを読み上げる——すると次々に同じ答えが並び、誰もが健全なランドスケープを望んでいた。

このグループは「シューソール資源管理グループ（Shoesole Resource Management Group）」（その地域の歴史的なウシのブランド名にちなんだ名前）として、ひとつのチームにまとまり、最初の数年間は月例で会合を開いた（今では年に三回の開催になっている）。会合は当初から参加者の間に壁を作らない方法で運営され、それには一九九〇年代のニシアメリカフクロウ論争の最中に対立について、また同意に至る意外な機会について学んだ前森林局長官、ロバート・チャドウィックによって開発された手法を用いてきた。チャドウィックは著書『新たな立場を見出す——対立を超えて意見の一致へ（Finding New Ground: Beyond Conflict to Consensus）』の中で、次のように言っている。「私は簡単な方程式に気づいた——人が互いを軽視すると、その人たちは大地を軽視するようになる」

シューソールのメンバーは会合があるたびに椅子を円形に並べて座り、テーブルの上座にいる人に権威があるかのような見た目の印象を避けている。また訓練を受けた司会者が進行役をつとめ、異論が多く、ともすれば感情的になりがちな問題を、少しでも円滑に解決したいと考えてきた。誰にでも遮られることなく意見を言うチャンスがある。公有地に関する会合では、参加者全員の間で同意が得られるのは最も無難な案件だけのことが多く、みんな自然に自分は不当な扱いを受けて誤解されたグループの一員なのだと考えてしまう傾向がある。そこでここでは、口を一文字に結んで上唇を緊張させた表情に隠された本音、優しい気持ちを、表に出すようにと促される。

「弱い立場が好きな人は誰もいませんが、それで状況が変わります」と、チャドウィックの教えを受けて土地管理局に所属する社会科学者ローラ・ヴァン・ライパーは話す。ライパーは全米河岸サービスチームの代理人として紛争解決、協力、合意に基づく状況促進を専門に扱い、シューソールの参加者の多くや他のグループのメンバーとも協力してきた。「合意に基づくワークショップでは、必ずどこかで参加者が感情的になる場面があります。しかたなく、私は相手かまわず大声を出してしまうんです」

自分たちは弱い立場にいるという意識が牧場主とカウボーイの難点で、彼らは大地で生計を立てる大変さを、そして自分たちの大地に対する愛情を、他の人にはわかってもらえないと思っている。ヴァン・ライパーの説明によれば難点をもつのは役人も同じで、牧場主と同様にお役所仕事に苛立ちを感じ、やはり同様に愛情を抱いている大地に背を向け、コンピューターの陰に隠れてしまうことが多い。科学者の難点は、なぜみんなが科学を尊重しないのかを理解していないことだ。ヴァン・ライパーは次のように話す。「ある生物学教授が私に、野生動物管理は九九パーセントが人間に関することで、野生動物に関することは残りの一パーセントにすぎないと言いました。ところが自然資源管理者たちはその一パーセントについてだけ四年間勉強し、人間の部分はまったく学んでいません。この仕事は科学に基づいて論理的に進める必要があると、彼らが言うのを耳にしますが、私たちがこれらの問題を解決しようとしている方法はそうではありません」

このチームの支援と、融通のきかないお役所仕事との仲立ちをする政府機関スタッフの力を借りて、スミス家の人々は従来の放牧のやり方を捨てるとともに、自分たちの土地を知るというまったく新しい経験に乗り出した。「自分ではこの土地についてよく知っているつもりでした」と、エイジー・スミスは言う。「私はここで育ったのに、この作業をはじめるまでは、自分が何を知らないかを知らなかったのです。監視用の区画を整備するには、手と膝で這い回りながら作業します。牧草を自分の目で見て、土の中で起きていることがどんなふうに牧草に影響するか、それが私たちの動物や野生動物にどんなふうに影響するかを確かめます。そしてそのすべてに、私たちがよい方向にも悪い方向にも影響を与えられるということを目の当たりにします」

スミス一家はウシたちを電気柵と（一〇歳の娘マッケンジーも含めた）カウボーイの働きで管理し、水辺の植物の成長段階を見ながら、ウシを水辺に入れたり出したりしている。そのためには七日から一四日ごとに別の牧草地にウシの群れを移動させなければならず、ストレスを与えないよう優しく扱うことが必要だ。ウシ自身にもそれぞれの季節に過ごしたい場所があり、夏の間ずっと川のそばにしゃがみ込んで動きたがらないウシたちを、スミス一家はすぐ売りに出した。一方で他のウシたちを訓練し、動物の影響をもっと必要とする牧草地に舐められる塩を置いて、そこに移動させた。最初の五年間は困難続きで、そのあたりでは頻繁に起きて脅威となる山火事が二回起き、牧場の一部に打撃を与えた。それでも大地は前よりも短時間で復活した。気づくと野生動物の数が増え、キジオライチョウも、アンテロープも、アメリカアカシカも、目にする機会が多くなった。さらに川の周辺でも、グリッグスとエルコ近くの牧場主たちが見た変化と同じ変化に気づくようになった——ヤナギが生えはじめ、ビーバーダムが急増し、大地のあちこちに水面が広がり、湿地に生える植物が姿を見せ、ヤマヨモギをはじめ乾燥した土地を好む低木が後退していったのだ。政府の科学者たちによって「貧弱」または「並」と評価されていた川は、二〇一一年までにすべて「優良」または「良好」の評価に変わった。

私は、シューソールグループの会合にあわせてネバダ州北東部に行くことはできなかったが、二〇一二年から牧場主、政府機関スタッフ、科学者たちが集まっている別のグループの集会に出席する機会を得た。シューソールに触発されて生まれたグループで、何人かの同じ人物も参加しているSANE(Stewardship Alliance of Northeast Elko/北東エルコ管理連合)の集会だ。このグループは八つの牧場を含み、シューソールとSANEの両グループを合わせた広さはおよそ七〇万ヘクタールのぼる。牧場主のロビン・ボーイズとネバダ州野生動物管理局の生物学者コニー・リーがSANEを立ち上げたのは、連邦政府がキジオライチョウを絶滅危惧種と宣言する前に、この鳥を保護する計画をグループで策定できるかどうかを明らかにするためで、宣言されてしまえば新たに大量の規制が導入されて、牧場主たちがその土地と動物たちを管理する力はますます制限されることになると思われたからだった。

私が到着したとき、参加者はちょうど大きな(長方形のテーブルをいくつも並べてなんとか円形にしようと苦心したせいで）少しゆがんだ四角形に向き合って腰を落ち着けたところで、またすぐに立ち上がってぎこちなく挨拶をかわした。一人ずつテーブルから離れて隣の人と話をし、円の外側に沿って移動しながら次の人にも挨拶をする。さらに反対方向にも移動してまた話をする。こうすることで誰もがきちんと着席する前に、すべての相手と話す機会を二回もてるわけだ。それから私も席に着き、参加者によるさまざまなプロジェクトについての話し合いに、黙ったままじっと耳を傾けた。そうしながら誰が誰かを見極めようとしたのだが、すてきなスカーフを、同じようにすてきなスカーフ留めを使ってきれいに結んだ細身のカウボーイを除いて、誰が牧場主で誰が政府機関のスタッフなのか、または科学者なのか、まったく見分けがつかなかった。このグループが、私がその日に目にした親密さと温かさをもって接していなかった時期があったなどとは、到底信じられなかった。後から聞いてわかったのは、互いの間にここまでの信頼が生まれたのは、ボーイズとリーのような人たちがそれを追求してきたからにほかならないということだ。彼らは、他の何よりも相互の信頼が重要だと信じ、大きな信頼を生み出すための条件を整えることに、こだわり続けてきたのだった。

第5章

自然を育てる農業

昆虫学者、農業研究に乗りだす

涼しい八月の朝、私は昆虫学者のジョナサン・ラングレンと一緒に、サウスダコタ州プレーリーポットホール地域にあるロジャーのトウモロコシ畑の端に立っていた。ラングレンが教える学生たちのグループと会うことになっているのだが、どこにも姿が見えない。おそらくまだ来る途中なのだろうと思っていると、ラングレンが両手を口のまわりにあてて、「マルコ!」と大声で叫んだ。

返事は聞こえないが、彼は砂利混じりの道の端から飛び降りて、トウモロコシに隣り合った草地に歩みを進めていく。そこには緑色と金色の丈の低い草が一面に生えており、私は彼を追いながらなんとか踏みつぶさないようにと苦心した。「マルコ!」彼はまた叫び、しばらくしてまた叫ぶ。ようやく生い茂ったトウモロコシ畑の奥から、返事の声が響いた。「ポーロ!」

このトウモロコシ畑にあるのはトウモロコシだけではない。ロジャーは革新的な農場主のひとりで、自らの畑にラングレンとそのチームを招き、環境再生型農業(リジェネラティブ農業)の利点の研究を進めている。環境再生型農業とは、土壌の健康と全般的な生物多様性を確立しながら、採算のとれる方法で栄養たっぷりの農産物を収穫しようという考え方だ。およそ三七〇〇万ヘクタールもの広さをもつアメリカのトウモロコシ畑の大半には一種類だけの植物が軍隊式の正確さできっちり並び、その間を幅八〇センチほどの回廊（コリドー）が区切っており、回廊は焼き払われて植物はまったく生えていない（このように一種類の植物だけを栽培する方法は、単一栽培［モノカルチャー］と呼ばれている）。ロジャーの回廊では見ることのない光景だ。ここの回廊には、ソバ、エンドウの一種、ヘアリーベッチ、ヒラマメ、アマ、アワ、サトウモロコシ、スーダンモロコシ、ライムギと、それぞれ独自の植物が茂り、畑に近い場所ではトウモロコシが植えられている区画の外縁から中へと突き出しているものもあって、トウモロコシの茎の柵にもたれかかった植物界の荒々しい囚人のようにも見える。トウモロコシの穂の上を見上げると、ヒマワリの花が黄色い頭を垂れていた。

私たちがようやく学生たちのいる場所までたどり着いたのは、さらに何度か「マルコ・ポーロ」を繰り返した後だった。草をかきわけてどんどん前進していっても、あまりにも多くの植物が茂っているために、ほんの数フィートの距離に近づくまで学生たちの姿は目に入らなかったのだ。彼らはトウモロコシの列の間に腰をおろして、口には長い透明なチューブの先をくわえていた。そうやって午前中ずっと、帯状に区切られた区域の土壌から昆虫を吸い上げては容器に集め、トウモロコシ以外の植物が畑に誘い込んだ益虫の数を数えていたのだった。従来のアメリカの農業が――有機農業の大規模な事業の多くも――単一栽培のモデルを採用しているのに対し、ロジャーの畑ではポリカルチャー［複数種の作物の同時栽培］によって健全な生物多様性を生み出そうとしている。

ジョナサン・ラングレンは農場主をパートナーおよび資金提供者としてもつ独立した科学者だが、数年前までは米国農務省（ＵＳＤＡ）に所属する昆虫学者だった。彼が大学院を卒業してすぐ農務省に採用されたのは二〇〇四年で、そのころ農場主たちは自分たちの畑を目指して押し寄せるダイズアブラムシの被害に動揺していた。彼らの広大な畑はほとんどすべてが大豆の単一栽培で、好きな植物だけが供されるメニューで心おきなく食事をできるようにと、害虫を招き入れているようなものだった。そこでラングレンは二つの関連する研究分野を追求しはじめる。ひとつは、栽培の多様化によってアブラムシの被害をなくせるかどうか調べる、つまり農場主が自分たちの農場に別の植物を加え、さらに動物まで飼って、単一栽培ではなく生物多様性を取り入れるよう促すこと、そしてもうひとつは、ほとんどの農場主がアブラムシなどの害虫の駆除に用いている農薬が、不必要な危険を及ぼしていないかを調べることだった。

一部の農場主たちはすでに生物学的制御（害虫を食べる昆虫のパッケージ）の導入を試しており、それは家庭菜園を楽しむ人がカマキリやテントウムシを送り込むのと同じだ。だがそのような試みはたいてい失敗したと、ラングレンは話す。単一栽培の畑では、捕食者となる昆虫にとっての食べ物が、害虫以外に何もないからだった。有益な捕食者は害虫が姿を見せるまでのあいだ、喜んで花粉と花蜜を食べるはずなのだが、農場主たちは回廊に植物がまったくない状態を保つよう――きれいに整えられたランドスケープを尊重する農業学校の教授や専門職の農学者、さらに農耕文化によって――教え込まれてきた。回廊の植物は作物から水や栄養素を横取りする可能性があるという理由からだ。それにもちろん、遺伝子組み換えによって除草剤耐性をもつ植物の種子と除草剤とを販売する業者が（通常は両方を同一の独占企業が販売する）、雑草には化学兵器で対応する必要があるというメッセージを流し続ける。それが彼らの事業計画の生命線だからだ。

ラングレンの研究によれば、アブラムシを退治するために農場主たちが用いていた化学薬品（ネオニコチノイド）は、ネオニコチノイド系農薬でコーティングされた種子を販売する大企業が主張していたような収穫の増加をもたらさないことがわかった。むしろ、ネオニコチノイドは農業従事者に損害を与えるという。「それはダイズアブラムシの天敵を殺していました」と、ラングレンはブルーダッシャー農場の奥で私に話してくれた。そこは、彼が環境再生型農業によって生活を豊かにできることを示すために妻と子どもたちと共にはじめた、居住用を兼ねたモデル農場だ――ラングレンは今では小規模農場主兼科学者ということになっている。「そのうえ、ネオニコチノイドはダイズアブラムシを殺すことさえしません。化学薬品が植物からほとんどなくなるまで、アブラムシは農場にやってこないからです」

ラングレンは数年にわたって大豆の害虫を研究した後、農務省の上司から研究の中心をトウモロコシに移すよう指示されたという。「トウモロコシの仕事は絶対にしないと心に決めていました」と、彼は低い声で言った。「トウモロコシは、研究するには悲惨な作物ですよ。午前中にはずぶぬれになるし、穂が出ている間は全身花粉まみれになって、めちゃくちゃかゆいんです」。それでもアメリカで大きな足跡を残してきたトウモロコシが、重要な研究分野にちがいないことはわかっていた。トウモロコシはアメリカ最大の収穫高を誇る作物で、その作付面積はアメリカンフットボールのフィールド六九〇〇万個分に相当し、農場主によるトウモロコシの栽培方法は国のランドスケープ、空気、水、人々の健康に特大の影響を及ぼしている。

そこでラングレンは急いで研究対象をトウモロコシネキリムシに変えた。アメリカの農場主たちはこの害虫を退治する化学的農薬に、莫大な費用を費やしている。だが彼はすぐ定説という壁にぶつかった。いつものように、確実に殺せる化学薬品を探すのではなく天敵がこの虫を排除するのを手助けする方法を考え出そうとしていたが、誰に聞いても、トウモロコシネキリムシには捕食者がいないと言われたのだ――この害虫の研究に生涯を費やしてきた昆虫学者たちでさえ、意見は同じだった。それでもなおラングレンは、トウモロコシネキリムシには天敵が存在するにちがいないと、そして他の科学者たちはどういうわけかそれを見逃していると、確信していた。そこで研究室の仲間と共にトウモロコシ畑の土に埋めた小さいカップの中に昆虫を捕まえては持ち帰り、DNA分析によって胃の内容物を調べる作業をはじめる。その結果について、ラングレンは次のように話す。「調べると、どこにでもネキリムシのDNAがありました。あらゆるものがネキリムシを食べていたのです。アリ、甲虫、クモ、何十もの種がすべてそうでした」

ラングレンはこうして、農場主がネキリムシで抱えている問題はそれら天敵の数と多様性に応じて異なることに気づいた。ネキリムシにはいくつかの防衛機能があり、甲虫のように噛みつく捕食者の口をベトベトにしてしまう粘着性のある毒もそのひとつだ。そのために甲虫は、他に食べるものが何もなくなるまで、ネキリムシを避けることになる。そこでラングレンはネキリムシを昆虫の餌の世界のオレンジクリームと呼んで、次のように話す。「チョコレートの詰め合わせをもらったとき、みんなが順番に食べていくとオレンジクリームはいつも最後に残ります。たいていは、ひと口食べてみて、やっぱりやめておこうと思ったりするわけです。ネキリムシでも同じことが言えます。捕食者の数がとても多くて、他の餌が食べ尽くされてしまったとき、はじめてネキリムシを食べる――オレンジクリームですね」

ラングレンは、休耕地や市場向け作物の畝の間に被覆作物を植えることによって農場に膨大な数の捕食者を呼び寄せていた農場主たちに会いはじめた。被覆作物とは、販売することを目的とせずに、昔から土壌の浸食を防ぐために植えられてきた植物で、現在では生物多様性を確保するためにも用いられている。そうした農場主たちは農薬を使用せず、害虫の問題に悩まされることもなかった。そのうえ、意図的に植えた余分な植物は小さな雑草の種子を食べる益虫を呼び寄せるので、雑草が繁殖する度合いも小さくなっている。ラングレンは農業への新しい取り組み方が生まれていると感じ、それを支援したいと考えた。

同時に、従来型農業の問題点がますますはっきり見えてきた。商業養蜂家に会ったとき、受粉のためにミツバチをトラックに乗せ、農薬を大量に散布された農場から農場へと移動しているうちに、一〇〇万匹単位でミツバチが死んだと知ったからだ。ラングレンは農務省で働きはじめてから輝かしい成果を上げていたが（自分の研究室をもち、一冊の書籍と一〇〇本近い科学論文を執筆し、農務省とオバマ大統領から表彰された）、二〇一二年にネオニコチノイドを用いても大豆の収穫量が増えないことを示す論文を発表した後、省内でよそよそしさを感じるようになっていた。些細な問題について、とりわけ自分の研究のことを報道陣や一般に向けて発表すると、繰り返し叱責され、二回は停職処分を受けた。さらに二〇一五年、ネオニコチノイド系農薬がオオカバマダラの減少に影響を与えていることを示す論文を書くと、冷淡な監視がますます厳しくなっていく。そこで、科学的完全性に関する報告書を政府機関に提出して自分の研究およびメディアとの意思疎通が阻害されていると主張し、のちには内部告発の訴訟を起こして、自らの科学的成果を発表しないよう不当に規制されていると訴えた。

「農務省は異なる選択肢に興味がないこと、農務省の――そして私の――仕事は農業の現状を守ることだと、はっきりわかりました」と、ラングレンは話す。「でも農場主たちは農務省の考えをよそに、何か違うことをしていました。私はむしろ彼らと一緒に仕事をしたいと思ったのです」

彼は二〇一六年に政府機関を離れ、二〇ヘクタールの（大好きなトンボの名前をつけた）ブルーダッシャー農場をはじめると同時に、非営利のエクディシス研究所（エクディシスは脱皮の意）を農場に併設した。そのときまでには、アメリカ中で最も革新的な農場主の何人かとのつながりから、新たな共同体が生まれていた。そこで、それまでほとんど行なわれることのなかった方法での農業研究をはじめる決心をする。それは、農場主が科学に本格的に加わり、資金を出し、ときには自ら研究に着手するというものだ。

私はその一年後、ひどく燃費の悪い鮮やかなチーズ色のダッジ・チャージャー（訳注／排気量の大きいスポーツタイプの乗用車）を運転して農場を訪れた。レンタカーの店に行って小型車を借りたいと言ったところ、「ツードアですか？」と聞かれたので、よくわからないまま首を縦に振った結果だ。それから轟音をまき散らしながらフリーウェイをひた走り、轟音をまき散らしながらブルーダッシャーの敷地を走り――その車は轟音をまき散らすしか能がなかった――ニワトリとネコを蹴散らしながらラングレンの研究所に到着したので、あとから彼の学生のひとりに、「たしか環境問題の専門家と聞いたと思いますが」と皮肉を言われる羽目になった。そのころにはもう、ラングレンは世界中の農場主のネットワークとつながりをもつようになっていた。ときには彼が研究上の疑問を伝えると、農場主が新しい研究への参加を志願してくれることもあり、またときにはひとりか二人の農場主が疑問を投げかけ、彼がもっと大きいグループに声をかけて他に研究に加わりたい人を募ることもある。研究作業はエクディシス研究所の建物（古い搾乳小屋をラングレンが立派な研究室に変身させたもので、ホームセンターで値引きされていた棚と食器棚、寄付されたビーカーなどの道具を備えている）で進められるが、現地研究はすべて農場主がもつ土地で行なわれる。実際に食卓に食品を届けたことのない研究区画が使われることはない。ラングレンはたいてい一ダースを超える異なる研究プロジェクトを同時に進めている。

この国の他のたいていの場所では、農場主は——とくにラングレンが活動するサウスダコタ州などでは——科学に関心をもたず、啓蒙主義に不機嫌に抵抗するものだという曖昧な認識がまかり通っている。それは国中で見られる他の意地悪なステレオタイプと似たりよったりのもので、環境意識をもちながら食べ物を育てると同時に大地の世話係を担おうとしている世界中の農場主仲間には、まったく当てはまらない。そのような世界中の仲間は、自らリジェネラティブ農場主と名乗っている人たちより大きい集団で、おもにアメリカをはじめとしたいわゆる先進国の工業型農業で傷つき、自らの農場と健康を守るための異なる進路をとりはじめた経験豊富な農場主で成り立っている。この大きい集団には、何世紀にもわたって自らの土地と種子を丁寧に育ててきた世界各地の先住民族の農業従事者も含まれ、そうした農業は「アグロエコロジー」と呼ばれることが多い。一九七五年に名作『自然農法・わら一本の革命』（柏樹社）を著した科学者で稲作農業者の福岡正信から志を受け継いでいるアジアの農場主たちもその一員で、それぞれ地域の環境がもつ生産力を頼りに、耕すことも費用のかかる肥料などの投入も避けるその方法は、「自然農法」と呼ばれる。この集団には、自分の農場の植物と土壌の健全さに細心の注意を払う、最高の有機栽培農場主が含まれている。

その農場主たちは市民科学者だ。彼らは情報に基づきながら愛情をこめたナチュラリストの好奇心をもって自らの土地を歩き、毎シーズン同じレシピと同じ材料を使って同じケーキを焼くような仕事のやり方は愚かなことだと知っている。また、自然は動き、変化し、相互に作用する、数多くの生きた部分をもっていること、私たち人間はそれらの部分を尊重する必要があることを知っている。健全な利益と健全なランドスケープの両方を実現する道筋を見つけようとしている農場主にとって、前進する方法について抱く疑問に答えてくれるのが、ラングレンの科学なのだ。

ラングレンは次のように話す。「一緒に仕事をしている農場主たちは科学に強い関心を抱いています。現状維持を求める農場主にとっては、科学と教育の基盤がすべて揃っているということでしょう。けれども、革新を目指している人たちにとっては基盤がなく、私はそのような人たちのための仕事をしているのです。本気で革新を推し進めようとしている人たちのために」

土壌炭素と微生物

現状の農業は、作物を列状に植えて育てる世界中の一八億ヘクタールの畑と何十億ヘクタールにものぼる放牧地や牧草地、さらにその周辺のランドスケープにも、破壊的な影響を及ぼしている。たとえばアイオワ州では、トウモロコシを一キログラム収穫すると一キログラムを超える表土が失われる計算だ。大豆の場合は、一キログラム収穫すると二、三キログラムの表土が失われる。そうした表土は風雨に伴って川の流域に流れ込み、従来型の農業によって勤勉に畑に施されてきた化学薬品を一緒に運んでいく。肥料によって水が汚染されると、そこに生息する微生物のバランスが変化してしまう。たとえばメキシコ湾に流れ込む窒素の量が大幅に増えると藻類の成長が促され、水中の酸素が不足して、魚をはじめとした生き物が住めない巨大なデッドゾーン（酸欠海域）が生じる。また、エリー湖に流入するリンが原因でシアノバクテリアが増殖し、飲料水が毒性を帯びる危険がある。アメリカ国内の農業による浸食で生じる損失は、年間およそ四四〇億ドルにもなる計算だ。

そうした貴重な表土を復元することは可能だが――分子微生物学者デヴィッド・ジョンソンの研究によると、一年間に一ヘクタールあたり一〇トンの土壌炭素を復元できる――それには自然が土の微生物多様性を取り戻す方法を真似るしかない。植物は光合成によって空気中から二酸化炭素を取り出し、自らの成長を促す燃料となる糖分を含んだ炭素豊富な化合物を作るが、そのすべてを自分のために使うわけではない。作った燃料のおよそ四〇パーセントを戦略的に根から流出させて、パートナーである土中の微生物に供給するのだ。ジョンソンは、その共同体が特別な後押しを必要とする場合には、植物が作り出した糖分の最大九〇パーセントを土中のパートナーに移動させられることを発見している。つまり植物は、苦労して手に入れた炭素燃料をより多く、共有の環境を改善するためにまき散らす。微生物のほうはその炭素の恵みの返礼として、植物が必要とする無機物、水、病気や昆虫に対する化学的防御などを提供する。微生物は、人間をはじめとした炭素を必要とする他の生き物と同じように、二酸化炭素を吐き出す。だが土壌が健康で植生に覆われている場合は、こうして吐き出された炭素の一部を、たいていはとても長い期間にわたって貯蔵する。

ジョンソンが発見したところでは、土に含まれる炭素が豊富になるにつれて、微生物の共同体はより大きく多様性に富んだ仕事をするだけのエネルギーをもつ。彼は土壌微生物について、「私たちと同じで、働くためにはエネルギーを必要とする。エネルギーがなければ基本的に穴居人のようなものだ」と言う。

植物の根から供給される新鮮な炭素も貯蔵されている炭素も少ない土壌では、微生物が生き残るのは厳しい状況だ。だが炭素の量と微生物の数が増えるにつれて、かつては基本的に岩が砕けた粒だったもの（貴重な生命がまったく含まれていない土）が表土になる。そして微生物の数が増え続け、ジョンソンが穴居人と呼ぶ段階を超えると、相利共生と特殊化が生じていく。土の中の専門的な微生物にはさまざまなことが可能で、たとえば投げつけられる汚染物質をすべて食べ尽くすものもある。「私たちの環境に蓄積し続けている化学物質は、そうした微生物にとっては食料供給源になり得るわけです。そこに炭素―炭素、炭素―水素、あるいは炭素―酸素の結合が含まれている限り、微生物のためのエネルギーが存在します」。ジョンソンはそう言った。

彼によれば、この時点で微生物のコロニーは人間の街にも存在する協調的な努力を生み出すことができる。微生物の世界の道路交通法、病院、コミュニティガーデンなどだ。こうした大規模な協力関係があれば、微生物は炭素をより効率的に利用することが可能になり、呼吸によって生じる大量の二酸化炭素を放出する場所だった劣化した土地も、実際に炭素を保持できる健全な土地に変容する。

ジョンソンは、「システムを通して炭素の呼吸の速度を遅くしなければなりません」と話す。彼が行なったある現地研究では、土壌炭素を一四倍に増やす一方、土壌微生物からの呼吸作用を二倍にとどめることができた。そしてその種の極上の土を生み出すことで農業生産量が減少することはなく、むしろ増加する。ニューメキシコ砂漠を開拓して作ったジョンソンの農場のひとつでは、菌類を豊富に含んだ特別あつらえの堆肥を施し、耕すことをせずに被覆作物を植えて管理したところ、いつもは一五〇センチメートルの高さまで伸びて直径一五センチメートルの頭花がつくヒマワリが二一〇センチメートルまで伸び、頭花の直径は三〇センチメートルになったという。

「種子はどちらも同じものです。適切な微生物が存在することで、植物はいったい何をできるようになるのか、私たちにはまだわかってもいません」と、彼は私に話した。

旧態依然とした農業のせいで、気候問題解決策の一部に加われるはずの大地が、気候問題の一部になってしまっている。現状の農業をはじめとした人間の活動によって阻害されて劣化した土壌は、蓄積された炭素を放出する——「米国科学アカデミー紀要」に掲載された二〇一八年の報告書によれば、農地はこれまでに一一一六億トンの炭素を失ってきており、最も大規模な喪失は過去二〇〇年の間に起きた。ただし、世界中の土壌が劣化しているといっても、まだ三兆メートルトンあまりの炭素がそこに蓄えられていると、土壌生化学者アスメレット・アセファー・ベルへは言う。毎年四七億メートルトンの二酸化炭素（人間の活動が一年間に大気中に放出している量の約半分）が、土壌、植物、海洋に吸収されており、その大半は土の中にとどまる。それでも、健全で回復力に富んだ土壌があれば地球のために何をできているはずかを想像してほしい！　土壌を台無しにするような農業を続けることは、大きな機会損失を招いている。環境再生型農業に切り替えていくことこそ、気候変動に対して効果的に対処する唯一の方法になる。

環境再生型農業と科学者

環境再生型農業を推進している数多くの農場主と牧場主は商品作物を育てながら、数千とはいかないまでも数百ヘクタールの土地を管理して、ランドスケープに特大の影響を与えている。彼らの成功が、今はまだ工業型農業に誘われたり吸収されたりしている世界中の他の農場主たちを助けるかもしれない。また、より小規模な農場主や牧場主が工業型農業に抵抗するのを手助けするかもしれず、それはすばらしいことだ——一部の推定によれば、開発途上国の食料の七〇パーセントが、大規模農場ではなく小規模農場で生み出されている。環境再生型農業には数多くの支持者と支援者がいて、そのために直接働いている科学者はジョナサン・ラングレンだけではない。それでも彼の仕事がとりわけ重要なのは、従来型農業と環境再生型農業の異なる影響について研究している、最も大規模かつ最も集中的な研究機関だからだ。数々の環境再生型農場主と牧場主から成功を伝える事例と物語がたくさん届いているにもかかわらず、疑い深い専門家たちは「どこに科学があるのか？」と言うばかりだ。ラングレンの研究はその成功の幅をさらに広げ、農業に携わるこうした革新的な人々が周囲の社会を説得して、この動きを支援するよう働きかけるのに役立つだろう。大規模な工業型農業の独占主体に影響を受けた政府が、現状維持の政策でそれを妨げるのを許してはならない。

バズ・クルートは、もうひとりの擁護者であり支援者でもある。クルートはサウスカロライナ大学の水圏科学者で、かつては自分がまるで検死官になったように思えて、その研究を好きになれなかった。水路は死の世界で、自分にできることは死の原因を明らかにすることだけのように思えたと言う。そして農業を変えられるとは思っていなかったので、何も変えることはできないと思った。現代アメリカの農地にある土壌の健全さを変えることができるなどとは、考えてもみなかったのだ。だがその後、土壌の健全性を考えた先駆者であるレイ・スタイアーの農場を訪ねる機会を得る。スタイアーはもう二五年も化学肥料を一切使用していなかった。

「それまで私は、作物を育てるには必ず肥料を使わなければならないと思い込んでいましたが、彼は自分の農場では被覆作物を利用しているだけだと言ったのです」と、クルートは私に話してくれた。「彼の話す言葉ははっきり理解できたのですが、その考え方を理解することはできませんでした。その場の植物相だけでどうすればそんなことが可能になるのか、まったくわかりませんでしたね」

クルートが、工業型農業からの方向転換に興味をもった他の農場主たちにも会うようになると、生産高を急激に減らすことなく化学肥料の使用をやめられた方法については、さまざまに異なる曖昧な説明が聞かれた。どうやら大学の公開講座で助言している肥料の使い方が州によって大きく異なり、もう何十年も前の研究に基づいているらしく、その当時はまだほぼすべての農場で農地を耕し、被覆作物も使われてはいなかった。州境のどちら側にいるかによって、肥料に費やす費用に二三万ドルもの差が生じている場合もあった。それでも環境再生型農場主たちは自分の農地で新たな状況を生み出しており、そこではまったく異なる肥料が必要になっているようだった。

「土壌を化学の目で見れば、土はただ植物を育てる場所ということになります」と、クルートは言う。「その見方に従うと、何かが育つようにする唯一の方法は、それを化学的に扱うことです。でも、土は生きていて、活力に満ちた共生的な生態系で、つねに変化し続け、微生物でいっぱいなものだと考えれば、見え方はまったく違ってきます。人がそれを扱う方法にも影響を与えます」

クルートはさらに独自の実験を続け、必要な資金には所属する大学の財団からの支援と、数十人の農場主やその他の小規模な支援者からクラウドファンディングで調達した現金をあてた。「ほんとうに必要な肥料の量はどれだけか?」と名づけた研究の場合、協力者は環境再生型農場主のカール・コールマンで、実験区画を設けたのは被覆作物が植えられたコールマンの農場だ。区画の一部では肥料をまったく使用せず、その他の部分ではさまざまに異なる量の肥料を使用した。その結果、環境再生型農業では、多くの場合に推奨されるほどの量の肥料は必要ないとわかり、クルートは同じ実験を何度か繰り返して結果の確認をすませている。さらに、より多くの土壌有機物(微生物、植物、動物が分解のさまざまな段階にある物質)が着実に増え続けていった。そうした有機物には有機炭素と窒素の両方が含まれており、土壌微生物がそれを根に近い場所で植物が吸収できるかたちに変える。そのことは、必要となる追加窒素の量が、将来は減り続けることを示していた。また従来の考え方では、カリウム（農場主が一般的に土に加えるもうひとつの栄養素）のレベルが非常に低くなるために生産性が失われてしまうとみなされていたが、土質試験の結果、カリウムのレベルは作物の時期と天候によって絶えず変化することがわかった。

クルートは次のように話す。「私と一緒に仕事をしている農場主たちは、もう六年間もカリウムを与えていませんが、彼らは以前と同じか、それより多くの収穫を得ていて、肥料の費用をしっかり節約できているので、それでは収穫量が減ると予測している人たちはずっと見当違いをしています。従来の還元主義の科学では、私たちが母なる自然の邪魔をするのではなく、自然と力を合わせるなら、土壌はこれらの栄養素を供給する力を発揮できるのだということを見逃していました。土壌の生きた生態系としての働きを引き出せば、文字通り、ルールが変わります」

環境再生型農業には、米国農務省の自然資源保全局（ＮＲＣＳ）所属の自然保護論者と教育者たち（レイ・アーチュレッタ、ジェイ・ヒューラー、バリー・フィッシャー、ジョン・スティカ）がはじめて提唱した一連の原則がある。自然を尊重して支え、自然を台無しにするのではなく自然を包み込むような数多くの複雑な関係を築きながら働くようにと、農場主たちを導く原則だ。自然は本質的にとても複雑なものだが、人間は食べ物を作り出すという目的のために、自然をより単純なものに変えようとすることが多い。もちろん農業が自然を混乱させずにいることは不可能だとはいえ（人間の活動はほとんどすべて自然を混乱させるものだ）、これらの革新的な農場主たちはそのような混乱を最小限にとどめるとともに、自分たちの農場のランドスケープに自然の多様性と複雑さを少しでも取り戻す方法を見つけ出そうとしている。

農地を生きた生態系に変えるための行動規範は、基本的に、これまでランドスケープを単純化するために実践されてきたことの多くを覆す。第一に、農場主は混乱を最小限にとどめる必要がある。生物学的混乱も、土を浅くまたは深く耕す物理的混乱も、肥料と数多くの○○剤（除草剤、殺虫剤、殺真菌剤、殺線虫剤など）による化学的混乱も、極力避けなければならない。

生物学的混乱の最悪の状況は単一栽培だ。農場主たちは通常、単一栽培によって生じる生物多様性の不毛を輪作によって埋め合わせようとし、何ヘクタールもの同じ農地で毎年トウモロコシを作り続けるのではなく、ある年はトウモロコシ、次の年は大豆、また次の年は別の作物といったように変えていく。輪作は一九〇〇年代のはじめに、アフリカ系アメリカ人の科学者ジョージ・ワシントン・カーヴァーによって奨励された。綿花プランテーションが単一栽培によって衰弱し、貧しい農民たちが苦境に立っているのを見たカーヴァーが、手助けするために考え出したものだった。一九七〇年代初頭になってニクソン政権が農場主たちを工業型農業に駆り立てるまで、それぞれの畑全体では数多くの作物を頻繁に変えながら栽培することが多かった。カーヴァーはさらに被覆作物の栽培も奨励しており、土壌に窒素を増やすピーナッツもそのひとつだ。環境再生型農業を推進する農場主たちは現在、休耕地や換金作物を植えた列の間などで被覆作物を育てており、さらに扱いやすい雑草が生えてもそのまま放置することで、地表と地中の生物多様性を守り育むのに役立てている。

地面を耕すことによる物理的混乱は、植物群落を支えて結びつける菌根菌のつながりを傷つけてしまう。農耕地では、森林生態学者スザンヌ・シマードが森林で見つけたような（ひとつの足跡の下におよそ五〇〇キロメートル分もの繊細な菌糸がある）密度で菌類が育っていることはないだろうが、耕してしまえばそこにある菌類の集まりは崩壊し、土壌の共同体と細菌とのバランスが崩れることになるだろう。もちろん細菌は生態系の健全性にとってなくてはならないパートナーではあるが、菌類が多数派を占める土壌のほうが、より活気に満ち、生産力も高い。「菌類には、物流と連絡の両方の役割を果たすユニークな特徴があります」と、分子微生物学者のデヴィッド・ジョンソンは言う。「菌類はコミュニケーションのネットワークを作るだけでなく、植物が必要としているすべての元素をはじめ、さまざまなものを注ぎ込んだり送り出したりすることもできるのです」

化学的混乱から環境再生へ

そして化学的混乱だ。農業に携わっていない私たちは、〇〇剤に対して本能的に不快感を抱いている。おそらく自分が口にする食べ物に、化学物質が付着するのを警戒しているからだろう。そして実際に付着しているものもある。ごくありふれた除草剤のグリホサート（商品名はラウンドアップ）に関する数多くの研究のひとつでは、インディアナ州の少数の検体を調べたところ、妊娠中の女性の九〇パーセント以上の尿からグリホサートが検出され、その濃度が高いほど早産の傾向があった。ほとんどの研究はこうした農薬が人間の健康に対して与える影響を調査するもので、ランドスケープの健全さに関するものではないが、農薬は土の中の微生物から、それよりずっと大きい生き物の微生物叢に至るまで、あらゆるもので自然の作用を混乱させる可能性があるという証拠が見つかっている。

たとえば、共生窒素固定菌リゾビアが長年にわたって窒素肥料にさらされると、遺伝子に変化が生じて宿主の植物にあまり役立たなくなることを、いくつかの研究が明らかにした。このことは窒素肥料が使用されている農地だけでなく、そこから流出した水にさらされる近隣地域にも影響を及ぼす。農地が浸食を受け、それらの化学物質が川に流れ込めば、水が達する場所では植物と微生物の間の基本的で不可欠な共生関係が崩壊してしまうからだ。

「世界のいたるところで窒素循環の輪が崩れています。私たちがそれを根本的に変えてしまったからです」。そう話すのは、ミシガン州立大学のジェニファー・ラウと共にその研究を率いているイリノイ大学のケイティ・ヒースだ。

私たちの周辺のランドスケープで化学的な混乱が起きることによって、また別の相利共生も崩壊する。私がラングレンを訪ねたとき、彼は友人の養蜂家と話してみるよう勧めてくれたので、裏庭にいくつか巣箱を置いてミツバチを飼っている人物を想像しながら会いにいった。ところが、私がまた轟音をたてながらブレット・アディーの自宅を訪ねたとき――彼は私のチーズ色の車を見ると大きな声を上げて笑い、「一九歳の男の子ならだれでも夢に見る車だね！」と叫んだ――正面玄関のドアにミツバチを描いた特注のステンドグラスがはめ込まれているのを目にして、これは只者ではないと気づく。実際、アディーは二〇二〇年まで花粉媒介動物管理協議会の会長を務めていたアメリカ最大の養蜂家で、全国に九万以上の巣箱を置いて、アーモンド、ブロッコリー、アボカド、チェリー、リンゴなど、さまざまな作物の受粉を引き受けている人物だ。

アディーの祖父が大恐慌の時代に家業として養蜂をはじめ、それから一九八〇年代まで、一家は蜂蜜を売ることで利益を得ながらその仕事を続けてきた。だが中国と南米からの輸入品との競争によって蜂蜜による利益は消滅し、今では作物の受粉を仕事の中心にしている。もちろん以前も一定数のミツバチはつねに死んでいたが（ミツバチは蜜を探しながら巣箱から最大でおよそ一〇キロメートルも離れた場所まで毎日飛んでいくので、養蜂家はその途中で出会うかもしれない危険に対処することは不可能なのだ）、失われたのは一年間に群れ全体の五パーセントから一〇パーセントにすぎず、それは歴史的に見てもごく妥当な範囲だった。非農業国の養蜂家は、今もこの範囲でミツバチを失っている。

ところが二〇〇七年に——それは別の養蜂家が所有するミツバチの九〇パーセントを失って「蜂群(ほうぐん)崩壊症候群（ＣＣＤ）」という言葉を生み出した翌年のことで——アディーは飼っているミツバチ全体の四四パーセントを失った。そしてその翌年もまたミツバチは死に続けた。他にも不気味な変化は起きており、以前は二年から三年は生きていた女王バチが六か月しか生きられず、秋の分蜂（ミツバチの集団がオレンジほどの塊を形成して一匹の女王バチと共に大きな群を離れ、新たなコロニーを作る行動）が見られなくなった。アディーが夢中になって問題の原因を探しはじめると、ネオニコチノイドおよびラングレンの研究に関する記事をあちこちで見かけるようになった。やがてラングレンが近くに住んでいることを知って、協力者で親友の間柄になり、力を合わせてミツバチの死と減少を解決する方法を探っているというわけだ。

ミツバチの大量死の背景にある問題の原因はランドスケープの単純化であること——そして何よりも、そうした単純なランドスケープを生み出して維持するために用いられている化学薬品であること

——に、アディーとラングレンの意見は一致している。科学文献によれば、殺菌剤は花と植物に自然発生する微生物を殺してしまう。そうした微生物は、通常であれば戻ってくるミツバチによって巣に持ち込まれ、花粉の消化を助ける。アディーは次のように説明してくれた。「花粉の多くはとても硬い殻で守られていて、そのような微生物の助けがなければミツバチは殻をこわすことができません。そのために、巣は蜜と花粉でいっぱいなのにミツバチが飢えてしまうという状況が起きます。ミツバチが栄養分を利用できないからです」

アディーによれば、ミツバチが殺菌剤とネオニコチノイドの両方に遭遇した場合、これら二つの化学薬品の相乗効果によって毒性がさらに強まって、DDTの七〇倍に達するという。しかも、ミツバチがさらされている化学薬品はこれら二種類に限られるわけではない。ペンシルベニア州立大学でミツバチを研究している科学者たちは一〇〇種類を超える殺虫剤の残留物を巣箱で見つけており、それらはそれぞれに異なる方法で、ミツバチの免疫系を混乱させてしまう。

除草剤のグリホサートはミツバチ（およびマルハナバチ）に二重苦をもたらす。多くの場合、遺伝子組み換えによって除草剤耐性をもった作物の農場や地方の道路沿いで、広範囲にわたって除草剤が散布されることによってランドスケープは単純化されていく。その結果、ミツバチは食べ物をなかなか見つけられなくなり、より広い範囲を飛びまわって懸命に働かなければならなくなる。そればかりか、グリホサートは内部からも破壊工作を進めるのだ。この除草剤を生産しているモンサント（現在はバイエルの子会社）は一貫して、グリホサートは植物と微生物だけがもつ酵素を標的としているので、ミツバチにしても人間にしても動物を危険にさらすことはないと主張してきた。だがミツバチは、

①北米のソノラ砂漠でサワロ（世界最大のサボテン）の果実、花粉、花蜜を分け合う、ハジロバト（中央）、サバクシマセゲラ（右）、ミツバチ（左）。サバクシマセゲラが巣を作るために嘴でサボテンに穴をあけると、のちにフクロウやミソサザイなどの別の種が、その穴を再利用できる。
BARBARA CARROLL ／ GETTY IMAGES

②カナダのコカニー氷河州立公にある、樹齢600年を超えるウスタンレッドシーダー。森林生学者スザンヌ・シマードはこれの「大きくて年をとっている」を「マザーツリー」と呼び、森を健全に保つためにそれらが果す特大の役割を研究している。
BRENDAN GEORGE KO

③ブリティッシュコロンビア州ネルソンで土の表面を掘り起こし、ダグラスファーの根のまわりで育つ繊細な菌糸を見せるスザンヌ・シマード。BRENDAN GEORGE KO

④「ごまかし」現行犯のマルハナバチ！ カリフォルニアで白いコリダリス（Sierra fumewort）から花蜜を吸っているこのマルハナバチ（*Bombus bifarius*）は、花の開いた上部から中に潜り込まずに、花の根元にある――もっと体の大きいマルハナバチの仲間（*Bombus occidentalis*）が開けたと思われる――穴を利用している。生物学者たちがこの行動を「ごまかし」と呼ぶのは、植物は花蜜を提供しているのに、受粉という見返りを得られなくなるからだ。CAITLIN WINTERBOTTOM

⑤カナダ西海岸の数百キロメートル沖で、近くをヨシキリザメが泳ぎまわるなか、ボウズギンポの幼魚に隠れ処を提供するライオンタテガミクラゲ。IAN MCALLISTER

⑥小さな軟組織に住む光合成藻類と相利共生関係にある、ノウサンゴなどの造礁サンゴ。サンゴは藻類を守ると同時に自分の窒素の残りを与え、その見返りとして藻類は光合成によって手に入れる糖の一部をサンゴに与える。
NORBERT WU／MINDEN PICTURES

⑦人間のマイクロバイオームに含まれ、とくに人間の皮膚、唾液、糞便に関連することで知られている菌類の *Geotrichum candidum*。これは土の中でもよく見られるとともに、カマンベール、サンネクテール、ルブロションなどのチーズを作る際にも用いられる。
M OEGGERLI (MICRONAUT 2019) WITH ANDREA AND ADRIAN EGLI, CLINICAL MICROBIOLOGY AND PATHOLOGY, UNIVERSITY HOSPITAL OF BASEL, AND BIOEM LAB, BIOZENTRUM, UNIVERSITY OF BASEL

⑧細菌とのパートナーシップを利用して発光する、フィリピンのボブテイルイカ。
TODD BRETL

⑨ネバダ州エルコに近いマギークリーク沿いで露出した地面（当時はネバダゴールドマインズ社の所有地）を示す 1980 年の写真。その後、牧場主たちが放牧の方法を変え、ビーバーが戻ってきた。BLM, ELKO DISTRICT

⑩上の写真と同じ場所。放牧の方法を変えた結果、元気を取り戻した。
CAROL EVANS

2009年晩秋、農地から川を下って運ばれた推積物と窒素肥料の残留物がメキシコ湾を染め
。窒素は植物プランクトンの過剰な繁殖を促すため、海水が酸素不足に陥って魚や他の生物
「デッドゾーン」が出現する。JEFF SCHMALTZ /MODIS TEAM NASA

⑫南カリフォルニアの区画で示された大きな温度差。右側では枯れた被覆作物が、すぐ左側の露出土壌より、地面の温度を15度低く保ち続けている［使用されているのは華氏の温度計で、摂氏に換算すると約10度の差］。地面の温度が低いほうが湿度を保ちやすいだけでなく、土壌微生物と益虫にも住みやすい場所になる。BUZ KLOOT

⑬かつての農地を転換したヤキナ湾潮汐復元プロジェクト。魚がこれらの重要な成育場所に近づい
うにするとともに、堆積作用、湿地帯の拡大、氾濫水の貯留、その他の生態系サービスといった湿
の働きを取り戻す。オレゴン州。PETER VINCE / MIDCOAST WATERSHEDS COUNCIL

⑭オーストラリアのグレートバリアリーフにある、目の覚めるような美しさをもつテーブ
ルサンゴの集まり「オパールリーフ」。DAVID DOUBILET

⑮シンガポールの中心部に位置し、100ヘクタールの埋立地に広がる自然公園「ガーデンズ・バイ・ザ・ベイ」。隣接してマリーナ貯水池もある。SHAN SHIHAN ／ GETTY IMAGES

⑯ニューヨーク市の「スポンジパーク」。汚染された雨水から重金属と生物毒素を取り除くために特別に選ばれた植物を植えて、ブルックリンを流れる近くのゴワナス運河を守る試みだ。DLANDSTUDIO PIIC

人間や他のほとんどの生き物と同じく、それぞれを健康に保ってくれる微生物と相利共生の関係にある。進化生物学者ナンシー・モラーンとその同僚たちの研究によれば、グリホサートはミツバチのもっている微生物叢のうち八種類の重要な微生物の数を減らし、微生物叢が十分に機能しないミツバチは病原体に脅かされた場合に死ぬ確率が高い。

こうした理由からアディーは、ミツバチの死の原因はミツバチへギイタダニだとする政府官僚、産業界、一部の農業学校の研究者の仮説のひとつに疑問を抱いている。この寄生虫はミツバチの成虫および幼虫に寄生して、成虫が弱るまでその体液を吸い、生まれてくるミツバチに奇形などの異常をもたらすとともに巣箱全体にウイルスを広めてしまう。それでもこの害虫は少なくとも一九八〇年代から広く存在し、かつては現在ほどの問題にはなっていなかったとアディーは話す。思い起こしてみると一五年前には、ダニがついているかどうか調べるためにカップ一杯分のミツバチを広口瓶に入れ、エーテルを加えて振っていたという。そうするとダニはミツバチから落ちて瓶の壁に張りつく。当時、瓶の壁に二〇匹から二五匹のダニがついていたら、巣箱の手入れが必要だと考えていた。

「今ではミツバチがすっかり弱ってしまったので、ダニが五匹以上見つかれば悲惨な状態になっているとわかります」と、アディーは続ける。「ミツバチは多くの免疫機能を失ってしまったために、数匹のダニが、前からあたりにいたウイルスを持ち込むだけで、永遠に問題を起こし続けることになります。ミツバチは私たちと同じなのです。風邪がはやってもほとんどの人にとって問題はありませんが、エイズ患者には死刑宣告になることもあるでしょう」

これらの事実を踏まえて、アディーと妻のコニーは自ら環境再生型農業を実践するようになった

――まず農地を耕すのをやめ、次にこの農業の第二の原則を導入して、ノースダコタ州の環境保護活動家ジェイ・ヒューラーが「魔法のじゅうたん」と呼ぶさまざまな生きた植物や枯れた植物で、つねに土壌を覆い続けている。重要なのは自然が残る地域を真似ることで、そのような場所では土がむき出しになっていることはほとんどない。生きた根と腐敗した植物の残留物は土壌微生物に食べ物を供給するとともに、土を夏の熱から守っており、枯葉などで覆われた土壌の温度は三〇度［摂氏に換算すると約一七度］も低くなることがある。このような温度の差は、土壌微生物にとっても益虫にとっても生き残りに不可欠なものだ。

「自分の体が小型甲虫の大きさまで縮んだと想像してください」と、ラングレンのトウモロコシ畑の真ん中で昆虫を吸い取っていた大学院生のひとり、マイク・ブレデソンは言う。彼はラングレンの「マルコ」の呼び声に「ポーロ」と答えていた人物で、その後、博士課程を修了している。「植物で覆われていない場所は、夜間は使えるかもしれませんが昼間は無理です。土を覆うものがなければ、小さい生き物たちは卵を産めないし、生き残れないし、私たちに必要な役割を果たすこともできないでしょう」。また、被覆作物を植えると畑から換金作物に必要な水分が横取りされてしまうと心配する農場主もいるが、ブレデソンによれば被覆作物は水分の保存率を高めるという。露出土壌では水分が大量に蒸発し、土中の塩分が凝縮する結果になり（それは農薬の影響でよく起きる状況と同じだ）、土壌の生産性が低下する。被覆作物によって生まれる日陰では水分の蒸発が減るだけでなく、被覆作物の根が密集することで水の通り道が無数に生じ、土の奥深くまで水が浸透できる。

環境再生の第三の原則として、農場主はできるだけ農地の多様性を高める必要がある。つまり、被覆作物として用いる植物の種類が多ければ多いほどいい。医者が私たちに多彩な食物を食べるよう助言するように、農地で多様な植物を栽培すれば、昆虫およびそれに依存している土壌微生物に多彩な食べ物を豊富に提供できる。環境再生型農業を目指す農場主は多くの場合、さまざまな根の深さとさまざまな高さをもつ被覆作物を選ぶことによって、そうした多様性を最大限にまで高めている。

究極の多様性は――そして環境再生の最後の原則は――動物を加えることで達成される。かつてはどの農場でも動物を飼って、農作業に役立てる一方で肉、卵、乳製品を手にしていたのだが、何十年か前からは工場式モデルの導入が促され、農場主たちは一種類か二種類の農産物に集中して他の食料を生産する活動をやめるという流れができた。当然ながら、管理の行き届かない動物のせいで多くのランドスケープが劣化してきたという側面もある（たとえばネバダ州北東部の状況について、第4章を参照してほしい）。だが環境再生型放牧はそれを反転させる影響力をもっている。農場主と牧場主は動物たちをひとつの牧草地から別の牧草地へと移動させることで、土地に有益な影響を及ぼすことができるからだ。動物たちが落とす微生物豊富な糞と窒素豊富な尿が牧草地を肥沃にするとともに、蹄が土の表面に小さな穴をあけることで水の浸透に最も適した状態になり、同時に種子が土壌に押し込まれる。さらに、同じ場所に放牧する動物の数とその期間を調整して、どの草もまんべんなく、ただし光合成が続けられる程度まで食べられるようにする。こうすることによって疲弊した土地に生物学的刺激が与えられ、全体的な生物多様性が増すという結果が生まれるわけだ。

そのような刺激はとても強いものになり得るため、『ネイチャー』誌に掲載された研究では数千年も持続する可能性があるとされている。科学者たちは最近、マラ－セレンゲティのように大自然が残るアフリカのランドスケープは、大昔に家畜の世話をした人々と彼らの飼っていたウシ、ヒツジ、ヤギの働きによって、劇的に形成されたと結論づけた。現在のケニヤ南部に広がる野生生物の楽園となっている地域は、新石器時代の遊牧民が飼っていた草食動物が残した栄養物の蓄積によって形成されたとするもので、当時の動物たちは昼間はあたりを自由に歩き回り、夜になると囲いの中に入れられていたという。その昔に動物たちが集められた囲いのあった場所は今では緑豊かな草原に姿を変え、ガゼル、ヌー、シマウマ、イボイノシシが頻繁に訪れるとともに、たくさんのミミズ、フンコロガシ、さまざまな昆虫が鳥類と爬虫類を引きつけている。少なくともひとつの種のヤモリは、こうして囲いに入れられた動物たちが作り出した、餌の豊富な林間の空き地だけで見られる。

積み上がる成功事例

ラングレンの研究は、環境再生を進めている最中の農場と牧場に焦点をあて（その中にはこれまでにあげた原則をすべて採用しているものもあれば、一部を進めている途上のものもある）、それを近くにある従来型農業の農場および牧場と比較するものだ。私が訪問したとき、彼はちょうど指導している大学院生クレア・ラカンと共同で行なった研究を発表しようとしているところで、彼女はミネソタ大学で農業生産システム公開講座の教師もしている。その研究では、二〇の農場でひとつの農場につき一〇のトウモロコシ畑を二シーズンにわたって追跡した。それらの農場の半数は環境再生型農業を実践しており、多様な被覆作物を育てるとともに耕すことも化学的殺虫剤を使用することもやめ、作物の残りを草食動物に食べさせていた。残る半数は従来型農業を続け、そのうち八つでは農地を耕し、またそのすべてが昆虫に耐性をもつよう遺伝子操作された種子またはネオニコチノイドで処理された種子を用いていた。そして換金作物を収穫した後は土壌がむき出しになった。研究では土壌の炭素、害虫の数、トウモロコシの収穫高、利益を追跡している。

その結果は二〇一八年に、暮らしと環境に関する研究を掲載する『ＰｅｅｒＪ』誌で発表され、多くの環境再生型農場主が長年にわたって報告してきた成功を科学的に認めることになった。ラングレンとラカンは、殺虫剤や遺伝子組み換え種子を用いているトウモロコシ畑では、殺虫剤を使わない畑より害虫の数が多いことを確認している。環境再生型農業では被覆作物に餌になる昆虫が大量に発生して、作物の害虫を引きつけたためと思われ、また殺虫剤によってそうした有益な昆虫を殺さなかったことが役に立っていた。また、環境再生型農業では古くからある収穫高の少ないトウモロコシの品種を用い、肥料の使用量も少なく、収穫高も少なかったが、全体的な利益は従来型農業より七八パーセント多くなった。その要因のひとつとして、環境再生型農業のコストのほうがはるかに低く、高価な殺虫剤と遺伝子組み換え種子を購入するための現金支出がなかったことがあげられる。またその農業は多層型で、同じ広さの農場で二つ以上の収入源を確保できた――この場合は収穫後のトウモロコシ畑にウシを放牧し、放牧（グラスフェッド）牛肉として高く販売することができたのだった。では、農場の収益性と相関関係をもつ最大の要因は何だったのだろうか。それは収穫高ではなく、農場の炭素および有機物質の量だったのだ。

「この研究は、農場を農業生態系として考えることの利点を明らかにしました」と、クレア・ラカンは私に話してくれた。

別の研究でも同様の結果が得られている。カリフォルニアではラングレンのもうひとりの教え子、トミー・フェンスターが、環境再生型および従来型のアーモンド農家と共にさらに新しい研究を行なった。フェンスターはラングレンおよびエクディシス研究所とのつながりができる前にアラメダ郡廃棄物管理局で働き、堆肥の作り方と使い方を教える一方、都市部の農場における環境再生型農業の実践について学んだ経験をもつ。その後、カリフォルニア州立大学イーストベイ校で生物学の修士課程に加わり、ラングレンに学外アドバイザーになってほしいと頼んだのだった。

フェンスターの研究も二年間にわたるもので、一年目には四つの環境再生型果樹園と四つの従来型果樹園を、二年目にはまた別の果樹園を追跡している。環境再生型果樹園を見つけ出すのは容易ではなかった。新しいリジェネラティブ・オーガニック認証がまだ果樹園にまで広がっていなかったためで、フェンスターは州内にある果樹園に手あたり次第に電話をかけ、環境再生型の果樹園に必要な手順を実践しているかどうかを尋ねることにした。たとえば、合成肥料や殺虫剤の使用を避けているか、堆肥、さまざまな被覆作物、草食動物、生垣を用いて生物の多様性を引き出しているか、一年の大半にわたって土壌の露出を避けているか、などだ。そして、これらのうち5つ以上の手順に従っていれば環境再生型とみなすことにした。そのようにして選んだ果樹園はすべて、その研究に必須なわけではなかったが、オーガニック認証を受けていた。次にフェンスターはそれらすべての果樹園で、昆虫による作物被害、土壌炭素および窒素の量、水分浸透の有効性（水がどれだけ短時間で土壌に浸透するか）、無脊椎動物群（昆虫、クモ、ミミズ）と土壌微生物群の構成、アーモンドの栄養成分、収穫量、収益性の調査に取りかかった。

アーモンド栽培者の多くは食物の安全性という理由から、こうした環境再生型の実践を試すことに及び腰なのだと、フェンスターは話してくれた。栽培者は木と木の間に何であれ植物が生えていれば、ましてや果樹園を動物が歩き回るようなことがあれば、サルモネラ菌と大腸菌にさらされる機会が増えると心配する。だが環境再生型の視点からすると、まったく逆だ。フェンスターは次のように言う。「私たちの考えでは、植物、微生物、昆虫の多様性を備えた健全な果樹園の土壌は有機肥料を分解し、多様な微生物群は病原菌を抑制する一方で栄養素をより効果的に循環させます」。そして、動物を飼っている農場で育った子どもたちは、ペットのいない都会の家で育った子どもたちに比べて丈夫な免疫系をもつというドイツの研究を指摘した。環境再生型農業の考えでは、生物多様性によって土壌が同じように丈夫な免疫系をもつようになる。

アーモンドは多量の水分を必要とすることで知られる作物なので、果樹園主の多くは——あちこちの従来型農場主と同じように——換金作物に必要な水を被覆作物が奪い取ってしまうのではないかという不安も抱く。この点についても、環境再生型農業を推進する人の意見は別だ。フェンスターによれば、乾燥したカリフォルニアでの被覆作物の管理は雨の多い中西部の場合とはまったく異なり、果樹園では最も暑い季節に自然に枯れてしまう被覆作物を植えるか、刈り取るか、放牧によって動物に草を食べさせて踏みつぶさせる必要がある。だが被覆作物は、実際に農場主が利用できる水分を増やすというのが環境再生型農業の考え方だ。被覆作物は雨の多い冬季に土の流出を減らすだけでなく、土中の有機物の蓄積を促し、それがまた保水力を高める。さらに、収穫作業によって舞い上がる土埃

5-1　ヒツジがパートナーとして高く評価されている、カリフォルニア州エスパートのカペイヒルズ果樹園。ヒツジたちは被覆作物と雑草を食べてくれるので、刈り取りのために時間をかけてトラクターを動かす必要がなくなるうえ、新鮮な肥料も施してくれる。
BRIAN PADDOCK／CAPAY HILLS ORCHARD

の量を減らす役割も果たすので、それは近くに住む人々の肺にとって朗報だ——土埃はカリフォルニア州セントラルバレーの大きな公害として、すでに住民の重い負担になっている。

研究の一年目、環境再生型果樹園のうち三つが、それぞれ異なる動物を敷地に導入した。食肉用のニワトリ、採卵用のニワトリ、ヒツジだ。カリフォルニア州エスパートのカペイヒルズ果樹園にヒツジを放した果樹園主ブライアン・パドックは、近隣の人が所有しているヒツジを借り受けて、今では間違いなく楽しい時を過ごしている。パドックは自分の果樹園の被覆作物を刈る時期になるといつも、退屈な重労働と燃料費を何とか避けられないものだろうかと思ってきた。被覆作物は実を結ぶ際に窒素を多く使ってしま

郵便はがき

料金受取人払郵便

晴海局承認

9452

差出有効期間
2026年 7月
1日まで

104 8782

905

東京都中央区築地7-4-4-201

築地書館 読書カード係行

お名前	年齢	性別	男・女
ご住所 〒			
電話番号			
ご職業（お勤め先）			

購入申込書 このはがきは、当社書籍の注文書としてもお使いいただけます。

ご注文される書名	冊数

全国どの書店でもご注文いただけます。
ご自宅への直送ご希望の場合は、別途、送料をいただきます。

読者カード

ご愛読ありがとうございます。本カードを小社の企画の参考にさせていただきたく存じます。ご感想は、匿名にて公表させていただく場合がございます。また、小社より新刊案内などを送らせていただくことがあります。個人情報につきましては、適切に管理し第三者への提供はいたしません。ご協力ありがとうございました。

ご購入された書籍をご記入ください。

本書を何で最初にお知りになりましたか？
□書店　□新聞・雑誌（　　　　）□テレビ・ラジオ（　　　　）
□インターネットの検索で（　　　　）□人から（口コミ・ネット）
□（　　　　）の書評を読んで　□その他（　　　　）

ご購入の動機（複数回答可）
□テーマに関心があった　□内容、構成が良さそうだった
□著者　□表紙が気に入った　□その他（　　　　）

今、いちばん関心のあることを教えてください。

最近、購入された書籍を教えてください。

本書のご感想、読みたいテーマ、今後の出版物へのご希望など

□総合図書目録（無料）の送付を希望する方はチェックして下さい。
*新刊情報などが届くメールマガジンの申し込みは小社ホームページ
（https://www.tsukiji-shokan.co.jp）にて

うので、窒素をアーモンドのために地中に残すよう、その前に刈り取る必要がある。今では被覆作物が花を咲かせると、これから果樹園の草刈りに出かけると妻に伝えるだけですむ。それからの時間はビールを片手に、ヒツジたちが草を刈りながら肥料を施しているのを、ただ見ていればいい。

パドックはまた別の方法でも、自分の果樹園に自然を取り込もうとしている。フクロウの巣箱を設置したのは、たくさんのフクロウにモグラと野ネズミを退治してもらうためだ。また生垣を広げれば、在来のミツバチなどの益虫に住処を提供できるだけでなく、キツネを呼び寄せ、リスなどの他の害獣を追い払うことができる。彼は害虫や害獣を駆除するために毒薬などの疑わしい化学物質を用いたいと思えず、ずっと有機農業を目指してきた。

「砂漠の真ん中で核爆発が起きているのをじっと見ている人たちの様子を、ユーチューブで見られますよね。その人たちは当時、それがどれだけ危険なことかを知らなかったのです。いろいろな化学薬品で同じように危険を冒す理由がありますか？　私の家族も私も、自分たちが農業を営んでいる場所で暮らしているので、どうしても有機農業をしたいと思っていました」と、パドックは話してくれた。

ジャーナル『Frontiers in Sustainable Food Systems』に掲載されたフェンスターの研究の結果は、ラングレンとラカンの研究結果と同様のものだった。まず、環境再生型果樹園では従来型果樹園の六倍にのぼる無脊椎動物バイオマス（昆虫、クモ、ミミズ！）が見つかり、多様性も大幅に高かった。害虫による作物被害の大きさは従来型果樹園と環境再生型果樹園で同程度だったが、理由は異なっている。従来型果樹園では化学薬品を用いて被害を最小限に抑えたのに対し、環境再生型果樹園の成功は無脊椎動物のバイオマスと多様性の向上に結びついたものだった。さらに、フェンスターが記録した有機物質は環境再生型果樹園で平均三・八八パーセント、従来型果樹園で二・三九パーセントだったが、多くの研究で一ヘクタールあたりの有機物質が一パーセント上昇すると土の種類に応じておよそ一八〇キロリットルから二四〇キロリットルの水を多く蓄えられることがわかっているので、この違いはとても大きい。また、三〇センチメートルの深さの土を試料として採取すると、フェンスターが調査した環境再生型果樹園に含まれている土壌炭素のほうが三〇パーセント多く、彼のモデルによれば環境再生型果樹園では土壌炭素が増加しているのに対して従来型果樹園では土壌炭素が減少していることになる。最後に、環境再生型果樹園の土壌では二倍の微生物バイオマスが見つかった。また、どちらの果樹園でも収穫高に変わりはなかったものの、環境再生型果樹園の産物には割増価格がつけられたために、利益は二倍になった。

環境再生型の手法は全国に広まりつつある。これまでは、従来型の生産をやめて移行した人たちから環境再生型農業の世界的な代弁者が何人も生まれたが、そうではない人たちも出てきた。バズ・クルートがソーシャルメディアを通して知り合ったサウスカロライナ州の有機栽培農場主は、自分の農場にさまざまな環境再生型の実践を導入しており、その多くは自分で考えついたものだという。

土地に適した種子の消失

ナット・ブラッドフォードは何代も前から農業を営む家系に育ったものの、自らが農業に飛び込んだのは三四歳になった二〇一二年のことだ。ただし、もっと若いころから興味がなかったわけではない。地方の高校生だったとき農業に従事したいと希望したのだが、農学の教師から一蹴されてしまったと、次のように話す。「その先生は、八〇〇ヘクタールの土地と二〇〇万ドル分の支払いを終えた機材がなければ、借金から抜け出せないだろうと言いました。それは現代の農場主のジレンマです。私には、自分の父親と同じことをしたくないと言っている二十代と三十代の友人がいますが、彼らはそういったシステムに縛られてしまっています。私は新しいモデルを考え出そうとしていて、それは暮らしを立て、土地によい影響を与え、さらに他の農場主たちがこの新しいやり方に加われるよう手伝う方法を見出すというものです」

だが、大学を卒業したブラッドフォードは農業に進まず、造園の道を選ぶ。都市造園の従来のモデルを改善するアイデアが山ほどあったのだ。都市部では樹木が間隔を広くとって植えられ、その間の地面にはしっかりマルチングが施されており（彼はそれをマルチング砂漠と呼ぶ）、そこに雑草が生えないようにするためにはグリホサート（除草剤）を使用しなければならない。「化学的殺虫剤の二五パーセント以上が、家庭の裏庭、学校、自治体の敷地で使われています。私は広範囲にグリホサートを使う必要のないランドスケープをデザインしたいと思いました」と彼は話す。そのため彼の設計ではさまざまな被覆植物が用いられ、むき出しの地面は最小限に抑えられている。

それでもブラッドフォードはまだ農業に憧れていた。彼の祖父は兼業農家を営みながら、息子のひとりをロースクールに、もうひとりを医学部に進学させるだけの収入を得ていたので、「早くから農産物に憧れていた」という。そしてついに四ヘクタールほどの農地を購入し、スイカ、コラードグリーン（ケールの一種）、オクラの栽培をはじめた。それまでは綿花、トウモロコシ、大豆の単一栽培が行なわれていた土地だった。彼は早い段階から、化学薬品は一切使用せずに被覆作物と動物性堆肥だけを用いて土壌の健全性と生産力を取り戻そうと、心に決めていた。数年という期間を必要としたが、その成果は目覚ましいものだ。

ブラッドフォードの成功のカギは慎重に時期を選んでさまざまな被覆作物を用いる方法で、花を咲かせて種子ができたあと市場向け作物の栽培が始まる直前に枯れる種類を植えておき、枯れた草が農地一面を覆って腐敗をはじめたバイオマスに、市場向け作物を直接植えていく。その作物が三〇センチメートルほどの高さに成長するころには、被覆作物の種子からまた芽が出て育ちはじめ、土壌を豊かにするとともに益虫を呼び寄せてくれる。ブラッドフォードは二つの点で自然をそのまま再現している――まず一年を通して地中に生きた根が張っている点、そして条件が整えば芽を出す種子がいつでも土の中にいっぱい埋まっている点だ。数百年以上にわたって土の中で生きている種子もある。水が干上がってしまった湖の底の土中から生育可能な蓮の種子が見つかって、放射性炭素による年代測定を行なったところ、一二〇〇年前のものだった場合もあるという。

「私は土の中に、自己補充される被覆作物の種子バンクを作ろうとしています。植物からは種子ができるのがわかっているのに、毎年種子を買って、時間をかけて植えなおすのはいやなんです。それは自然がすることですよ！　森の木を植えなおす必要はありませんよね。ただ一五年ほど放っておけば森林が再生されます。そこには種子バンクがあるのですから」。ブラッドフォードはそう話した。

彼の冬の作物はコラードで、〇・四ヘクタールの広さで育て、クローバーとベッチで囲む。雨が降っても雨粒が土の表面を直接打つことはなく、植物にあたってから土壌に流れ落ちていく（私は不信仰な人間だが、それでもこれは神の細流灌漑システムに思える)。被覆作物は雨と風の両方による浸食から土壌を守っていて、コラードの葉に泥はねが飛ぶことはない。些細なことかもしれないが、ブラッドフォードの作物を購入するシェフはこの点を高く評価しており、泥はねを洗い流す必要がほとんどないと言う。コラードの収穫が終わると、オクラを植える番だ。

私がブラッドフォードと話をしたのは二〇一九年の三月で、まだ冬の生育の季節だったが、すでにその前の一二月以降で〇・四ヘクタールあたり二万二〇〇〇ドル相当のコラードの収穫を終えていた。二〇二一年に再び話を聞いたときには、彼の作物収量は〇・四ヘクタールあたり約六トン、五万ドル相当と倍増しており、それは土壌生態系が回復し続けているおかげだと話す。ハリケーンの影響で生産が止まるまでの間、彼とその家族は耕作に利用している二・八ヘクタールの農地で、〇・四ヘクタールあたり約一〇トンのオクラを収穫するようになっていた。

彼はこう話す。「それはオクラの通常の収量の四倍に近く、しかもそれだけを収穫するのに通常はどれだけ化学薬品を必要とするのか、想像もつきません。有機栽培の農場主は、従来型農業が競争相手だと言わざるを得ませんが、このような生産方法を用いれば、収量、風味、品質、土壌の健全性、価格のいずれでも競合することができます」

さらにスイカがある。ブラッドフォードが用いているのは、一七〇年にわたって家族が慎重に受け継いできた種子だ。彼の家族は毎年必ず畑をくまなく見てまわり、最も味のよい実がなる最も健全で元気な苗を選ぶと、その苗になったスイカの種子を保存して翌年の種まきに用いる。健全な土壌に植えられて被覆作物に囲まれた彼のスイカもまたすばらしい。ブラッドフォードは二〇一三年の寒く湿気の多かった夏のことを話してくれた。このとき、激しい雨によって農作物が壊滅的な被害を受け、サウスカロライナ州のニッキー・ヘイリー知事が連邦の災害支援を要請するほどの事態に陥っている。そしてウリ科作物（カボチャ、キュウリ、メロン）にはべと病が大発生した。多くの農場で作物が全滅するなか、ブラッドフォードがその年も一〇〇パーセントを超える収穫高を得たのは、一部のつるに一個ではなく二個の大きなスイカが実ったせいだった。

こうして同じ地域で何世代にもわたって育てられ、同じ土壌、生態学的共同体、微気候に長年触れてきた種子を受け継いでいるのは、並外れて幸運なことだとブラッドフォードは確信している。彼の家族は暑く乾燥した年も、寒く湿った年も、変わらずに種子を保存してきた。昆虫の襲来や病気の蔓延があった年にも、やはり生き残った苗から種子を残してきた。一家は肥料と殺虫剤の助けを借りずにスイカを育ててきたので、その植物は栄養分の見つけ方も、化学薬品に頼らずに害虫や病気と戦う方法も、きちんと身につけている。その遺伝子は、どれだけ多くの困難に直面しようとも生き延びるために用いる秘訣の宝庫になったのだった。

アメリカの（そして工業型農業に束縛されるようになった他の国々の）農場主の大半は、もうそれぞれの土地の条件に適応した種子をもっておらず、ましてや有機的な条件の中で成長するたくましい遺伝子を備えた種子はほとんどない。かつてはどの農場主も、最もよくできた作物の種子を翌年のために保存しておいたものだ。やがて数百にのぼる各地の種子販売会社が、地元の農場でよく育ちその家族と顧客の味覚を満足させるような種類の種子を販売するようになっていったが、二〇世紀の間はまだ、数が減ったとはいえその習慣は残っていた。だがこの最も基本的で貴重な農業資源を産業が牛耳るようになるにつれ、この国の農場主の大半から、種子を保存するという技能が少しずつ失われてしまった。

そうなる前には、ほとんどすべての種子が自然受粉された植物から生まれていた。たとえば自然受粉のトウモロコシ畑では、穂を出した雄花から飛び散った花粉が別の雌花に降り注いで、さまざまな他花受粉と遺伝の可能性が生まれる。農場主が慎重に選んだ品種の種子を畑に蒔いても、実るトウモロコシには別の特性（高さや成熟の時期、色など）が見られ、それぞれが遺伝的に大きく異なってくる。

自然受粉の畑では、そのような遺伝的相違によって農場主は将来に無数の選択肢をもつことができる。農業を営む人々が何千年もかけてそうした選択肢を学びながら、世界の異なる地域で異なる品種を生み出し、植物はそれを育てる多様な人間の希望と植えられる場所に適応してきた。わずかな地域の違いで、あるいは農場ごとに、固有の品種が存在することもある。そして年ごとに、環境と人間の選択に応じて変種の遺伝的特徴もわずかに移り変わる。

「アメリカが偉大だったのはいつでしょうか？」と、アメリカ先住民の人権活動家で農場主でもあるウィノナ・ラデュークは聴衆に疑問を投げかけた。植物の育種と種子の保存を議題とした「オーガニコロジー」と呼ばれるポートランド会議で、基調講演をしていたときのことだ。「アメリカが偉大だったのは、八〇〇〇種類にのぼるトウモロコシがあったときです」

二〇世紀はじめになると専門の植物育種家が登場して、このような自然受粉に頼る方法から、はるかに限られた遺伝的可能性をもった植物を重んじる方向への変化がはじまった。育種家たちが作り出した交配種は、何世代にもわたる自家受粉で作られた、二つの同系交配種の親から生まれたものだ。種子販売会社は、独自に所有権をもつ交配種を売り物にして事業を確立し、農場主に対してすべての種子からまったく同じ結果を得られると保証する。こうした均一の規格品のような果物と野菜は、新しく生まれつつあった食品産業のニーズにぴったり合い、農場主に市場を受け合うことができた。だが農場主のほうは交配種から種子を得ることはできなかった。次の世代は遺伝子的に不安定で、同系交配に用いた親の世代の性質に戻ってしまう可能性があるからだ。通常、それは農場主が求める性質ではない。彼らは毎年、新しい種子を買わねばならなくなった。

「自然受粉した作物では、シーズンごとに遺伝子の多様性があるので、作物は進化して環境条件に適応し続けます」と、有機種子同盟（ＯＳＡ）のプログラム・ディレクターを務めるミカエラ・コリーは話す。「けれども交配種は違います。交配種は一定の品質と特徴をもった種類の固定された終点です。進化することはありません」

二〇世紀後半にバイオテクノロジーが誕生し、種子を含む生物にも特許が適用されるようになると、巨大化学薬品企業は種子を扱う地域企業を吸収しはじめた。今では四つの巨大独占企業――コルテバ（ダウとデュポンの合併で誕生）、ケムチャイナ（シンジェンタを吸収合併）、バイエル（モンサントを吸収合併）、ＢＡＳＦ（総合化学メーカー）――が、世界中の種子の六〇パーセント以上を支配しているとみなされている。こうした化学コングロマリットが小規模な種子会社を吸収合併するのは、健全な農業やランドスケープや人々を発展させるためではなく、健全な利益を追求するためなので、小規模な種子会社が所有権をもつ何千もの交配種を「廃版」にしてきた――つまり、その交配種を作り出して販売のために育てる親系統の育種をやめてしまう。二〇〇〇年の一年間だけでも、(当時、世界最大の野菜種子会社だった)セミニスが小規模な数社を買収したことで、二〇〇〇を超える交配種が市場から姿を消してしまった。コングロマリットにとっては、何千という農作物の変種の種子を提供し続けるより、商品の数を減らして市場規模の大きい少数の種子だけに絞るほうが利益が大きくなる。販売を続けるのは、どこでも適度に育つ種子、または主な商業栽培地域に合わせて調整された種子だ――カリフォルニアのトマトと中西部のトウモロコシを考えてみればわかるだろう。コングロマリットが次に的を絞ったのは、遺伝子操作で最も大きな利益を生み出す交配種で、そのほとんどは農場主の化学薬品への依存を高められるものだった。食品安全センターの科学政策アナリスト、ビル・フリースによれば、二〇二〇年にアメリカで五大主要作物(トウモロコシ、大豆、綿花、キャノーラ、サトウキビ)が栽培された耕地面積の九三パーセントを、遺伝子組み換え作物が占めていた。これら遺伝子組み換え作物の九八パーセントは、グリホサートをはじめとした除草剤に耐えられるように遺伝子操作されたものだ。遺伝子組み換え綿花とトウモロコシの大半は、昆虫への耐性も備えるように操作されている。

アメリカをはじめ、種子を保存する技術がほとんど忘れられてしまった国々では、農場主たちがかつて育てていた古い変種を見つけ出すのに苦心している。トウモロコシ、大豆、キャノーラなどの農産物を栽培している農場主は、コングロマリットが販売する殺虫剤であらかじめコーティングされた、遺伝子組み換え種子しか買えないことが多い。環境に配慮した農業を進めてみようと思った場合、こうした種子を用いると問題が生じてしまう。被覆作物を植えて益虫を引き寄せようとしても、作物の種子のコーティングに用いられている殺虫剤が被覆作物の花蜜、花粉、組織を汚染するとともに、地下水面にもにじみ出るために、うまくいかないのだ。

「私たちは、こうした益虫が利用する泉も汚染してしまっていると思いますか？」と、ジョナサン・ラングレンが指導した以前の大学院生で、このことを研究しているマイク・ブレデソンが尋ねる。「その通りで、私たちは汚染しているようです」

ラングレンの研究は、殺虫剤でコーティングされた高価な種子が、害虫の問題に悩む農場主たちをほんとうに助けているのかと疑問を投げかけており、アイダホ大学の生物学者メアリー・リッドアウトの研究も同様だ。リッドアウトは、殺菌剤で処理されたトウモロコシの種子と処理されていないトウモロコシの種子を比較するために、それぞれ一カップを容器に入れて、一部が浸るように水を加えた。すると四週間後、菌類がはるかに大きく成長したのは殺菌剤で処理された種子のほうで（なかでも三つか四つの種の菌類の成長が著しかった）、処理されていない種子では菌類の多様性が大きかった。殺菌剤が菌類の成長を止めることはなかったと、リッドアウトは結論づけている。それはただ菌類群衆の多様性を変化させ、より力の強い三、四種の菌類の成長を抑制するはずの競争を排除したにすぎなかった。

殺虫剤でコーティングされていなくても、商業用に生産された種子にはナット・ブラッドフォードが代々受け継いできた丈夫な種子の面影はほとんどない。植物育種家の間には、植物の品種改良は利用したい環境で行なうべしという金言があるが、ほとんどの商品作物の品種改良は、化学物質が多いうえに多様性が低い環境で行なわれている。その際の品種改良には企業としての期待が込められ、化学肥料でよく育ち、散布する殺虫剤で昆虫から保護され、散布する殺菌剤のおかげで病気にかからず、除草剤によって雑草との戦いを免れるものが生み出される。品種改良と栽培の環境のせいで、そうした品種は有機的システムで——あるいは農場主が化学薬品の使用量を減らして経費節減や自然保護を目指そうとする環境でさえ——生き抜いていくために必要な遺伝子的能力に欠けていることがある。

参加型育種と農場主

人間や他の複雑な生物と同様、植物には活動的な微生物叢がある。私たちが植物を目にしても、見えるのは全体のほんの一部だけで、土の中の細菌や菌類などのパートナーに加えて植物の組織に入り込んだ微小な生命体などは見えていない。トウモロコシの最も古い祖先であるブタモロコシ（メキシコ南部の草）から現代のトウモロコシまで、栽培化の勾配を調べた研究によれば、繰り返すごとに種子にはいつも野生種と同じコア微生物叢が見られるようだ。

科学者たちは今もまだ、そうしたコア共生微生物が発芽時に種子のために何をするのかを調べ続けている。リッドアウトによれば、植物が一生のうちで最も傷つきやすいのは発芽するときで、水や栄養素の不足、硬い土壌、過酷な環境、病原菌などの影響を避けられない。これまでの研究では、共生微生物によって発芽状態がよくなり、成長が促され、地上でも地中でもバイオマスが増加することがわかっている。さらに、共生微生物は植物の門番の役割も果たし、病原体から守ると同時に外界の微生物パートナーとのつながりも築いているようだ。

植物は成長するにつれて、自力で害虫や病気と戦うための遺伝的ツールキットを必要とする。また、生態系を養って守るために、これら新しい微小なパートナーと協力する方法も学ばなければならない。微生物は少なくとも次の三つの方法で、成長を続ける植物の防衛力を後押ししてくれる——植物を守る化学物質を作り出し、植物の周辺にある敵対する生物を打ち負かし、誘導全身抵抗性と呼ばれるものを活性化する。こうして有益な微生物が存在しているだけで、植物は警戒態勢に入り、必要があれば病原体に対する防御を固める準備を整えられるのだ。

何世紀にもわたる栽培化と植物育種の結果として、植物が微生物パートナーと連携する能力を失ってきたのか、また失っているとしたらどの程度なのかについて、科学者たちは研究に着手したばかりだ。パデュー大学の植物育種および土壌微生物学者のロリ・ホーグランドは、こうした生態系を考慮しながらトマトの品種改良に取り組んでおり、二〇一九年にコロンビアに出かけた。コロンビアはトマトの原産地で、今もまだ自生しているトマトを見ることができる。ホーグランドは現地で山に入り、野生トマトの根の組織を、その周辺の土とともに収集してきた。今では自分の温室で、トマトの祖先が病原体と干ばつによるストレスを切り抜けるのを土中の微生物がどのように手助けしているのか、現代の植物を手助けしている程度と比較しながら研究している。「もしこれらのマイクロバイオームが大切だとわかったら、私たちは伝統的な［遺伝子組み換えではない］育種の手法を用いて、そうした関係を現代の品種にも取り込んでみることができるでしょう」と、ホーグランドは私に話す。「それに農業システムで利用する土壌を管理して、私たちの現代のトマトも手助けしてもらえるように、こうした種類の微生物を生息させることもできます」

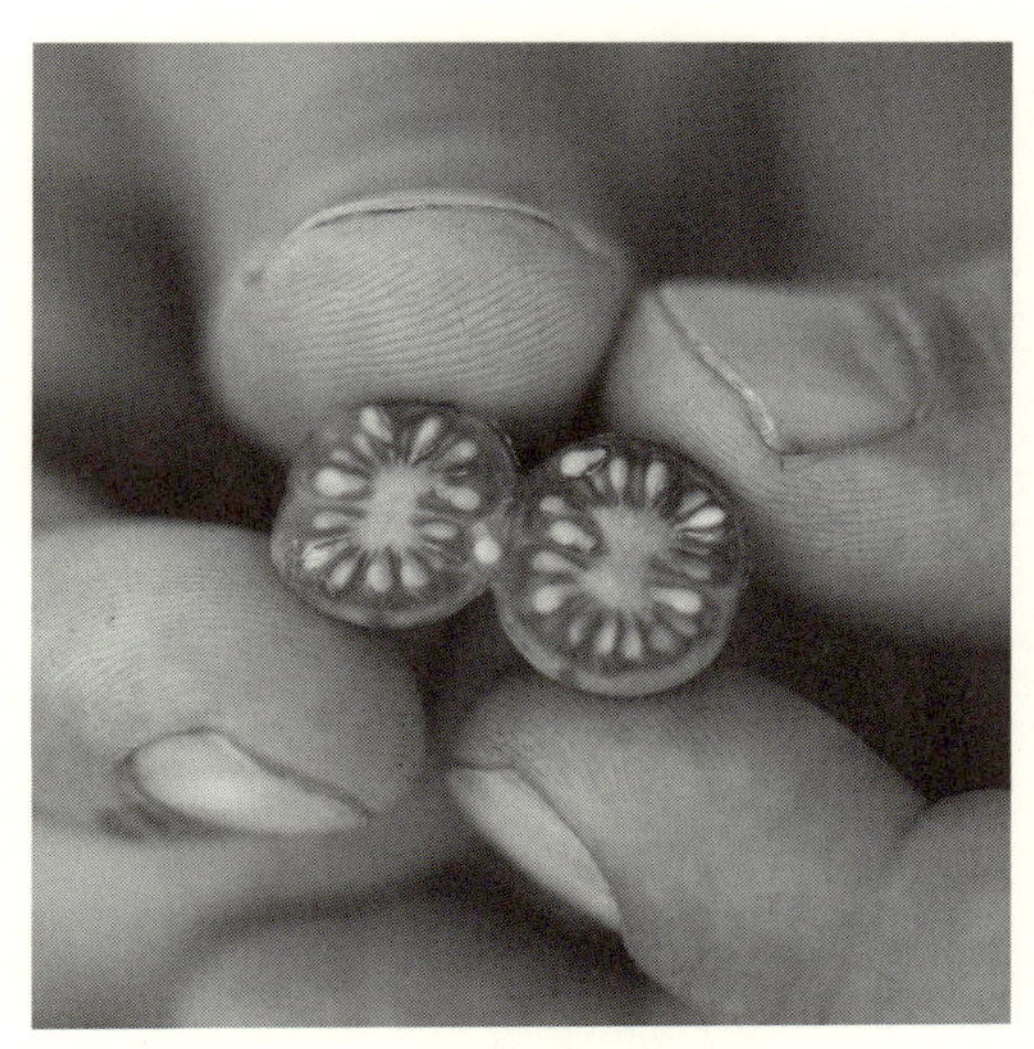

5-2　現代のトマトの祖先にあたる野生のトマト。ペルーにあるこうしたトマトは、植物育種家が改良して新しい品種を生み出しやすい特徴をもっていると思われる。
TONI ANZENBERGER／REDUX

現代の植物育種によって基本的にほとんどの作物が間抜け（これは私自身が大げさに表現している言葉で、ホーグランドが言ったものではない）になり、自分自身の友達を見つけて共に繁栄していくために必要な手段を失ってしまった可能性がある。そうした種子を植える農場主はその代わりに、本来なら大昔から続いてきた相利共生が無料で提供してくれるはずのサービスを穴埋めしようと、高価な商品を山ほど買わなければならない。この国の二〇〇万人の農場主が抱える負債が二〇二一年には四四一七億ドルに達すると米国農務省が見通しているのも、驚くには値しないだろう。そして自殺の傾向が最も高いのが農業従事者だという事実もまた、驚くには値しないのだ。

「一部の人たちにとっては、とてつもな

い金額ですよ」と、アイダホ州の有機栽培ジャガイモ育種家、クライド・ブラッグは言う。彼はかつて大手種苗会社の副会長として新種開発を担当し、最高のジャガイモは有機種子からできることに気づいたが、その大企業を有機に転換させることはできなかった。そこで企業を退職すると独自にジャガイモの育種と栽培を開始し、化学薬品のための支出を従来のジャガイモ農家より一ヘクタールあたり二〇〇〇ドルから二五〇〇ドルも減らすことができた。「農場主の数は減っていますが、化学会社は大きくなり続けています。私の知り合いで、化学業界にいて生計の手段を失った人はひとりもいませんが、農場を失った人ならたくさんいます」

だが、農業に生態学的な英知を取り戻す草の根の動きが起きていると同時に、何千年にもわたって実践されてきたのに今は失われてしまった植物育種および種子保存の技術を見直す動きも、それを補足するように生まれている。

有機農場主は一九八〇年代から、そうした動きが必要だと気づいていた。彼らは何とか役に立つほんの一握りの市販の雑種と、一九七〇年代に「ジョニーの特選種子（Johnny's Selected Seeds)」などの種子カタログに姿を見せはじめたエアルーム種子（少なくとも五〇年以上にわたって栽培され、自然受粉または自家受粉された品種）でその場をしのぐしかなかった。そしてさまざまな理由からエアルーム種子を好んだ。多くの農場主は冷静に考えて雑種を好まず、また巨大な種子会社に依存することも避けたかった。種子会社は少しずつ農業関連産業の基準に合った品種を作り出すことに焦点を合わせるようになり、一斉に熟し、輸送に耐え、長持ちするものを目指していたからだ。だがそうした品種は多くの場合、旧来の風味、質感、美しい色を失っていた。

一方のエアルームも、農業で実際に暮らしを立てたい有機農場主たちにとっては完璧な解決策とは言えなかった。「エアルームは実においしいのですが、割れやすく、輸送に向きませんでした」。当時を思い起こしてそう話すジョン・ナヴァジオは、一九七〇年代に有機農業を始めたが、一九八〇年代になって伝統的な植物育種を学ぶために学校に戻っている。ナヴァジオはしばらくの間、有機種子同盟（ＯＳＡ）の上級科学者およびワシントン州立大学のオーガニック・シード・エクステンションのスペシャリストを務め、今ではメイン州にある「ジョニーの特選種子」の一員だ。「エアルーム種子から育てたトマトは、販売するためにトラックに積んで町まで運ぶのも難しいものでした。一方の通常のトマトは、割れることはありませんでしたが、味のほうもよくありませんでした。そこで、両方のよいところをとれないかと考えはじめたのです。そしてすぐ、地域市場に高品質の有機作物を出荷している農場主のために品種改良を進めている人がいないことに気づきました」

有機農場主たちは一九八〇年代のはじめまでに、改良品種と適切に生み出された種子の必要性を話し合う会議を開きはじめた。今では植物育種のレジェンドと呼ばれ、オレゴン州フィロマスの「ワイルド・ガーデン・シード」で種子を販売しているフランク・モートンは、一九八四年にそうした会議に出席したときのことをよく覚えているという。その席上で、マッシュルームとして知られる分子生物学者が（このニックネームの由来は、モートンによれば本人の「友人たちは私のことを暗闇に閉じ込めて、ろくでもないものを食べさせる」という主張らしい）立ち上がり、こう宣言した。「みなさんが有機作物を育てるなら有機種子が必要です。そういう種子は存在せず、われわれはそれを作り出さなければなりません」

モートンはそのころ高級レストラン向けに有機レタスを栽培しており、「この言葉に心を動かされました」と話す。そして今では自ら作り出した八〇以上の有機品種の種子を販売するまでになった。「それでも実際にひらめきを得たのは、もし私が自分の種子を保存し続ければ、偶然の交配によって生まれた別の作物が育ち、夢のような遺伝子の組み合わせが実現するかもしれないと気づいたときです」

有機種子同盟（ＯＳＡ）は二〇〇三年に結成され、（害虫と気候問題に対応していけるよう既存の品種の進化を促したいと考えて）独自の品種を作り出すことに興味をもつ農場主と、公立大学に所属する何人かの植物育種専門家が参加している。それらの大学では政府からの財政支援が削減され、育種を専門としていても有機栽培だけに打ち込めるとは限らない。それでもＯＳＡに参加している人たちは、一度に一つか二つの遺伝子だけをいじって品種を変えていくバイオテクノロジーの遺伝子操作ツールからは、農業の豊かさも健全な地球も生まれることはないと確信している。そうした方法の代わりに、有機栽培で育った自然受粉の植物から選ぶ方法を実践しており、それは植物のゲノム全体に関与するやり方だ。

コーネル大学の植物育種学者でＯＳＡの熱烈な支持者であるマイケル・マズレクは、次のように語る。「真に持続可能な未来を求めるなら、本質的に丈夫で立ち直りが早い遺伝的特徴をもつ植物が必要だ。二つの植物には何万もの遺伝子があるうえ、ほとんどの植物にはアレル（対立遺伝子）と呼ばれる異なる形の遺伝子もある。私たちが他花受粉をすれば、その多様性すべてに働きかけることになり、とうてい長期にわたって定義したり特徴を明らかにしたりできるものではない。それがどれほど力強いものか、まだ正しく評価されていないのだ」
ＯＳＡは、ラングレンの農業研究のモデルによく似た育種のモデルを開発してきた。参加型育種と呼ばれるその方法は、農場で農場主自身が積極的に参加して進められ、多くの場合はその地域の栽培者が必要だと声を上げたことに対応する。「植物育種というものは、つねにそうあるべきだ」と、マズレクは言う。「たいていの場合は育種家がひとつの品種を開発すると、次の段階として農場主たちがそれを試す。だが参加型育種では、利益を受ける者がその品種を共同で開発し、利用できる準備が整った時点ですでに採用が始まっている」

農場主が育種の過程に参加する――またはＯＳＡと公共機関の植物育種家の一部が提供しているさまざまなクラスのひとつを受講する――ことによって、自分自身で種子を選んで保存する方法を学ぶこともできる。このように驚くほど民主化された開発方法により、農場主たちは化学コングロマリットからの自由度を高められると同時に、消費者やシェフなどと共に、より強力な地域食料システムの構築に力を貸せるようにもなる。

スイートコーンをめぐる攻防

そのような例をひとつあげてみよう。ＯＳＡは、北部有機野菜改良共同機構（Northern Organic Vegetable Improvement Collaborative：ＮＯＶＩＣ）と呼ばれる協力組織の一員で、この機構はアメリカ北部全域の農場主たちと協力しながら、地域固有の要望に応じた作物品種の育種を進めている。

ツインシティーズ（訳注／ミシシッピ川上流の隣りあう二大都市、ミネアポリスとセントポール）の近くで有機農場を経営するマーティン・ディフレイが、彼らに次のような不安を訴えたという。ディフレイは長年にわたって、古くからある消費市場向けスイートコーンの交配種「テンプテーション」を栽培し、夏になると地元のトウモロコシを食べたいと考える熱心な市民への販売で収入の大半を得ていた。ミネソタ州のその地域では春の訪れが遅く、土壌の温度が低いために、その他の品種はうまく育たない。ほとんどのスイートコーンの種子は十分な速さで発芽できず、土から芽を出して光合成を始める前に割れてしまうので、微生物の侵入を許すことになる。けれども「テンプテーション」は実に優秀な品種で、ディフレイの事業の基盤になっていた。

ところが、モンサントが「テンプテーション」の所有権を獲得し、遺伝子組み換え版を市場に出すと発表した。これまでの経験から、モンサントは従来の「テンプテーション」を廃版にするだろうと考えたディフレイは、自分が使える品種はもうなくなるのではないかと心配になった。認定有機農場主は、遺伝子組み換え作物を扱うことはできないからだ。そこでNOVICは、長年にわたってスイートコーンの育種に携わるとともにOSAの支持者でもあるウィスコンシン大学の植物育種家、ビル・トレイシーに相談し、彼がもつ幅広い品種の中から役立つ特質を備えたものを探してもらった。そして当時トレイシーの教え子だった大学院生で今はOSAで研究教育次長をしているジャレド・ジストロが、ディフレイの農場の一〇〇を超える育種区画にトレイシーの提案する品種を植え、ディフレイ自身が求める特徴を備えたものを選んだ。冷たい土壌に耐え、病気に強く、美味で、大きい穂をもち、穂の先端の皮がしっかり閉じた（それによって昆虫の侵入を防ぐ）品種だ。その後、トレイ

5-3　種子用に乾燥させたオーガニック・スイートコーン「フー・ゲッツ・キス？」の穂軸を調べる、ウィスコンシン大学マディソン校農学部長で植物育種家、ビル・トレイシー。
JOHN HART ／ WISCONSIN STATE JOURNAL

シーはディフレイが選んだ品種をチリの冬季の苗床で育て、その中で最もすぐれたものを翌年ディフレイの農場に戻した。この工程を四年以上にわたって続けた後、NOVICは二〇一四年に「フー・ゲッツ・キス？（Who Gets Kissed?）」を公開している――春の訪れが遅い寒冷な地方の農場主に向けた、自然受粉のオーガニック・スイートコーンだ。

その名前は、「地域農業」がまだ矛盾語法に聞こえた時代を思い起こさせる。すべての農場主はそもそも自分の家族と地域社会のために作物を育てていたからだ。「その昔には、トウモロコシが実ると地域社会の人たちが一堂に会し、皮むきパーティーを開いたものでした」と、ミカエラ・コリーは説明する。「赤い実が入った穂を見つけると、仲間の中からキスしたい人を選ぶことができました。この新しい品種に『フー・ゲッツ・キス？』という名前がつけられたのは、赤い実を見つけてもこの世の終わりではない［流通の規格に合わないものにも価値がある］と伝える方法でした。人々は画一性を好むように訓練され、作物はすべてが同じ、小さなブリキの兵隊になってほしいと思っています。でもそれは、私たちの食料システムに生物学的多様性の回復力が備わらない、ひとつの理由なのです」

ＯＳＡはその後も北部地方の異なるグループの農場主たちのために、スイートコーンを進化させ続けていった。コリーをはじめとしたＯＳＡのメンバーはワシントン州の食品企業と会合を開き、地域の農場主が一年を通して新鮮な農産物を供給できるよう、どうすれば手助けできるかを話し合った。すると、北西部の農場主たちも「テンプテーション」を広く利用してきて、使えなくなることを心配していることがわかったが、「フー・ゲッツ・キス？」は代わりにならなかった——ミネソタ州と太平洋岸北西部とは寒冷な気候と春の訪れが遅いことは共通していたが、ミネソタ州の夏のほうがずっと気温が高く、農場主たちは「フー・ゲッツ・キス？」を数か月のうちに市場に出すことができる。それに対して太平洋岸北西部では感謝祭まで出荷することはできない。そこでＯＳＡとビル・トレイシーは、食品共同組合から補助金を受けてスイートコーンの新たな品種系列を探りはじめた。協力したのは地元のナッシュ・フーバーで、シアトルに直接出荷するとともに、ポートランドからブリティッシュコロンビアまでの卸売業者や他の有機農場主にも販路をもっている有機農場主だ。選定の過程は「フー・ゲッツ・キス？」と同じ段階を踏んだが、このときＯＳＡと農場主たちが探し求めたのは同じように穂が大きくて風味が豊かな自然受粉の有機スイートコーンで、冷たい土壌と遅い春に耐えて害虫と病気に強いだけでなく、寒冷な気候でも夏の終わりには収穫できるほど成熟の早い品種だった。

私は一年おきに開催されるＯＳＡの会議に二回出席したことがあるが、いつもそこで出会う人たちの幅広さに目がくらむ思いがする。もちろん、農業と植物育種に深い経験をもつ政治家たちがいて、彼らの顔はアメリカの農業人口と農業科学者の高齢化を伝えるニュースで見覚えのある、六〇歳を超えた白人男性だ。だが、ＯＳＡをはじめとした革新的な農業関連の会議では、若者、女性、白人以外の人たちが圧倒的な数を誇るようになっている。そのような現実を伝えるニュースが届くようになる日が待ち遠しい。

あるＯＳＡ会議の初日の午前中、私は二人の女性と同じテーブルになったので、農業と種子とのつながりを尋ねてみた。ひとりは有名な教養大学出身の三十代前半の女性で、大学卒業と同時に農業に携わり、作物だけでなく種子の生産もはじめたところだった。忙しい毎日だが、自営のその仕事が大好きだと話す。ウォールストリートや法律事務所で雇われて働く友人たちからは、羨ましがられているそうだ。彼女より少しだけ年長に見える、おそらく四十代だと思われるもう一方の女性は、農業を営む家族の三代目で、やはり仕事は厳しいが楽しいと言う。彼女たちも、私の周囲のたくさんの人たちも、新たな信条に転向したいという強い熱意をもっていた。

化学製品の利用と耕起で厳格な予定が組まれた従来型の農業への愛着はあまり感じられず、振り返れば――肩越しに――生物多様性が風前の灯となったランドスケープが広がる。それはまだ博士課程の学生だったマイク・ブレデソンが、この章の冒頭で訪ねたロジャーのトウモロコシ畑で私に伝えたことだ。進行中の研究について話しはじめたとき、いつの日かアメリカのトウモロコシ畑に、植物と昆虫の多様性が増す日が来ることを強く望んでいると彼は言った。そして、多様な被覆作物のひとつとしてヒマワリの特別な役割を賞賛した。ヒマワリは花外蜜腺をもつので（花の外の茎と葉に沿って、花蜜を出す場所がある）、花が咲いていてもいなくても、益虫に食物を与えることができるという。それから彼はかがみ込むと、トウモロコシの葉の横で細い糸につながれた風船のように揺れている白い点を指さした。それはミドリクサカゲロウの卵で、母親が細い糸を使って卵を植物につなぎとめるのは、アリから守るためだ。アリのほうは、自分たちの大切なアブラムシを天敵であるクサカゲロウから守ろうとする。その卵が孵化すれば、クサカゲロウの幼虫（アブラムシのライオンやアブラムシのオオカミと呼ばれ、微細な茶色いワニに似ている）がアブラムシなどの作物の害虫を何千匹も食べてくれる。

それから彼は驚くような話をした。博士課程を終えたら妻と共にどこかに定住して農場主になりたいと、次のように言ったのだ。「今、私と一緒に仕事をしている農場主のみなさんから希望をもらいました。それは地球の表面で最も興味深く、最も大切な仕事で、土地に仕える者になることなのです」

ブレデソンはラングレンに出会うまで、農業に関わりたいとは少しも思っていなかったそうだ。ごく平凡な農場で育った彼は、将来はできるだけ農業から離れたところで暮らしたいと考えていたらしい。そして医学部進学課程に進むと、二年生を終えた夏休みの間、何か生物学的な研究に関係のあるアルバイトをすることにした。医学部の志願者として、よりよい印象をもたれるのではないかと考えたからだった。ちょうどそのころ地元の昆虫学者が夏休みに助手を求めていると聞き、ラングレンのもとでの仕事が決まった。

その仕事の初日に、彼の人生航路が一変することになる。地面から昆虫を吸い上げる仕事をするよう、ラングレンに指示されたのだ。私が前に目にしたのは、その姿だった。「生まれてから一九年もの間、農場で暮らした私ですが、それまで、地面に膝をついてそこで何が起きているかに目を向けたことなど、一度もありませんでした」と、ブレデソンは話す。「ほんとうに、そんなに興味深いものを目にしたのは生まれてはじめてだったんですよ。自分の足のすぐ下で、毎日毎日、同盟と戦争が繰り広げられているのですから。その瞬間、これに比べれば人間なんてまったくつまらないものだと思ってしまいました」

第6章

鳥たちと一緒にコーヒーを

生態学者と有機栽培コーヒー農園

イヴェット・ペルフェクトは、近くにあるコーヒーの木々に影を落とす一本の大きな木、シャボンノキの幹を、指の関節を使ってコンコンと叩く。その叩き方はとても力強くて、まるで誰かの家の玄関の前に立ち、大急ぎでドアを開けてほしいと呼んでいるかのようだ。すると木の住人たちはすぐに予想通りの反応を見せる。何十匹もの茶色くて小さいアステカアリが、侵入者をやっつけようという構えで怒ったように次々と姿を現わすのだ。ペルフェクトは何歩か後退して幹から離れ、幕を開けたこの生態系のドラマが展開していく様子をじっと見つめる。思った通り、戸惑ったアリたちの発する警報フェロモンに引き寄せられるように集まってきた微小なハエが、アリすれすれに飛び交いはじめた。

「タイコバエよ!」と、ペルフェクトは陽気な声を上げ、近くに来るようにと私に合図を送ってくれる。「ほら、もっとやって来た」

私たちは近づいて身を乗り出し、タイコバエがアリの頭にとまって産卵をはじめる様子を見ようとした。もし卵を産みつければ、やがて幼虫がその頭の中で育ち、脳を食べて栄養をとる。最後にアリの頭が体から離れて地面に転げ落ちると、そこから新しいハエが生まれ、もっとたくさんのアリを苦しめることになるだろう。だが、やって来たハエの熱狂的な行動パターンはアリたちの行動パターンと一致せず、ただ不規則にグルグル飛びまわるばかりだ。「ハエたちは混乱しているのね」と、ペルフェクトはようやく説明を加えた。「異なるタイコバエはそれぞれ異なる種類のアリを攻撃して卵を産みつけるから、これはこのハエにとって正しい種類のアリではないようね。とてもはっきり決まっているのよ」

そのとき突然、私は首のうしろを突き刺されたような痛みを感じた。今回ここに招いてくれた二人からは、アステカアリとの接触を避けたいなら枝や葉には直接触れないようにと注意されていた。ペルフェクトとジョン・ヴァンダーミーアはミシガン大学の生態学者で、メキシコのグアテマラと隣り合った南側国境近くにあるこの有機栽培コーヒー農園でもう長い間、生き物たちの相互作用を調べている。夫婦そろって私の遠出の案内役を引き受けてくれたというわけだ。アステカアリは土を避けて暮らしており――「あんよを汚したくないんだよ」と、ヴァンダーミーアはジョークを飛ばす――シャボンノキの幹、枝、葉、地面に落ちた小枝、そして膝ほどの高さまで盛り上がって蛇のように曲がりくねった壁をなす巨大な根をたどって農園を移動する。私は話に気をとられているうちに、木のどこかに触れてしまったにちがいなかった。「このアリは刺さないよ」と言うヴァンダーミーアは、少しおもしろがっているように見える。「嚙んでから、向きを変え、その傷にちょっとばかり毒を注

6-1　ヒアリを攻撃する雌のタイコバエ。テキサス州トラヴィス郡のブランケンリッジ野外研究所でジョン・アボット博士が行なった、飼育下の研究の一場面。
JOHN ABBOTT／MINDEN PICTURES

入するだけだからね」

　私はずっと後ろに下がって、ペルフェクトとヴァンダーミーアがシャボンノキのまわりをぐるりと囲んだ緑樹の間で仕事をする様子を見守ることにした。農園で働く人たちを悩ませている獰猛なアステカアリから身を守ろうと、樹木からもコーヒーの木からも地面に落ちた枝からも十分に距離をとった場所で立っていることにしたのだ。それでも不安にかられて地面にたびたび目をやる。というのも、ここに到着してすぐ聞かされた話では、ある卒業生が一日の現地調査を終えて戻ってきたと思ったら、現地研究室の床にナップザックを投げ出し、恐怖にかられた様子で後ずさりしたという。ナップザックから二匹のサンゴヘビが這い出してきたからだった。そこで私は近くにある枯葉の山を手あたり次第にステッキで突き刺して、サンゴヘビを踏んだりしないように注意する。ここでステッキを持ち歩いているのは、隙あらば嚙みつこうと忍び寄ってくる農園のイヌを追い払うため、そして最近の土砂降りの雨のせいで道を覆った赤茶けた泥に足をとられないためだ。さらに二、三分に一度は体を動かし、あまり長くじっとしていると必ず集まってくる蚊の群れを近寄らせないように注意する。そんな環境でペルフェクトとヴァンダーミーアは二五年にわたり、農園の入り組んだ生態学的ドラマを解析および記録してきたわけだが、私はせわしなく体を動かしながら、二人がそうしたドラマの数多くの出演者の分布を調べている様子をじっと見守った。聞こえてくる言葉はいつのまにかスペイン語になっている。二人も現地研究室の学生たちも常日頃からスペイン語を使い、もちろん農園で働く人と農園の所有者も同じで、そうした人たち全員が二人の研究を先に進める情報を少しずつ提供してくれるわけだ。しばらくして、スペイン語を話せない客が後ろのほうでブラブラしながら、何が起きているのかを理解できずにいるのに気づいたらしい。会話をスペイン語から英語に切り替えたヴァンダーミーアが暗い声で、「大変なことになりそうだ」と言った。

土地の共用か、それとも節約か

私がこの二人の研究にたどり着いたきっかけを作ったのは、私にとっての環境と科学のヒーローと呼べる人物が数年前に発した衝撃的なコメントだ。そもそもの始まりは、『ディスカバー』誌から依頼された記事のためにカリフォルニア大学バークレー校で開催された会議に出席したことにある。アメリカの国立公園で研究を進めている科学者たちが、それぞれの研究の内容を発表するとともに、保護されている土地とそこで暮らす生き物たちが直面している脅威を伝えるという内容の会議だった。基調講演を行なったのはピュリッツァー賞受賞歴もある尊敬すべき生物学者エドワード・O・ウィルソンで、アリを「世界を動かす小さなもの」と呼んだことで知られ、四五〇もの新種のアリを発見した人物だ。ウィルソンは世界中の種が壊滅的な速さで絶滅していると論じ、「自然は半分を必要としている」という提案を投げかけて、世界の陸地の一五パーセントを占める現在の自然保護区の広さを五〇パーセントまで拡大するよう提案した。

「残っている生き物を救う唯一の方法は——残っている生き物を救いたいならの話ですが、なんと、私たちは救いたいと思っています！——世界中で人間が手をつけてはいけない保護区域を、安全なレベルまで広げることです」と、ウィルソンは聴衆に訴えかけた。

ウィルソンの話によれば、世界は緑化されつつあっても、それは「薄緑」にすぎない。そして、この惑星の健康状態を心配する人々でさえ、誤って物理的環境（気候、大気、淡水と耕地土壌の量）の保護のみに焦点を当てていることが多い。彼は、物理的環境の健全性と地球の生き物とは相互依存の関係にあるにもかかわらず、この地球の生物多様性と、生物多様性が集中している生息環境は、あまり注目されていないと言った。一方だけに焦点を当てるなら、両方を失うことになるだろう。

私は座席から乗り出すようにして彼の話に聞き入り、一言一言に心の中で拍手を送っていた。

だがウィルソンは講演の後半になると、残された自然を広げるのに役立つかもしれない世界の動向について話しはじめた。私たちはすでに、すべての人間が一日ひとりあたり約二八〇〇カロリーを摂取できるだけの食糧を生み出していると満足げに語った後、それでも輸送方法および職人技に頼る生産の質の悪さに問題があるとつけ加え、次のように言った。「私たちはそれを修正できるでしょう。現代の農業は基本的には、世界のどこを見ても、未だ新石器時代と同じです。とりわけデジタル革命の助けを借りれば、乾燥地などで生産高を大幅に増やす方法があります」

「彼は工業型農業を支持していたのか？」と、私の隣に座っていた若い科学者がショックを受けてささやいた。私もショックを受けた。一〇〇を超える科学賞を受賞し、自然界に関する基本的な書物を書いてきた人物の英知について、いったい誰に疑問を投げかければよいのだろうか。だがそれからもまた、ウィルソンはまったく間違ったことを言っているかのように思われた。

こうして私は、残された自然を破壊することも崩壊させることもなしに、人間が必要とするだけのものを提供できるような農業を行なう方法については、自然保護論者の間でも大きな意見の相違があることを理解するようになった。その議論を突き詰めれば、土地の「シェアリング（共用）かスペアリング（節約）か」に行き着く。共用は、自然に溶け込んだ土地の利用を提唱する。それには、自然に優しい実践を組み込んだあらゆる形式の農業が含まれるだろう――化学薬品と単一栽培と耕作を控え、植林地と生垣と草地とコンポストなどを組み込む農業、自然を壊滅させたり自然が残るために必要な関係を断ったりせず、残された自然を支えて組み込もうとする農業だ。

だが一部の自然保護論者は、どのような農業も自然を破壊するものであり、温和な攪乱であっても手に余ると考える。そのような人たちが支持するのはランド・スペアリングの取り組みで、収穫を最大化するために近代的な化学薬品とテクノロジーのあらゆる武器を活用した、小さい土地面積での農業を好む。農業の専有面積が小さいほど、人間の影響がほとんど、またはまったく及ばない野生生物保護区を、はるかに広く確保できると信じているからだ。ランド・スペアリングの支持者は、自然に優しい農業では急増する人口を支えるだけの十分な食糧を生産できず、残された自然が次々に農場に変わっていくだけだとみなしている。

自然愛好家の一部はこれまでずっと農業を自然の対極にあるとみなしてきたが、ランド・スペアリングの考えをはじめて明確に表明したのは、いわゆる「緑の革命」の父と呼ばれるノーマン・ボーローグだった。植物病理学の教育を受けたボーローグは、一九四〇年代にメキシコのロックフェラー財団で働きはじめ、世界で起きるであろう大規模な食糧不足に備えた研究に先立ってコムギの品種改良に取り組んだ。そして最初に着目したのは、さび病と呼ばれる菌類が引き起こす病気に耐性のある、熱帯地方に適応した新種を作り出すことだった。だが、何と言っても世界の食糧生産に最も大きな影響を与えた業績は、比較的新しい発明品を活用できるコムギの育種をはじめたことにある。その発明品というのはドイツの化学者フリッツ・ハーバーによって一九〇九年に生み出された合成アンモニアで、軍需品と農業の両方に利用できるものだった。

第二次世界大戦後にボーローグがコムギの品種改良を進めていたころ、アメリカの化学会社は爆弾に変えられなかったアンモニアを大量に保持しており、供給過剰に陥ったアンモニアを何とか農業に利用したいと願っていた。他の多くの作物と同様、コムギも窒素肥料を与えられると勢いよく成長するが、その結果、穂が重くなりすぎて地面まで垂れ下がってしまう。そこでボーローグは茎がもっと短くて丈夫になるようにコムギを品種改良し、アンモニア肥料で収穫量が大幅に増えても穂が上を向いたままになる種を作り出した。彼はこの仕事が世界を飢餓から救うと信じていただけでなく、次のようにも言っている。「同じ耕作面積でより多くの食糧を生産できれば、より多くの土地を別の用途に向けることができ、そこには娯楽と野生生物のための利用も含まれるだろう」

シェアリング対スペアリングの論争を要約してウェブマガジン「イエール環境360」に掲載されたフレッド・ピアスの論文によれば、工業型農業によって幾分かの土地を節約することはできるが、その規模はボーローグの予想に遠く及ばない。ランド・スペアリングを提唱している科学者のひとりは、節約できた広さは「ボーローグの予想よりはるかに少なく、五億六〇〇〇万ヘクタールではなく二〇〇〇万ヘクタールとなり……増産によって生じた余裕はおもに、土地を節約して自然に戻すためではなく、より多くの、もっと安価な食糧を生産するために使われた」と語る。また工業型農業への移行は、必ずしもより安い食糧の増産につながるとも限らない。たとえばブラジルでは、アマゾン流域の熱帯雨林と草原が工業型農業用地に姿を変えたが、その結果生まれた農産物がブラジルの人々の胃を満たすことはなかった。それらの農産物は輸出され、少数の裕福な地主たちに、さらに多くの富をもたらしただけだったのだ。

一方、論争の相手であるランド・シェアリングを提唱する自然保護論者たちは、この二〇〇〇万ヘクタールにもそれほど感心したりしない。保護された土地は人間に独占されたランドスケープ（通常は農業に用いられ、農地は陸地全体の三七パーセントに及ぶ）の中に点々と存在しているにすぎず、野生生物は自分たちが保護された区域にとどまるべき立場にいるなどと知る由もない。「イエール環境360」に掲載された論文には、オーストラリアで生物多様性の研究を行なった生物学者スティーブン・カーニーの次の言葉が引用されている。「保護された区域に土地を確保するだけで何もしないのでは、不十分だ……ただ土地を用意しただけの場合、それですっかり脅威を取り除かれるのはほんのわずかな種のみで、実際には全体の三パーセントにすぎない」。ピアスが指摘しているように、完全に保護された区域はここ数年の間に大幅に増えたというのに、野生脊椎動物の生息数は五〇年前に比べて六〇パーセントも減少した。ドイツの場合は、国内の保護区域が全体として広がったにもかかわらず、昆虫バイオマスは七八パーセントも落ち込んでいる。

また、「シェアリング（共用）かスペアリング（節約）か」という論争の背景に存在する基本的な前提に疑問を感じる人も多い。そのひとつが、増加する一方の世界の人々に食糧を供給するためには農業生産性を高め続けなければならないという前提だ。国連食糧農業機関によれば、すでに一〇〇億人分に相当する量が生産されており、一〇〇億が世界人口のピークだとみなされている。そして、そのようにして生産された食糧の三分の一は廃棄され、三分の一は自動車とCAFOs（Concentrated Animal Feeding Operations／集中家畜飼育作業）に供給されている現状がある。CAFOsでは動物たちが自然環境から切り離され、非常に狭い場所に詰め込まれて暮らし、多くの場合は進化のうえで食べてきたものとはまったく異なる食べ物を与えられている。工業型農業で生産される大量の食糧が、何十億人という飢えた人々の救いになることはほとんどない。そしてその理由は食糧が不足しているからではなく、値段が高すぎるから、あるいはただ現地まで届かないからだ。工業型生産の単調な仕事を続ける農場主もまた苦しんでいる。彼らにとっての問題は、ほとんどの場合が過剰生産で、重労働を続けた先に待っているのは価格の下落だ。

コーヒー農法集約化の影響

ランド・スペアリングは、工業型農業が引き起こす環境への大規模な影響を無視している――それは近接したランドスケープおよびさらにその先まで及ぶ、巻き添え被害だ。ヴァンダーミーアはスペアリング対シェアリングの論争について書いた二〇一一年のブログで、次のように激しく批判している。「いったい世界の海をどれだけデッドゾーンに変えて犠牲にすれば気がすむのか？　帯水層をどこまで殺虫剤で汚染することが許されるのか？　土壌をどれだけ流出させていいのか？　農業生態学の技術もいくつかのマイナスの結果に関わってはいるが、そんなものは工業型システムによって導かれる大規模な成り行きに比べれば、些細なものだ」

私がペルフェクトとヴァンダーミーアのことを知ったのはこのブログを読んだからではなく、ウィルソンの講演を聞いた後で連絡をとった何人かの科学者たちから、この夫婦が（同僚のアンガス・ライトと共に）ランド・シェアリングをテーマにした本を書いたと聞いたからだった。二〇〇九年に出版された著書『自然のマトリクス――農業、保護、食料主権をつなぐ（Nature's Matrix: Linking Agriculture, Conservation, and Food Sovereignty）』で二人は、人間によるわずかな撹乱にも耐えられない一部の種にはたしかに保護区が必要だが、膨大な数の種の生き残りを促進する最良の方法は、断片的に残された野生保護区を取り囲む全体的なランドスケープ（マトリクス）を改善することだと論じた。保護区は島に似ている。徹底的に耕されたうえに化学薬品にまみれた単一栽培の農場でまわりを囲まれているなら——たとえそれが有機を標榜していても耕起された単一栽培の工業型農場なら——保護区は荒れた海に囲まれた小島のようなものだ。私が二人にはじめて電話をかけたとき、ヴァンダーミーアは、「ほとんどの人は、生物多様性とは私たち人間と似たような生き物の話、つまり鳥からライオンまで、目を覗き込める動物のことだと思っているけれど、実際に生き物の大半を占めているのは微生物と昆虫だ」と言った。そのような生き物がマトリクスの土台をなしており、それが集約化によって破壊されている。そして、ランド・スペアリングはそうした生き物を助けるものではなく、「モンサント、シンジェンタ、ADM（農産物加工・食品原料メーカー）、その他の巨大企業に勝利をもたらす手法なのだ」と続けた。

多くの自然保護論者がもつランド・スペアリングへの先入観が——おそらく以前のほうが今よりも強く——ひとつのきっかけとなって、ペルフェクトとヴァンダーミーアは研究生活のほとんどを、山の多いメキシコ南部のフィンカ・イルランダで送ることになった。ペルフェクトはそもそも、スペアリングの考えを受け入れたことは一度もない。彼女はプエルトリコで育ち、自然を愛するとともに近隣の小規模な農業を尊重しながら成長した。

フィンカ・イルランダにある現地研究室で私が二人から話を聞いたとき、「私は農業が生物多様性に必ずしも悪い影響を与えるとは限らないと確信していた」と彼女は言っていた。現地の研究室はいくつかの部屋が連なった粗末な建物だったが、通路を覆うピンクのブーゲンビリアと周囲の森の生い茂った緑樹によって、とても美しく見える。「私が育った熱帯地方では、森と農場にはっきりした区別なんてなかったから」

ペルフェクトとヴァンダーミーアは二人とも農業に関心をもち（出会ったのはミシガン州にある植物園で、ヴァンダーミーアが学生と一緒に間作の実験をしているときだった）、共に熱帯で研究したいと考えた。熱帯は、世界の生物多様性の大部分と世界の貧困の大部分とが、共に集中している場所だ。一九八〇年代はじめに二人はコスタリカで三回の夏を過ごして、ラテンアメリカの学生たちに管理された生態系について教えた。それはラテンアメリカの農業が大きく変遷し、とりわけコーヒーをめぐる状況が激変した時期にあたる。コーヒーはエチオピアで発見されたアフリカ原産の低層植物で（ただし学者たちによれば、コーヒーの豆がはじめて焙煎されたのは一五世紀のイエメンで、イスラム教神秘主義の修道者が夜を徹して祈れるようにするためだったと考えられている）、ラテンアメリカで栽培されるようになったのは一八世紀の後半になってからだ。伝統的な栽培方法は、コーヒーの木を既存の森の中に植えるか、森のない地域であればシャボンノキのような窒素固定の力をもつマメ科の木をシェードツリー（日陰を作る木）として植え、果物の木も植えてから、コーヒーの木を一緒に植えるというものだった。どちらの方法でも、そうした農園ではかなりの規模の生物多様性を維持することができた。大きい樹木が幅広い他の生き物たちに食べ物と住処を提供していたからだ。

ところが一九八〇年代になると、国際的な金融機関がラテンアメリカ北部の国々に対し、債務の返済に役立てるためにコーヒーの生産を近代化するよう圧力をかけはじめた。アメリカは米国国際開発庁（ＵＳＡＩＤ）を通して、近代化のための融資に八一〇〇万ドルを拠出している。このプログラムでは、これまで育てていたコーヒーの品種を捨て、木陰がなくても栽培できる収穫量の多い新品種を植える農園主に奨励金が提供された。それらの農園主は、新しい品種の高密度単一栽培によって生産を「集約化」するよう推奨される一方で、化学肥料と除草剤を買うことも求められた。そうした製品が必要になったのは、かつては木陰を作るために植えられたマメ科の植物が無料で提供してくれた生態系サービスに対処するためだった。それらの樹木が取り除かれたことで、土壌細菌と協力して地中の窒素を固定するものも、木陰を作って見境のない雑草の繁殖を食い止めるものも、姿を消してしまったからだ。日の当たる場所の雑草は猛烈な勢いで伸び続ける。この新しい集約化された方式は、太陽のコーヒー「サンコーヒー」と呼ばれた。

ペルフェクトとヴァンダーミーアは、コスタリカで教えていた講座の一部として学生と共にいくつかの野外実験を行ない、コーヒー農法の集約化がさまざまな生物にどのような影響を与えるかを調査していた。実験のひとつで、木陰がなくなると地上で暮らすアリがどんな影響を受けるかを調べたペルフェクトは、そうした変化が原因となって生息数が激減することに驚かされた。そこで短期間で終わらせた最初の実験の追跡調査として、コーヒー農法の集約化が生物多様性に及ぼす影響を調べたいと考え、米国国立科学財団（ＮＳＦ）に多額の助成金を申請した。ところが毎年毎年その申請は却下されてしまう。申請が認められなかった理由は、調査計画に対照となる森林が含まれていないことを審査担当者が不満に思ったためだった――つまり、生物多様性を農園と森林で比較する計画がなかった。言い換えれば、農園の生物多様性だけでは関心をもってもらえなかったのだ。

「ほんとうに腹が立った。私の企画は生物多様性に関するものだったから、ＮＳＦは申請書を保全生物学者に送って審査してもらい、その学者たちは対照として森林の調査も実施しなければだめだと言ったのよ。私の疑問は完全に農業に関するものなのに」

農園と森林が隣り合っている適切な研究場所は、コスタリカでは見つからなかった。そんなときにひとりの友人から聞いたのが、タパチュラから二時間の距離にある一二〇ヘクタールの有機コーヒー農園、フィンカ・イルランダの話だ。一九世紀にドイツからメキシコにやってきた移民がはじめたいくつかの農園のひとつ、フィンカ・イルランダは、一九三〇年に世界ではじめて有機コーヒーを輸出した農園だとされる。民族生物学者たちがそこで何度か研究をしており、また生物学者仲間のひとりがフィンカ・イルランダとフィンカ・ハンブルゴ（隣にある強化されたサンコーヒー農園）にいるクモの密度を比較する研究も行なっていた。そこでペルフェクトとヴァンダーミーアが、フィンカ・イルランダの三代目の所有者ウォルター・ペータースに連絡をとってみると、ナチュラリストの気風も備えているペータースは、自分の農園の生物多様性についてよく知る機会となる研究を歓迎してくれた。最初の数年間、二人と学生たちはペータースと一緒に暮らし、食事も共にしている。何しろペータースの家はとても大きく、しかも周囲をグルッと取り囲む広々としたポーチがあって、そこにはあたりで見られる（渡り鳥も含めた）鳥の種を描いたポスターが掲げられていたし、隣には柵で囲まれた区画がいくつも並び、事情があって引き取られたさまざまな野生動物が飼われていた。やがてペルフェクトとヴァンダーミーアの研究費も学生の数も増えたので、農園の森林地域に放置されていた蔦のからまる小屋に研究の拠点を移すことにし、それからずっと二人は学生たちと共にその小屋で仕事をし、食事をし、寝泊まりもしている。

-2　メキシコのタパチュラ近くにあるフィンカ・イルランダ・オーガニック・コーヒー農園。コーヒーの木はシェードツリーの間で、豊かな生物多様性に囲まれて育つ。
ROWN W.CANNON III ／ ALAMY

三番目の役者

ペルフェクトが手にした最初の多額の助成金は、スミソニアン渡り鳥センターのラス・グリーンバーグおよびＥＣＯＳＵＲ（El Colegio de la Frontera Sur／南部国境大学）のギレルモ・イバッラとの共同研究に対して国立科学財団から与えられたもので、二人は共にラテンアメリカの森林破壊とコーヒー農園の集約化が鳥に及ぼす影響を研究していた。アメリカ東部で暮らす人々は、コーヒー生産農業の近代化が広まったのとちょうど同じ時期に、鳴き鳥の数が減ってきたように感じていた。そしてバードウォッチャーと自然保護論者は、伝統的なコーヒー栽培の農業生態系に起きた変化が、その原因のひとつかもしれないと気づきはじめていた。スミソニアン渡り鳥センターはすでに、木陰と生物多様性が失われることで鳥たちがどのような悪影響を受けるかの調査を進めていたが、ペルフェクトに依頼した五年間の調査の内容はまったく別のものだった。渡り鳥センターではコーヒー生産者に対するバードフレンドリー認証の準備を進めていたところで、農園に鳥がいることが農園主に恩恵をもたらすかどうかを検証してほしいと考えていたのだ。

「鳥のためになるというだけの理由で、樹木をすべて残せとか、新しい樹木を植えろとか、農園主に言うことはできないでしょう。農園主の誰もがそういうことを大事に思うとは限らないから。だから私たちは、鳥がいると農園の生産性と持続可能性が向上するかどうかを調べたかったわけ」と、ペルフェクトは私に言った。

その調査を実施するにあたって、ペルフェクトと学生たちは農園の一部でコーヒーの木にネットをかけ、鳥たちが近づけないようにした。するとすぐ、鳥が来ないためにクモの生息数が増えた。単純な理屈で考えれば、クモの数が増えればコーヒーの生産性は高まることになるだろう。クモは万能型の捕食動物で、コーヒーの木に食害を及ぼす草食性の昆虫をはじめ、さまざまなものを食べてくれるからだ。ところが生き物の相互作用はそんなに単純なものではなく、その逆に、ネットの内側ではクモと草食性昆虫の両方が増えることが調査でわかったのだった。最終的に、クモ（なかでも巣を張るクモ）は草食性昆虫を食べるだけでなく、その草食性昆虫を捕らえて食べる寄生バチも食べてしまうことが明らかになった。そこで、鳥がいてクモの生息数を減らせば、ハチの生息数が増える傾向にあり、その結果として草食性の害虫の数も減るというわけだ。

ペルフェクトが健全なマトリクスを心に留めながら育ち、その後の研究生活によって理解をさらに深めてきたのに対し、ヴァンダーミーアはもっと理論的な道筋を経てそのような理解に至っている。彼は博士課程で研究中の一九六〇年代後半に熱帯地方に心を奪われ、自然保護区を作ることに意欲を燃やす自称「信念をもった自然保護論者」になった。そしてまもなく、熱帯地方で農業を営んでいた経歴をもつ生態学者で疫学者のリチャード・レヴィンスのもとで博士号取得後の研究をはじめている。ヴァンダーミーアはレヴィンスのことを、これまで出会った中で最も卓越した人物だと言い、レヴィンスはのちにヴァンダーミーアのことを、「私たちの世代の卓越した陸上生態学者」と呼んだ。互いに気心の知れた二人は一九六〇年代後半にプエルトリコへの旅に出た。そしてその地でヴァンダーミーアは、野生の小さなパッチ（区画）を保護することの価値を再考しはじめたのだった。

6-3 フィンカ・イルランダのバードウォッチャーは、ふつうは手つかずの森でしか見られない危急種のヒメクロシャクケイをはじめ、多種多様な鳥を目にすることができる。エル・トリウンフォ生物圏保護区、メキシコ、チアパス州、シエラ・マドレ・デル・スール。
PATRICIO ROBLESGIL / MINDEN PICTURES

レヴィンスとヴァンダーミーアはプエルトリコにいる間に、その島の生物多様性が非常に低いことに気づいた。たとえば、島に固有の陸生哺乳動物はコウモリしかいない。「プエルトリコは、熱帯地方で保護区に指定できる自然が残されたどんなパッチよりも大きい島だというのに、その生物多様性はとてつもなく低い」と、彼は私に話した。「一般的に島では生物多様性が低いんだ。リチャードと私はそれについて話しだしたら、止まらなかったよ」

時代をさかのぼって一九世紀にはすでに、島では種の絶滅が頻繁に起きること、小さい島ならなおさらその傾向が強いことに、科学者たちは気づいていた。ただし同じ種が住む別の島が十分近い距離にあれば、島の間で移動して新たな住処を作ることも可能で、そうすれば失った多様性を取り戻すことができる。E・O・ウィルソンと生態学者のロバート・マッカーサーは一九六七年にこの考えをまとめた本を出版し、島では別の島からの（頻繁な）移動によって生物多様性が維持されており、その結果として地域での絶滅をまぬがれることができる、それもまたつねに起きている状況だと論じた。その数年後にレヴィンスは「メタ個体群」の概念を打ち出している。ほとんどの種は、広いランドスケープやいくつもの島々に分散している、あるいは他の何らかの方法でバラバラになった、いくつもの生息地パッチで分かれて暮らす下位個体群によって構成されている。そのような下位個体群のいずれかが死に絶えたとしても、どこか別のグループから移動して定着する活動がある限り、種全体としては絶滅しない。しかし移動がなければ地域的な絶滅が増えていき、やがて全世界でその種が絶滅してしまう。

今では熱帯地方のランドスケープそのものが断片化し、野生のままの自然は点在するパッチに残るばかりで、それらはどこも人間の活動、たいていは農業が支配する領域によって分断されている。ヴァンダーミーアは熱帯地方で目にした光景にレヴィンスのメタ個体群の概念を当てはめ、こうした野生が残る個々のパッチを保護するだけでは世界的な種の絶滅を防ぐには不十分であることに気づいた。ある研究によれば、パッチをつなぐ野生動物のコリドー（回廊）を設けても解決策にはならない。捕食者は餌動物がコリドーに集まってくるのを察して、待ち伏せすることが多いからだ。そこでヴァンダーミーアは、移住と再定着を着実に進める唯一の方法は、さまざまな種が自由に動き回れるよう、ある程度の覆いと食べ物が手に入る——そして毒物のない——健全な生息基盤となるランドスケープを維持することだと理解するに至ったのだった。

そうした健全なランドスケープが用意されなければ、種はパッチからパッチへと安全に移動することはできない。ヴァンダーミーアはドイツの六三の自然保護区を対象とした二〇一七年の研究をあげ、そこでは過去二七年の間に飛翔性昆虫の数が急激に減っていることが明らかになったとして、次のように言う。「それらの自然保護区の外で営まれている農業が昆虫を殺していることは、考えなくてもすぐわかる。昆虫は政治的境界や法的境界など気にもとめないからね。殺虫剤がたっぷり散布された農地のランドスケープに飛んで出て、殺されてしまう」

だがフィンカ・イルランダは、周囲に生き生きとした自然が残るような健全な農地のランドスケープを展開している。その経営目標は、いつも自然を支えることにあるからだ。ウォルター・ペータースは鳥に対する愛着から農園に八つの異なる種のマメ科の木を植えており（シェードツリーを採用している他の農園が植えているのは、ほとんど一種だけだ）、その他の樹木もおよそ一〇〇種という多彩さを誇っている。それでも同じ標高にある原生林に比べれば半分ほどでしかないが、他のコーヒー農園よりははるかに多い。その結果として、フィンカ・イルランダでは色とりどりのたくさんの鳥たちが空を舞い、賑やかに鳴きかわす光景が、日常のものになっている。ペータースは私に、毎朝、四〇種ほどの鳥を見かけると話してくれた。そうして目にできる鳥の中にはヒメクロシャクケイのように希少な絶滅危惧種もいるという。この鳥が生きるためには手つかずの森が必要で、森林パッチから別の森林パッチへと移動しては、ペータースの樹木からこぼれ落ちる果物を楽しんでいるようだ。

フィンカ・イルランダはペルフェクトとヴァンダーミーアにとって研究の楽園とも言える場所で、

二人は過去数十年の間、こうした農業に伴う生態学的な複雑さとその複雑さが農場主にもたらす恩恵とを調べてきた。二人が研究を進めているのは、三〇〇ヘクタールにのぼるこの農園の敷地のうち、四五ヘクタールの区画だ。そして二人は長年にわたり、木の上で暮らす不機嫌なアステカアリが農園のキーストーン種（その存在が生態系を維持している種）だと考えてきた――おそらく天然林でも同じだろうが、森林は二人の研究対象になっていない。研究区画に向けて出発する前に二人が見せてくれた四五ヘクタールの部分の大まかな地図では、アステカアリの巣があるシェードツリーの場所に点々と黒い丸がつけられており、その各々に一〇匹から二〇匹の女王アリがいて、コーヒーの木には女王のいないサテライト巣がある。アリの巣のクラスターがある場所のほとんどには誰か、または何かの名前がついていて、みんなの政治的関心をからかうような人やものの名前（北シリアのクルド人自治区にちなんだロジャヴァ、メキシコ大統領選の独立系候補だった先住民女性の愛称マリチュイなど）や、以前の学生の名前などが見られる。学生の全員がアステカアリを研究しているわけではないが――なかにはトカゲ、ネズミ、植物を研究している学生もいた――研究の多くはアステカアリによって支えられた複雑な網目模様のような相互関係と、ランドスケープに対するその影響に目を向けるものだった。

アステカアリは農園のどこにでもいるわけではない――それはチームの研究で明らかになった謎のひとつだ。私たちが生息場所のひとつに到着すると（そこが「アステカ横断道路」と呼ばれているのは、シャボンノキの盛り上がった根に沿ってアリたちが急ぎ足で行き来する様子が、まるで高架道路のようだからだ）、ペルフェクトはシャボンノキを取り囲むコーヒーの木の茂みでひどく硬い葉を何枚か裏返し、アリたちがどうやって暮らしを立てているかを私に見せてくれた。葉の主脈に沿って並んでいるネバネバした白い米のような粒々は、実際にはコーヒー・グリーンスケール（ミドリカタカイガラムシの仲間）と呼ばれる昆虫で、コーヒーの木から樹液を吸い取って収穫量を減らしてしまう農園の害虫だ。アリたちはこうしたカイガラムシを飼育し、寄生バチなどの捕食動物から守りながら、カイガラムシが分泌する甘い蜜を吸って生きている。

ここでも単純な理屈で考えれば、農園では何か農薬を使ってアリを駆除するのが最良の方法に思える。なにしろアリは農園で働く人たちにときどき噛みつくばかりか、害虫のカイガラムシを守ってさえいるのだ。ところが農園での複雑な相互関係をよく知ると、コーヒーをカイガラムシから守るには一歩下がって距離を置き、ヴァンダーミーアとペルフェクトが「自律的害虫防除」と呼ぶものに任せるのが一番だとわかってくる。なぜなら、この生態系のドラマに登場する三番目の役者がすぐ近くに潜み、今か今かと出番を待っているからだ。

適切な種類のタイコバエがアステカアリに群がると、そのうちの一匹が素早くアリの頭に卵を産みつける。不運なアリはすぐに特別なフェロモンを出し、仲間のアリたちにその場で動きを止めて身を守るようにと伝える。ハエの目に映るのはその場の全体像だけで、動かないアリを見つけることはできないから、じっとしていれば残りのハエから身を隠すことができる。

さて、アリが「動くな！」のフェロモンを出すと、三番目の役者――テントウムシ（*Azya orbigera*）――の出番だ。このテントウムシはアリの化学的警報を検知できるが、それは産卵直前の雌に限られる。その状態の雌は絶好の機会を逃さず、いつもは危険だが今はじっと動かないアリのそ

6-4 テントウムシ（*Azya orbigera*）の幼虫がほとんどのコーヒー農園を悩ませるカイガラムシを退治してくれる。
WLADIMIRLOPES / ISTOCK

ばを大急ぎで通り過ぎて、カイガラムシの近くに卵を産みつける。

「このテントウムシはアリと共生している」と、ヴァンダーミーアは言う。「つまり、アリと一緒にいるのが大好きなんだ」。それまではアリがパトロールしているせいで近づけなかったカイガラムシにとっての隠れ処が、今度はテントウムシの幼虫の育児室になる。なにしろ幼虫はほとんど動かずにすむ。動く必要がないからだ。テントウムシの幼虫はカイガラムシを好きなだけ食べる一方、身を守るための粘液で体を覆っているので、攻撃しようとするアリがいてもその粘液がアリの下あごに貼りついて攻撃できない。三種類の異なる寄生バチもテントウムシの幼虫に近づこうとするものの、アリが追い払ってくれる。アリは、テントウムシを攻撃する寄生バチと自分たちの家畜であるカイガラムシを攻撃する寄生バチを見分けることができないのだ。実際、科学者が研究室でこのテントウムシを育てようと思っても、寝ずの番をするアリがいなければ寄生バチに産卵されてしまうために、育てられない。幼虫がカイガラムシの隠れ処で十分に成熟すると、やがて成虫となったテントウムシは飛び去っていく。

「これらのテントウムシが農園のカイガラムシを駆除する主役だ」と、ペルフェクトは言う。「だから、農園主はアステカアリとカイガラムシの集団を見つけたら、葉が少しばかり傷むのは大目に見なくちゃいけないね。そこはテントウムシの隠れ処で、育児室なんだから」

それでも、アリとカイガラムシの集団が大きくなりすぎることはない。研究対象になっている地区の七〇〇〇本から一万一〇〇〇本のシェードツリーのうち、アステカアリの巣があるのは約七〇〇本だけだ。科学者たちはまた、巣が大きく広がるのを食い止めている相互作用の回数も追跡してきた。タイコバエは、あまり頻繁にアリの動きを止めていると、餌を見つけたり他の仕事をしたりできなくなり、その周辺では死に絶えてしまう。逆に、アステカアリがあまり大きいカイガラムシの群れを育てると、その豊富さがテントウムシだけでなく、この生態系のドラマに別の役者も引き寄せてしまうことになる。四番目に登場するのは昆虫病原性糸状菌（*Lecanicillium lecanii* 属）で、カイガラムシを食べにやって来ると、菌糸を用いてきれいに包み込み、まるで真っ白な光輪をまとったような姿にしてしまう。こうしてこの菌類はカイガラムシを排除してアリを飢えさせる。

害虫予防の原則

コーヒー栽培農園にとって最大の脅威になるのは、また別の、はるかに悪質な菌類だ。コーヒーノキ葉さび病と呼ばれるその感染症は一八六一年に、アフリカ東部の野生のコーヒーの木で最初に発見された。一九七〇年にその胞子がブラジルに到達したのは、成層圏風に乗って飛来したものと考えられ、まもなく大陸全体に広がりはじめる。農園主たちがさび病によって収穫を失うことを恐れたのも無理はなかった。すでに、まだセイロンと呼ばれていた時代のスリランカで、甚大な被害が生じたことが広く知られていたからだ。スリランカを植民地としたイギリス人は、この島国でシェードツリーを用いないコーヒーの単一栽培を進めていたが、一九世紀後半までにさび病のせいで全滅状態となっていた。しばらくの間、そうした病気もメキシコでは大した問題を引き起こすことはないかのように思えた。特徴的な黄色い斑点は、一九八〇年代に中央アメリカで散見されただけだったのだ——だが二〇一二年、この菌がついに破壊的な威力を爆発させる。農園主の中にはコーヒーの木の九〇パーセントを失った者もいて、農園で働く人々は職を失い、小規模な地主は農園を手放し、アメリカへの移住者が増加した。

ヴァンダーミーアは私に、「そのころ、ここに来ていたら、目に入るものは枝ばかりだったはずだよ」と言いながら、周囲の青々とした農園をぐるりと指した。

この菌類が中央アメリカのコーヒー農園に大打撃を与えるまでに、四〇年近い歳月を要したのはいったいなぜだろうか。一部の専門家は気候変動が根底にある原因だと言っているが、ペルフェクトとヴァンダーミーアは、この地域で森林破壊と農業の集約化をどんどん進めたことに責任があると確信している。政府、対外援助グループ、国際銀行、産業界は、さび病の不安が広まってくる前から農園主たちをその方向に後押ししはじめたが、さらに極端な近代化を実現しようとして、さび病蔓延の脅威を利用した。死に物狂いで自分の土地と暮らしを守ろうとした多くの農園主たちは、まさにペルフェクトとヴァンダーミーアが可能な中で最悪だと考える方向に進んでいく。シェードツリーを伐採して殺菌剤を散布することで、ランドスケープの死滅を加速させてしまったのだ。

さび菌について誰もが知っていたのは、この菌類が繁殖するには湿気が必要なことだった。胞子は、風に吹かれて飛んできたり葉と葉が接触したりして移動するが、一枚の葉についた胞子はそこに針先ほどでも水分があれば発芽する。その後、気孔から葉の内部に侵入したさび菌が成長し、組織を破壊し、やがて再び気孔から外に出て、たくさんの胞子を放出する。農学の専門家は多くの農園主に対し、シェードツリーから生じる湿気によってさび菌の胞子が発芽する条件である葉の水分が生じると説明していたが、ペルフェクトとヴァンダーミーアは、シェードツリーは実際にはコーヒーの木をさび菌から保護すると主張する。シェードツリーによって生まれる林冠が、浮遊胞子からコーヒーの木を守るという説明だ。実際、シェードツリーを取り除いてしまうと、胞子をのせた風が地上の近くを吹きわたり、それはちょうどコーヒーの木の高さになる。

だが、二人が主張する根拠の核心は、サンコーヒーのさび菌対策（樹木を伐採し、そこに遺伝学的に同一のコーヒーの木を密に植えて、肥料をたっぷり与え、殺虫剤と殺菌剤を大量に散布する方法）が、有害生物を自然に食い止めている複雑な生態系をすっかりだめにしてしまうという点だ。フィンカ・イルランダおよび他のシェードツリーを採用している農園には、さび菌の天敵が少なくとも二つ存在している。ひとつはさび菌を食べるハエで、これは殺虫剤で殺されてしまう。もうひとつは、アステカアリが育てているカイガラムシの群れを食べにくる、白い光輪を作る菌類だ。カイガラムシを集めてまとめるアステカアリがいなければ――アステカアリは知らず知らずのうちにこの菌類の食べものを準備しているわけで――昆虫病原性糸状菌が十分に繁栄し、親戚筋にあたるさび菌の広がりを食い止めるだけの菌類の大群に成長することはないだろう。そして、シェードツリーがなければ、アステカアリはいない。

昆虫病原性糸状菌がさび菌を捕食するという事実は、ヴァンダーミーア、ペルフェクト、そして彼らの学生たちがすでに研究したことだが、さび菌を捕食する菌類は他にもいるようだ。このグループが、昆虫病原性糸状菌にさび菌が捕らえられた状態の葉から穴あけ器の穴の大きさのサンプルを集め、ミシガン大学のティモシー・ジェイムズが率いる研究室に送ったところ、DNA分析によってそのサンプルには実際に一〇〇種あまりの菌が含まれていることがわかった。昆虫病原性糸状菌に加え、一三種の菌類は他の菌類の寄生種で、それらはすべてさび菌を食べてしまうように思われた。

もちろん集約化された方式では、こうした有益な菌類の多くが殺菌剤の噴霧で殺されてしまう――しかも肝心のさび菌は、生活環の大半をコーヒーの葉の内部で過ごすために、生き延びることが多い。フィンカ・イルランダでは、他の多くの農園とは違って殺菌剤の噴霧を行なわないにもかかわらず、同じ地域にある他の多くの農園よりさび菌の数が少ないように見える――集約化された農法で求められる経費も労力も使わず、ランドスケープを破壊するような手段をとることもなかった。ウォルター・ペータースをはじめ、この方法で農園を営んでいる農園主たちは、健全な生態系によって生物学的な挑戦者のほとんどに対処できるという自信をもっている。ペルフェクトの以前の学生で、グアテマラ出身のひとりが気づいたのは、そのような農園主の一部には害虫と戦うという概念すらないことだった。

エルダ・モラレスは、博士号取得のために伝統的な害虫防除の手法を研究することにし、グアテマラ高地のマヤ人の農園主に聞き取り調査を行なってから、そのやり方を自分自身で実験してみて、生物学的意味があるかどうかを確認しようと考えた。ところが彼女の研究計画は、「あなたの農園では、害虫についてどんな問題がありますか？」と質問した時点で、すぐに頓挫してしまったように思えた。どの農場主もみな同じように、害虫の問題などないと答えたからだ。だが次にモラレスが視点を変え、自分の農園で見つけたことのある昆虫を教えてほしいと頼むと、たくさんの名前を思いつき、その中にはトウモロコシとマメの害虫として知られているものも含まれていた。彼らはモラレスに、自分の生態系を自分でしっかり管理しているから、それらの昆虫はそれほど数が増えず、害虫にはならないのだと説明した。また、それらの昆虫にも存在する権利があるとも言った。だから彼らは、そうした昆虫のためにと、少しだけ余分に木を植えた！

何年も前になるが、ペルフェクトもウォルターー・ペーターースと一緒にいたときに、それと似た経験をしたことがある。二人で農園を歩きながらペルフェクトは、一本のシェードツリーのいたるところにイモ虫がいて、葉をムシャムシャ食べているのを目にしたとペーターースに話した。するとペーターースは肩をすくめ、心配などしていないと答えた。まもなく北から渡り鳥が戻って来て、なんとかしてくれるはずだという。そして実際に数週間後、渡り鳥が戻り、イモ虫は害虫と言えるほどまで増える見込みはなくなった。

こうした農園主たちは自分の土地、そしてその土地での生物多様性の流れを熟知しており、それは巨大企業の生産工程を動かす人たちには真似のできないものだ。後者は崩壊した生態系の問題に、大企業が売り込む特効薬を用いて対処する。そのやり方はすべての農園が同じ問題に直面していることを前提としたもので、そう考えることで扱いやすい製品の品揃えが可能になり、豊かな企業収益が見込めるからだ。だが、すべてのランドスケープと農園が同じわけではない。この事実に対応すべく工業型農業が出した答えは、「精密農業」だ。精密農業では、GPSを活用したトラクターの自動運転やレーザーを用いた農地の水平化といったコストの高い道具を導入することで、使用する水も肥料もその他の化学製品も減らしながら、農場主たちが手にする収穫を増やせるとされている。だがペルフェクトとヴァンダーミーアは共同執筆したある論文で、ペータースのような農場主は自分のランドスケープと非常に親密な関係を築いているために、すでに精密農業を営んでいる——ただしそれは、自分の土地の特性を受け入れ、そこで暮らす生き物たちの間の関係を尊重することに基づいたものだ——と指摘する。

「こうした生態系内部での複雑な相互作用を維持すれば、生態系は自己調節の力を発揮して、害虫の大発生を防ぎます」。そう話すのは大学院生のザカリー・ハジアン＝フォローシャニだ。彼はフィンカ・イルランダだけでなく、プエルトリコにあるペルフェクトとヴァンダーミーアの別の調査基地でも、コーヒーノキ葉さび病の天敵を研究している。そしてこうつけ加えた。「予防の原則は、すでにそこにある生態環境を維持することです」

ハジアン＝フォローシャニと仲間の学生たちは、調査基地で毎晩、それぞれのプロジェクトについてのプレゼンテーションを行なっていた。みんなスペイン語と英語の二か国語を話し、英語を使ってくれるのは私のためだけでなく、比較的新しく参加してまだスペイン語を勉強中の学生がいるためだ。プレゼンテーションには、メキシコ人の基地管理者グスタヴォ・ロペス＝バウティスタの他、研究チームに協力している農園で働く人たちと地域住民も何人か参加していた。学生たちはプレゼンテーションの後に質問を受けて答え、最後に全員からの拍手で終える——そして拍手が起きるたびにウォルター・ペータースのクジャクたちが驚いて、裏声で「たすけてー！」と叫んでいるネコのような鳴き声を響かせるのだった。ときには激しい雨が大きな音を立てて降り注ぎ、私はそれを聞きながら、自分の部屋に戻る途中の丘にある土がむき出しの階段には雨水が氾濫し、私が泥に足を踏み入れれば、あたりで跳ねまわる小さいカエルたちを何百匹も踏んでしまうにちがいないと考えていた。

それでも私が訪問している間、午前中はいつも晴れていたので、私は研究を進める人たちと一緒に出かけ、いくつも質問をしながら、迷子にならないように気をつけながら、後をついてまわった。ハジアン＝フォローシャニのおかげで、私は在来植物とそこにいる昆虫たちによる相利共生について、少しだけ学びつつあった。たとえば、カエルの手のような形をした大きな葉をもつセクロピアはどうだろう。セクロピアは、つる植物に覆われない数少ない樹木のひとつで、それはアステカアリがこの木の空洞で暮らすとともに、葉柄(ようへい)にできる微細な卵のような塊を食べているせいだ。アリは自分たちのためだけにやっているように見えるが、それと交換に、セクロピアを草食動物および絡みつくつる植物から守る役割を果たしている。では、赤とオレンジの鳥たちが農園と森林の緑の中で踊っているように見える、ヘリコニアの場合はどうか。ヴァンダーミーアの最初の大学院生のひとりが、コスタリカにあるヘリコニアの花の中で、他の昆虫たちと共に暮らす二つの異なる種のハエの幼虫の相互作

6-5　コスタリカ、ブラウリオカリージョ国立公園に咲くヘリコニア。
PHIL SAVOIE / NATUREPL

用を研究した。すると、最初に想定していたように資源を奪い合う様子は見られず、幼虫は互いが生きやすくなるように行動していることがわかった。一方のハエの幼虫は物を噛む習性をもち、もう一方のハエの幼虫は物を吸い込む習性をもつ。前者が花の一部を食べ散らかすと、残りかすが落ちて細菌の餌になり、その細菌を後者が吸うという構図だ。私はあたりを歩きまわりながら、こうして複雑で必要不可欠な相互作用があらゆる場所で起きていることを確信した。そのすべてを解き明かすには一〇〇〇人の科学者が取り組んでも一〇〇〇年の歳月を必要とするだろうし、それでもまだわからないことが残るかもしれない。

森林農業と野生生物

ハジアン＝フォローシャニが実際の農園経営に直接的に関係すると思われる相互作用を研究していたのに対し、他の学生たちはもっと難解な研究を進めていた。ある朝、私はローレン・シュミットの後をついて現地研究室を出発すると、ペータースが森に戻すことに決めた農園の区画へと続く小道を下っていった。その小道は鬱蒼とした茂みの間を抜け、華やかな花の間を通り、小川へと続いていく。周囲に空き地が開けると、向かいの丘陵の斜面には太陽の光をいっぱいに浴びて整然と並んだ、フィンカ・ハンブルゴのコーヒーの木の列を見渡すことができる。シュミットはこの小道沿いでオセロット（南米に生息する美しいヤマネコの仲間）を見たことがあると言ったので、私は八方に目を配りながら進んだ。

シュミットは、あらかじめ釣り糸でつなげて森の中に放置してあった一連の葉を大急ぎで回収してまわる。葉を置いた場所に目印をつけて見つけやすくするようなことはしていない。彼女も他の学生たちも、目印はつけないのが一番だとわかっていた。もし目印があれば農園で働く人たちがそれに気づき、研究者たちを手助けしたいという思いであたりの雑草を手持ちのマチェーテできれいに刈り取って、逆に研究を台無しにしてしまうことがあるからだ。そこで彼女は手持ちのノートを頼りに、私の目には入らない一連の葉を俊敏に回収していく。

私がフィンカ・イルランダに到着するずっと前から、彼女はコーヒーの木およびこの農園で最も一般的な二種類のシェードツリー、オオバベニガシワ属とインガ属の木から、二六〇〇枚の葉を慎重に収集し続けてきた。樹木は葉を落とす前に葉から栄養物の一部を再吸収するので、集めるのは自然に落ちた後の葉のみだ。そしてこれら特定の葉の集まりを用い、腐敗していく過程で異なる葉のマイクロバイオームがどのような相互作用をするかを見極めようとしている。地面に落ちた一枚の葉には、葉の内部、葉の表面、そして土の表面という、三つのマイクロバイオームが含まれており、彼女が関心を寄せているのは、それぞれのマイクロバイオームがどのように交流し、合流するか、という点になる。研究によれば、フィンカ・イルランダのようなシェードツリーをもつポリカルチャーの農園では、フィンカ・ハンブルゴのような単一栽培の農園よりも短期間で葉が腐敗する。

「私たちはよくシェードツリーの利点について話しています。シェードツリーがどんなふうに他の生物を支え、ときには栄養素を固定できるのか、といった点です。では、シェードツリーは腐敗の速度を高める働きをもっているのでしょうか。腐敗の速度が高まれば、より多くの栄養循環を作り出すことになりますから、それはよいことなのです」と、シュミットは言った。

彼女は、食べられた跡がある一枚の葉を取り上げた。研究で注目しているもうひとつの点は、草食昆虫が葉の腐敗速度に与える影響だ。ほとんどの場合、そうした昆虫は葉そのものを食べようとしているのではなく、腐敗していく葉の外側についている細菌と菌類を食べているのだと、彼女は言った。

「ピーナツバターを塗ったクラッカーを食べているたいていの人は、クラッカーそのものにはあまり関心がなくても、ときどきクラッカーをかじることになりますね。この場合も同じです。葉にはリグニンや他の構造組織がたっぷり含まれていますが、それには葉に定着している細菌と菌類ほどの栄養分はありません。それでもときどき、昆虫はうっかり葉をかじってしまうわけです」

訪問の最終日を迎えてフィンカ・イルランダを後にした私は、道すがら少し落ち込んだ気分で隣接する農園を観察しているうちに、単一栽培からポリカルチャーへと移行した農園にはどれだけ迅速に野生生物が戻ってくるのだろうかと思いを巡らせはじめた。さいわい、その質問を投げかける相手に心当たりがあった。数年前に出会ったトム・ニューマークだ。彼は「カーボン・アンダーグラウンド」の創設者で、米国グリーンピース基金の代表を務めた経験をもち、現在はコスタリカにあるフィンカ・ルナ・ヌエヴァのパートナーになっていることをソーシャルメディアで知った。

ニューマークがはじめてルナ・ヌエヴァ農園を訪れたのはサプリメント企業のニューチャプターで働いていたときで、製品に使用するジンジャーとターメリックのオーガニック原料が必要になったためだった。するとこの場所がすっかり気に入ってしまい、最終的には妻と共にビジネスパートナーとして農園に加わり、時折そこで暮らすようにもなった。

フィンカ・ルナはいつもエデンの園というわけにはいかなかったと、彼はソーシャルメディアで説明している。その土地の大半はかつて園芸植物農園として利用され、クロトンなどの異国情緒にあふれた室内用鉢植え植物の単一栽培が行なわれ、大量の化学薬品を用いて育てられた植物は卓上の飾りとしてアメリカ向けに出荷されていた。その事業が行き詰まって破産したとき、スティーヴ・ファレルという農園主が引き継いで、ウシが耕す有機栽培のバイオダイナミック農園へと変貌を遂げたという。「環境保護という点ではよくなりましたが、まだ単一栽培でした」と、ニューマークは私に説明してくれた。「ひと目でわかる規則正しい列に植えた作物を育てていたのです。それでもまだ、すべて正しいことをしていると思っていました」

その後二〇〇八年に、ニューマークとファレルはロデール研究所の元CEO、ティム・ラサールに出会った。ラサールは現在、カリフォルニア州立大学チコ校の環境再生型農業レジリエントシステム・センターの共同設立者として教授職にある。ラサールは二人に対し、単一栽培の農業は、たとえ有機農法を採用していても、食品を育てる際の最も環境保護に配慮した方法ではないと説明した。その言葉に触発されたニューマークとファレルは、ロデール研究所と協力して異なる種類の農業があたりの環境に与える影響を調べるために熱帯農法の試験を開始する。すると基準検査の段階で、自分たちの農園の土には恐ろしく思えるほど炭素が少ないことが明らかになった。そしてその事実がきっかけとなって、すぐに変化がはじまる。農園では有機農法を維持しながら、耕すのをやめ、規則正しい畝を作る単一栽培をやめ、シントロピック・アグロフォレストリーと呼ばれるものを追求することにしたのだ。永続可能な農業を目指すパーマカルチャーの設計者たちと有名なコスタリカの農学者ラファエル・オカンポからのアドバイスをもとに、今では彼らの作物（ターメリック、ブラックペッパー、シナモン、カカオなど）はすべて、数千本もの自生樹木および自分たちで植えた一〇〇種以上の果樹に囲まれた隙間や隅で育っている。一平方メートルの耕作地の中には、他の二〇種ほどの植物が植えられることもあり、自然に根を張る自生植物と一緒に育つ。「今では、あらゆることを炭素のレンズを通して考えながら進めています」と、ニューマークは話す。「すべては土壌に有機物を取り込むことにつながるのです。そしてそれが、野生生物に計り知れない影響を及ぼすわけです」

ビーチアーモンドの木が成長して二〇一八年に実を結ぶころになると、ニューマークとファレルは

6-6 コスタリカのフィンカ・ルナ・ヌエヴァで採用されているシントロピック農法では、1平方メートルに20種類もの異なる植物を植えることがある。SCOTT GALLANT

農園でベニコンゴウインコとミドリコンゴウインコの両方を見るようになった。地元ではもう何十年も見かけなかった鳥たちだ。やはり長いこと姿を見せていなかった哺乳動物も戻ってきた。今では農園のいたるところでアグーチ、ハナグマ、タイラが暮らし、そうした動物たちを食べるもっと大きい生き物――ジャガランディ、オセロット、ジャガー、ピューマ――もやって来る。最近では大勢のバードウォッチャーが農園に集まるようになり、二七五種もの鳥を観察できるという。

この農園は今も実り豊かだが、内容は以前と少し異なっている。現在ではカカオが主要作物となり、大量の果物も収穫できるようになった。ニューマークは次のように話す。「この熱帯雨林の環境で、温帯の大草原地帯と同じように規則正しい列を作って単一栽培をしようという考え自体が、無意味なものでした。ここの生態系はカカオの木が大好きですし、カカオは自生樹木です。バニラも好きで、これも自生種ですね。それに、オールスパイス、ナツメグとメースも。私たちは剪定して収穫するだけで、他にすることはあまりありません。人間が食べ物を選ぶことで意思表示をするように、鳥たちは自らの羽で飛んで意思表示をします。私たちは今、この地の生態系の住民から支持を得ているのです」

ニューマークが自ら選んだ生態系に注いでいる愛情について話すのを聞いているうちに、私はまたヴァンダーミーアのことを、そして彼の人生を変えた一九六〇年代の熱帯地方への旅のことを思い返していた。ヴァンダーミーアとペルフェクトのフィンカ・イルランダでの暮らしは、私には真似できそうにない。彼らは調査現場で長い時間を過ごし――そこは暑く、泥だらけで、蚊が群れをなす場所だ――夜はまた調査基地に戻って研究を続ける。魅力的な仲間たちに囲まれて楽しさいっぱいの取り組みのように見えるが、もちろんそれは外からの視点にすぎない。大勢の学生たちをまとめるのは、おそらくひどく骨の折れる仕事だろう。そして調査基地の毎日の暮らしが困難に満ちているのは、今も昔も変わらないにちがいない。私が滞在していたある朝、朝食をとりに基地に行くと、週に六日は現地の女性たちがやって来てチームのために朝食を用意してくれる台所から当惑したような話し声が響いてきた。飲料水から異臭が漂っており、どうやら隣接する農園で前日に散布された不快な化学薬品が、私たちの給水施設に紛れ込んでしまったらしい。グスタヴォ・ロペス＝バウティスタが車で出かけ、みんなが一日を過ごせるだけのボトル入り飲料水を見つけて戻ってきたのは、それから数時間後のことだった。

だから、帰って来てすぐにお礼の電話をかけ、ヴァンダーミーアにフィンカ・イルランダはパラダイスのような場所だったと伝えた後、でもそれはみなさんの生活をロマンチックに考えすぎなのかもしれないと一言つけ加えずにはいられなかった。

するとヴァンダーミーアは何のためらいもなく、こう答えた。「いや、そんなことはないよ、クリスティン。私もここはパラダイスだと思っているんだ」

第7章

尾根の頂上から岩礁までを癒やす

ミッドコースト流域協議会の歩み

「ここに果樹園を作るのは、とても難しいんですよ」。エリック・ホーバスは私にそう言うと、一瞬不機嫌そうな表情をして、削られた切り株に目をやった。

私たちが立っているのはオレゴン州ビーバークリークのノースフォークから六メートルほど離れた場所で、一九七〇年代に古い入植者の小屋が焼け落ちた跡地だ。横を通る砂利道には、ほとんど使われた形跡がない。火事が起きてから数十年後の二〇〇〇年に、ホーバスと妻のクレア・スミスがこの土地を購入した。太平洋から一六キロメートルほど離れて四方をサイユスロウ国有林に囲まれたこの場所は、以前は木材会社の所有地で、この会社は小川の対岸の急斜面を二四ヘクタールにわたって皆伐し、そこに商品価値のある樹種を密集した単一栽培で植えつけた。それまで複雑だったランドスケープは完全に単純化された。そうした事態は太平洋岸北西部全域で起きたものだ。そしてそれは、人間の行為が私たちの惑星で最も本質的な関係のひとつ——大地と水との関係——を知らず知らずのうちに破壊し、両方で暮らす生き物に悲惨な影響を及ぼしてしまうという状況の、ほんの一例にすぎない。

ホーバスとスミスはニューポートの海沿いの町に住んでおり、この土地(道路から川の対岸にある尾根の頂上までのおよそ三二ヘクタール)を購入したのは移り住むためではなく、ここを何とかしてヨーロッパ人がやって来る前の健全なランドスケープに戻すためだ。それは朗報にちがいない。だがもっと嬉しいことに、そうした人たちはまだ他にもいる。一九七〇年ごろからずっと自然を守るために政府と民間企業を相手に戦ってきた環境保護主義者たちによれば(フクロウが生息する森林の伐採をめぐるニシアメリカフクロウ論争を覚えているだろうか?)、ホーバスとスミス、そして州全体にいる他の数千人の土地所有者は、環境保護活動の新たな段階を示しているという。彼らは問題を抱えたオレゴン州の渓流に、汚染のない、澄んだ冷たい水を取り戻そうと、それぞれの私有地を修復しているのだ。

「私はこうした変遷が進んでいくのを見られて、ほんとうに幸運です」。そう話すのは伝説的な活動家で、オーデュボン協会の財産管理者を務めるとともにミッドコースト流域協議会の会長でもあるポール・エンゲルマイヤーだ。彼は一九七〇年代に、皆伐された土地に植林する仕事で雇用された。それはすばらしい暮らしに思えたのだが、やがて樹木の伐採が森林をどれだけ危うく破壊しているか、そしてそれが野生生物にどれだけ大きな影響を与えているかに気づく。彼をはじめとした活動家が、こうした伐採による渓流への影響を測定するよう政府に求めると、オレゴン州のすべての渓流が水質浄化法で定められた水質基準を満たしていないことがわかった。そしてエンゲルマイヤーは米国環境

7-1 オレゴン州ビーバークリークのノースフォークに近い所有地に立つ、エリック・ホーバスとクレア・スミス。川に丸太を投下して流れを複雑にし、サーモンが住みやすい場所を作った。PAUL ENGELMEYER／MIDCOAST WATERSHED COUNCIL

保護庁に対し、それらの渓流に水質悪化があることを明記するよう求めた。

「もし水質が悪化しているなら、適合する水質に戻さなければなりません」と、エンゲルマイヤーは説明する。「それが最初の一歩です。けれども私たちは数十年前に、ただ規則を変えてもらえばいいというだけではないとも気づきました。知り合いの居間を訪ね、それぞれが自分自身の土地に働きかけることで、サーモンのために水質を改善できるのだと説明する必要があるのです」

ミッドコースト流域協議会は一九九四年に、地主、行政、非営利団体と連携するかたちで結成され、自然作用を復活させるプロジェクトを通して人間が与えた損傷を元に戻すことを目的としている。現在では活動の領域がほぼ四〇万ヘクタール、主要な五つの河川の流域に広がった。場合によっては地主が土地を寄付して、広大な保護区域が生まれることもある。また場合によっては地主が土地を所有し続け、状態の復元に必要な財源、資源、さらに肉体労働まで確保できるようにミッドコースト流域協議会が支援することもある。ホーバスとスミスがこの傷んだ土地を購入した目的は、ただ一〇〇年前そこにあった生態学的機能の一部を元に戻すことだけだ。

こうして土地の大半で自然を取り戻そうとしてはいるものの、ホーバスとスミスは壊れかけた石の煙突の周辺を少しだけ自分たちで利用し、小さい果樹園と菜園を作りたいとも考えていた。だが周囲の自然にはまた別の計画があったようだ。クマたちはリンゴの木に登り、枝を折っていく。ビーバーたちは渓流から這い出し、苗木をかじり取る。

そこで二人は人間のための果樹園を作る考えを捨て、毎年春になるとメキシコから飛来するアカフトオハチドリのために果物の木を植えることにした。ハチドリたちがすでにその土地に来ているのには気づいていた。黒ずんだ煙突の石を固定する砂粒をつついている雌の姿を目にしていたからだ。おそらく卵の殻に必要なカルシウムを補給していたのだろう。私がそこを訪れたのは二月のはじめで、産卵のために渓流にやって来る朱色のギンザケを見るには遅すぎたし、小石の間から生まれる稚魚を見るにも、太平洋北西部に戻っていく胸の赤いハチドリを見るにも早すぎた。そしてホーバスがすでに何本か植えていたアカスグリの木は、この土地固有の低木で、三月には赤い花を咲かせるだろう。彼はこれに加えてミッドコースト流域協議会が提供してくれる予定の五〇本を植える計画も立てていた。

「クマたちはアカスグリを食べるのでしょうか？」と、私は尋ねてみた。

ホーバスは肩をすくめてから笑顔になると、「クマたちが何をするか、まったく気にしていませんよ」と言う。

そして川向こうの急斜面を指さした。そこには前の土地所有者が何千本ものダグラスファーを植えており、木があまりにも密集しているために、他のものはほとんど何も育っていない。このように密度の高い単一栽培は自然林とは似ても似つかず、自然林ではさまざまな種の樹木が、それぞれ独自のペースで太陽に向かって伸びていく。やがて枯れたり、嵐や地滑りで根こそぎ倒れたりすれば――それは自然林ではありふれた出来事で――林床で砕けていき、周囲の自然にとって生態サービスの宝庫になる。ある試算によると、全野生種のうちの三分の二ほどが、立ち枯れた木や倒木を食料または住処として利用している。そして森林の土壌はこうして絶えず、上層からの枯れ木の木質の恩恵を受け、豊かになっていく。

このような貴重な有機堆積物は、営利目的の農場や、数多くの管理された他の森林と公園からはすぐに取り除かれてしまうが、ホーバスはこれを何とか増やしたいと思っているところだ。土地を手に入れてからというもの、彼はダグラスファーで覆われた山腹にチェーンソーをもって足しげく通いながら、一部のダグラスファーを肩より高い位置で切り倒しては立ち枯れた木と倒木の両方を作り出し、自然林のまばらな状態を真似ようとしている。そうしてできた林間の空き地には、常緑樹のハックルベリー、サーモンベリー、エルダーベリー、シラタマノキといった低木が生えて茂みを作り、さらに多くの野生生物を育んでいく。

ホーバスは現在、スミスと共に土地を購入した直後に植えた樹木について、同じように間伐を進めている。木材会社は裸になった二四ヘクタールの土地に約三万本の木を植えた一方で、空き地も残しており、ホーバスはその隙間をオレゴン州に自生する樹木五〇〇〇本で埋めたいという思いに駆られた。そこで、ウェスタンレッドシーダー、アメリカツガ、トウヒなどを選んで自分で植えていたのだ。「私たちは一日あたり二〇〇本ずつ植えることになり、それはそれは大変でした。とくに急斜面ではね」と、彼は私に話してくれた。「はじめは一本ずつにキスをし、優しく頭を撫で、丁寧に植えたものですよ。でもしまいには、ただ土に穴を掘って放り込んでいました」

その木々が今では混み合ってしまい、間引くのは大仕事だ。ホーバスは自分が植えた若い木々の間をクマが歩きまわり、樹皮をはがして食べたせいで木が枯れてしまったのを見つけると嬉しくなる。チェーンソーを動かす手を、少しだけ休ませるチャンスではないか！

ホーバスとスミスはバードウォッチャーで、世界中でバードウォッチングのツアーを案内してきた経験をもつ。だが、自分たちの三二ヘクタールに多様な鳥たちが集まるのを喜びつつも——時折姿を見せるハチドリ、ツグミ、アメリカムシクイ、ミソサザイ、猛禽類、キツツキ、そして見えないがハンノキの上で羽音を立てては近くの雌に自らの長所を伝えているライチョウ——二人はこのランドスケープをサーモンのために復元しようとしている。ホーバスは自分の土地を流れる渓流で一日に四〇匹のサーモンを目にするとワクワクするが、かつてはここに数千匹が群れ、近くにある五つの缶詰工場をフル稼働させたものだった。

乱獲によって魚の数が減ったわけではない。マーク・カーランスキーの『サーモン——人と鮭の物語』によれば、先住民はかつて自らの消費と売買のために大量の魚を捕らえていた。ヨーロッパからやってきた初期の探検家たちは、コロンビア川沿いで暮らす先住民がシーズンごとにおよそ一八〇〇万匹のサーモンを川から得ていると報告している。それでもなお、サーモンの生活環を支えるランドスケープ全体の生態的健全性が損なわれることはなく、それを台無しにしたのは先住民に代わって住み着いた白人だ。白人が暮らすようになると、木材会社がランドスケープから樹木を一掃しはじめた。まず手をつけたのは幅広い川や水路に沿って生えていた大きな古木で、そうした木々は水面に影を落とし、水温をサーモンに適した低さに保つ役割を果たしていたものだ。サーモンは、孵化する前であっても、平均を上回る水温にとりわけ敏感なことがわかっている。ある調査によれば、キングサーモンは水温が高いと通常より早く孵化して、未発達のまま稚魚になってしまう。一方、牧場主たちは低地にあった森を草地に変えたので、小川や渓流はいつも強い日の光にさらされるようになった。さらに猟師が無数の罠をしかけたので、何百万頭ものビーバーが姿を消した。ビーバーはとても有益なげっ歯類で、小さな沼やU字形の池などを作って水路を複雑にするので、水の流れをゆるやかにして周囲のランドスケープに浸透させる役割を果たしていたのだ。産業化の道を歩んできたアメリカ人は、いつでも水と陸地とをはっきり分けようとしてきたように思う。そのために川を直線に近づけ、両岸に堤防やセメントの壁まで作り、水が海に向かってできるだけ勢いよく流れていくように仕向けた。結果として生まれた水流は多くの生物にとっては速すぎ、生きるためには陸と水の両方を必要とする生き物の動きを抑え、周囲のランドスケープをカラカラに乾かしてしまった。

それでも、ホーバスとスミスの土地にはまだ古い大木が何本か残っている。皆伐しようとしていた木こりが見逃したか、野生生物のための木を何本か残すようにという州政府の要請に従ったものだろう。そうした木々は、たとえば地元で大切にされているマダラウミスズメのような賑やかな鳥たちにとって、大きな恵みとなっている。この鳥にはサーモンと同じく、陸と海の両方に自然のままの生息環境が必要だ。約二〇年という寿命の大半を人間の目に触れずに過ごすこの鳥は「太平洋の謎」と呼ばれ、巣を作らない。だが、古い木の高い場所で深い苔に覆われた枝を見つけると、苔にくぼみを作り、そこに大きな卵を一個だけ産みつける。マダラウミスズメの両親は代わる代わる卵を温め、ヒナが生まれればまた交代で餌を与える。そのために薄明りの中を一直線に外洋まで戻ると（体重およそ二二〇グラムのこの鳥は、時速一〇〇キロメートル弱で飛ぶことができ、バードウォッチャーによれば、姿を見るより鳴き声を聞く方が容易だという）、水深六〇メートルまで潜って、翼で泳ぎながら魚を捕らえる。その巣が正式に発見されたのは一九七四年のことで、北米の野鳥としては最も遅く、またポール・エンゲルマイヤーが一九九一年にオレゴン州にある巣の撮影にはじめて成功した。バードウォッチャーたちは夜明け前から海岸近くに集合し、ヒナを置いて仕事に出かけるマダラウミスズメの姿を一目見ようと、せめてその鳴き声だけでも聞こうと、じっと待ち受ける——巣になっている苔のくぼみには、もう白い糞の輪ができているはずだ。

　大きな古木がマダラウミスズメをはじめとした多くの野生動物にとって独特の価値をもっているとはいえ、ホーバスはそうした古木が倒れるのを見るのが好きで、崩れた幹や枝が斜面を転げ落ちて渓流まで到達するよう望んでいる。たいていの人は、健全な川や渓流には倒木が散らばっているようなことがあってはならないと考えるかもしれないが、それはただ、川の効用は私たちが船で通れることにあるという先入観から生じた、誤った考えだ。だがカーランスキーが言うように、「自然はほとんどの場合、サーモンがいる川には倒木をたくさん残そうとしていた」。自然にまかせれば、川は複雑さを増していく。水は乱暴に流れて渦を巻きながら、ときには力ずくで行く先を曲げる。大小さまざまな石は倒木にぶつかって集まり、その背後には深く静かな淵が生まれる。まだ小さいサーモンは倒木の下に隠れて捕食者の目を免れることができるうえ、ときには静かな淵の表面まで大急ぎで浮上して水面の昆虫を捕らえることもできる。倒木の近くにできた淵がなければ、昆虫も下流へと素早く逃げてしまうはずだ。

ホーバスとスミスは自分たちの土地を得るとすぐ、いくつかの方法でその土地に手を加えており、そのひとつとして敷地内を八〇〇メートルにわたって流れるビーバークリークに森林局のヘリコプターから七〇本の丸太を投下した。そうした自然への介入は、ミッドコースト流域協議会、森林局、オレゴン魚類野生生物局の協力によって可能になったものだ。投下したのは森林局の管轄地から間伐によって切り倒された成木で、一本の長さは川幅の三倍もあり、枝もそのまま残されていた。しかも二、三本が互いに交差するように落とし、嵐や洪水でも流されないようにしている。

ホーバスは私を案内しながら川に降りていく途中で立ち止まり、二〇年前に自分で植えたウェスタンレッドシーダーの一本に感嘆の声を上げた。そのたくましい姿は、枯れかかったハンノキを通して降り注ぐ陽光に照らされている。「見てください！　こんなに太くなっています！」

川岸に着くと、水面が太陽と森を反射してきらめいた。六メートルほど上流の小さな早瀬から穏やかなせせらぎの音が聞こえてくるが、目の前の流れはゆっくりで、水面が流れに沿ってわずかに揺れ動き、さまざまな模様を作っていく。水が澄みきっているので、時間さえあれば川底の小石を一つひとつ数えられそうだ。ホーバスは、川底に見える模様が周囲とは少し異なっている場所を指さす。雌のサーモンが作った「レッズ」と呼ばれる産卵場所で（redd は整理整頓することを意味するスコットランドの言葉）、彼はそこを舞台として繰り広げられるドラマを詳しく話しはじめた——雌がはるか遠くの大海原から、どんなふうにして自分が生まれたこの淡水の流れへと戻ってくるか、どうやって好みの場所を見つけ、小石を払いのけるか、水中で卵と魚精がどんなふうに出会い、一緒になって転げ落ちて石に貼りつくか、それから雌が体を横向けにして川底を何度も勢いよく、尾びれから色が消えるほど懸命に叩き、少しでも多くの小石で卵を隠そうとする様子を、熱心に説明してくれたのだ。「受精した卵は小石の隙間で生き延びます。そこなら堆積物で息が詰まることなく、いつもこの透き通ったすてきな水で洗われていますからね」

　それでもこの土地は完全なランドスケープではないと、ホーバスは話す。私たちの背後には六メートルほどの距離を置いて道路が走り、一年じゅう塵や泥をまき散らしている。道路のこちら側には渓流を守るように灌木の茂みや木立があるものの、土埃はその間を抜けてこちら側まで飛んでくる。そして渓流の水を濁らせて小石の間に沈み、卵が孵化する前に窒息させてしまうこともある。ただそうした危険は、向こう岸の斜面で盛んに伐採が進められていたころよりは、ずっと小さいものになった。当時は乾いた泥やおがくずが、絶えず渓流に流れ込んでいたからだ。だがもちろん、その種の活動は周辺の地域でまだ続いており、ホーバスによればすぐ下流では別の地主が丘陵の斜面から材木を切り出して、盛んに土を削りとっているという。

彼は自分の土地をごく控えめに案内しながら——私たちは川の対岸に渡ろうともしなかった——苔に覆われた木の枝を次々に拾い集めている。こん棒にするには短すぎるし薪にするには苔がつきすぎているそれらの枝は、マルバヤナギ（フーカーズヤナギ）の落枝で、私が帰った後にホーバスはそれらを使った作業に熱中するはずだ。岸辺の柔らかい土にそうしたヤナギの小枝を適当な間隔を置いて次々に差しておくと、やがて根を張り、芽を出すだろう。ヤナギをかじるのが大好きなビーバーの目を逃れて生き残り、川岸で成長するのを願うばかりだ。そうすればヤナギは地下に力強い根系を形成して土手を浸食から守り、地上では枝を伸ばし、葉を広げて、水面に陰を作る。

サーモン復活への道のり

スミスとホーバスの努力によって生まれた冷たく澄みきった水は堆積物による窒息から卵を守るだけでなく、そうした仕事はサーモンをはじめとした魚たちの稚魚を、温度が高くて泥の混じった水で起きやすい「旋回病」と呼ばれる病気から守る役割も果たしている（すでに他の川で見つかっているこの病気は、オレゴン州の沿岸にある河川や二人の土地を流れる渓流ではまだ見つかったことがない）。旋回病の原因はミクソボルス・セレブラリス（*Myxobolus cerebralis*）という原生動物で、これはクラゲやサンゴに関連するミクソゾアと呼ばれる微小な寄生動物の仲間だ。ミクソゾアにはおよそ三〇〇〇もの種がある。その大半は、宿主となる魚の全身にわたる組織に侵入しても、とりわけ問題を起こすようには見えない。

「この動物が科学者の興味を惹くのは、魚との関係が非常に特殊だからです」と、オレゴン州立大学ジョン・L・フライヤー水生動物衛生研究室の所長、ジェリ・バーソロミューは話す。「筋肉に感染するものもいれば、鰓（えら）に感染するものも、鱗嚢（りんのう）に感染するものもいます」。バーソロミューが加わっているチームは最近、ヘネガヤ・サルミニコラ（*Henneguya salminicola*）と呼ばれるサーモン寄生のミクソゾアが、宿主からあまりにも効率的に栄養分を盗み取っているために酸素を必要とさえしないことを発見した——科学界でそのような動物が見つかったのははじめてのことだ。それでも、サーモンに害を及ぼしているようには見えない。

だがミクソボルス・セレブラリスの感染は、少なくともアメリカ内のサーモンとトラウトにとっては壊滅的な害を及ぼす可能性がある。これは川への放流を目的にヨーロッパから輸入されたブラウントラウトに寄生して、一九五〇年代にアメリカに渡った侵入寄生生物で、多くの流域を経由してその胞子が広がっていった。ミクソボルス・セレブラリスがサーモンを苦しめるには二つの宿主を必要とする。まず、その胞子は水中にいる一・五センチメートルほどの長さのイトミミズ（*Tubifex tubifex*）に感染する必要があり、イトミミズは世界中のどこにでもいる生き物だ。このミミズは言わば寄生動物の更衣室のような役割を果たすので、ミクソボルス・セレブラリスは形がまったく異なる胞子に変態してからこの小さな宿主を離れて漂い、やがてサーモンやトラウトに接触すると、その体内に侵入していく。その後、魚の頭部に移動して軟骨を食べはじめるのだ。頭部に侵入したこの寄生動物の数が一定レベルに達すると、魚はきちんと泳ぐことができなくなってしまう——不規則な動きを見せ、ときにはグルグルまわるように泳いで、たいていは死に至る。

伐採のような人間の活動によって混乱した流域は、旋回病が蔓延する格好の環境になってしまう。岸辺の木立を失った流れでは水温が上昇して、寄生動物の繁殖周期が短縮する一方で、サーモンの抵抗力は下がる。そして川底に沈泥がたまった流れは――ホーバスとスミスの土地を流れるビーバークリークの澄みきった水とは異なり――イトミミズにとっては格好の住処だ。

二〇二〇年代のはじめに、ポール・エンゲルマイヤーは私をミッドコースト流域協議会の別のプロジェクトに関する徹底研究ツアーに連れて行ってくれる予定になっていた。そのプロジェクトは、人間がランドスケープに与える打撃が、川の上流から海まで泳いでまた戻るというサーモンの壮大な旅を妨げるようなことがないようにしようというものだ。だが周知の通り、コロナウイルスの蔓延によって移動制限の措置がとられたためにツアーは中止されてしまい、夏の盛りになってようやく、エンゲルマイヤーが学生のためにいつも行なっているツアーを撮影するという大学チームに同行することができた。通常であれば、学生がオンラインではなく実際に参加するはずのツアーだ。私を含めて五人の一行はそれぞれ別の車を運転して砂利道を進み、前が見えないほどの土埃をあげながら、撮影の現場から次の現場へと移動していった。それぞれの場所に到着すると、みんなたっぷり距離を置いて立ち、エンゲルマイヤーはこれまで数えきれないほど講義をしながら利用してきた図表、地図、比較用の写真を次々に見せていく。

サーモンが必要としているのは、卵と稚魚を育む渓流の澄んだ冷たい水だけではない。成魚にはこうした渓流にたどり着くためのきれいな水路が不可欠だ。しかし、オレゴン州で最も自然を色濃く残したいくつかの河川から続く水路は、大きいものではダム、小さいものでは不完全な設計の地下水路という、人間による妨害で遮られている。エンゲルマイヤーはツアー中のオルシー湾で、地下水路という障害について、またその障害を取り除く対策について論じた。ちょうど引き潮で、彼は干潟に点々と続いた穴を指さして注意を促し、「ヘラジカの群れを見逃したようですね」と言ったかと思うと、次に空を見上げ、「ヒメレンジャク!」と大きな声を出した。それを聞いた私たちは全員、まるでセレブの名前を耳にしたかのように、せわしなくあちこちに目をやった。

視界を遮るように茂った木立のちょうど向こう側の見えない場所にスタークリークがあり、かつてそこでは地下水路が、オルシー湾から産卵のために上流へと向かうサーモンの邪魔をしていた。その後、地下水路を取り除くプロジェクトの成果により、スタークリークでは二五年ぶりにサーモンの姿とその産卵場所を目にするようになっている。また、私たちが立つ場所の北方ではさらに目覚ましいプロジェクトが進められ、組織と個人の協力によって、林道一七九〇号線の下を通る地下水路が元の状態に戻された。その水路は六二年にわたって、シレッツ川に流れ込むドリフトクリークの支流、ノースクリークで産卵しようと遡上するサーモンの行く手を阻んでいたのだった。

一九五七年に古い地下水路が作られてからわずか数年後に、人々はそれがサーモンにとって二つの点で問題になることに気づいた。まず、その地下水路はノースクリークの下流側から高く切り立っているために、サーモンが段差を飛び越えることができず、それより上流にあって二五キロメートルも続く原始のままの森林河川にたどり着けなくなった。またその地下水路は、大小の石や木片が下流に向かって流れ落ちていく自然な動きを遮ってしまった。林道ができる前、そうした石や木片はずっと下流まで移動し、産卵と稚魚の成長の両方に不可欠なすばらしい住処を作っていたものだ。だが古い

オレゴン州アルシー川流域のクレイジークリークにあるこの地下水路（上）は、50 年以上に
って魚の通過と土砂の自然流下の両方を妨げていた。2021 年、この地下水路の場所に橋が架
れて魚などの水生生物の通過が可能になり、下流への土砂や大きな木片の自然流下が回復した。
ような地下水路の刷新は、上流に産卵と成育の場所を確保するとともに、下流に生息域を形成
プロセスを回復させることで、地域的に利点があるだけでなく、より広い流域にも影響を与える。
N HAYDUK / MIDCOAST WATERSHEDS COUNCIL

地下水路からは水が勢いよく流れ落ちて、川底を岩盤に届くまで削りとっており、産卵には害でしかなかった。

人々はさまざまな道具を用いて問題を減らし、二五キロメートルにわたって手つかずの自然が残る渓流までサーモンが進めるように手助けしようとしたが、すべての試みは失敗に終わった。そこでついに、ミッドコースト流域協議会が四年間にわたる助成金の申請と資金調達に乗り出し、古い地下水路を撤去するとともに、上流への魚の遡上も下流への小石の移動も妨げることのない新しい地下水路を設置するために必要なおよそ九〇万ドルを集めることにしたのだ。その努力は実を結んで、森林局、米国魚類野生生物局、オレゴン流域改善委員会、オレゴン運輸局、オレゴン魚類野生生物局魚道プログラム、トラウトアンリミテッド、国立魚類野生生物財団、在来魚協会をはじめとした資金提供組織の大がかりな協力体制が生まれ、クラウドファンディングのキャンペーンが進められた。そして二〇一九年の夏に完了したそのプロジェクトは、二〇二〇年までには成果を上げている。サーモンは自分自身が孵化した水域に戻ってくるのが一般的とはいえ、自然に迷う者が一定の割合でいて（エンゲルマイヤーはそれを「遺伝的な安全装置」と言っている）、遡上してくるサーモンの一〇から二〇パーセント程度は自分が孵化した場所を越えた別の水域で産卵する。こうして迷ったサーモンとその子孫は、今では新しい地下水路を通り過ぎた上流で産卵し、ミツバヤツメ（ヤツメウナギの仲間）などの別の生き物と一緒に泳ぐようになった。ミツバヤツメも、ノースクリーク上流では一時的に姿を消していた種だ。

こうして範囲の広がった産卵場所の恩恵を受けるのはサーモンだけではない。ノースクリークの両岸にある森林も、死んだサーモンによって海から新たにもたらされる窒素の恩恵を受けるようになる。「ミンク、ムナジロカワガラス、コヨーテ、カワウソをはじめ、多くの動物たちがサーモンの死骸を川から森へと持ち出します。すべてのものが癒やしを求めているのです」と、エンゲルマイヤーは言った。

私たちの簡単なツアーが次に立ち寄ったのは、オルシー湾に隣接する河口湾、リントスラウだ。ここでもまた、ささいなものに見えた構造物を取り除いたことで、サーモンにとって大きな違いが生まれていた。この河口湾にはかつてサーモン養殖場の設備があったのだが、経営破綻したことでコンクリートの構造物が放置され、湾の潮汐による海水の流れもリントクリークからの淡水の流れも妨げていた。こうして上流からも下流からも十分な水を得られなくなった河口湾は浅くなり、水温も上昇して、サーモンの住める場所ではなくなっていたのだ。そこでミッドコースト流域協議会が何年もかけて計画を練り、資金調達を進めた結果、コンクリートの構造物を取り除いて入り江を元の状態に戻すことができた。今では若いサーモンがはじめて外洋に出ていく前の準備期間を過ごす、完璧な生息環境ができている。

サーモンの生活環にとって入り江がどれだけ重要かが明確になったのは、つい最近のことだ。実際のところ、かつては入り江が一種のバミューダトライアングルとなって、サーモンの数の減少の一因となっているのではないかとの疑いがあった。そこは内水面でありながら解放されており、捕食者に狙われる点でも、他の種との食べ物をめぐる争いでも、サーモンは影響を受けやすくなるからだ。漁業生物学者ダン・ボトムが書いているように、入り江はかつて、サーモン研究でも工業的な考え方が機動力となっていたせいで、「生産にとってのボトルネック」と考えられていた。「一九七〇年代に入り江の研究をはじめたころには、入り江の収容能力はどれだけあるのかがすべてだった。そこに何匹の魚を詰め込めるかという点だ」と、ボトムは言う。一九八〇年代には、川から下ってきた若いサーモンを捕獲し、はしけを使って外洋に運ぶという愚かな作戦まで行なわれていた。それによって入り江で出会うと思われる危険からサーモンを守ろうという考えだった。

だがもちろん、サーモンは水中のランドスケープすべてを利用するよう進化してきており、一九七〇年代初頭の生物学者ポール・ライマースによる研究がそのことを実証している。ライマースはオレゴン州のシックス川で小規模なサーモンの集団を研究し、その流域で生まれたサーモンは五つの異なる道筋で育っていくことを明らかにした。一部は、産卵場所から出てきたかと思うと、すぐ海に向かって泳いでいった。一部はその年の数か月を渓流で過ごしてから海に向かい、なかには一年間をそこで過ごすものもいた。また一部は春になると、一部は秋になってから、淡水の川を離れて汽水域である入り江まで泳ぎ、そこで成長を続けてから外洋に向かって出発した。秋に入り江に移動するサーモンの数は最も多いわけではなかったが、生存率は最も高かった。

科学者たちは育成行動のこうした分類——あるいは生活史のパターン——をポートフォリオと呼び、サーモンポートフォリオの多様性を、富を築くために金融界の大家が推奨する多様な投資ポートフォリオになぞらえている。賢明な投資家が財産を株式と債券に、また大手企業とハイリスクのテクノロジー関連スタートアップ企業に分散させるのと同じように、サーモンも「時間と場所でリスクを分散させる」ことによって生き残りのための予防線を張ると、ボトムは言う。健全なひとつの集団の中から、これらの異なるパターンのそれぞれに従うサーモンが必ずいる（そして科学者がまだ気づいていない別のパターンもあるにちがいない）。ただし、サーモンがこれらの多様な生活史のパターンを追うにはランドスケープ全体が無傷であることが必須条件で、そのためには環境問題専門家も環境修復戦略の多様なポートフォリオを用意して、混乱してしまった大地と水の間の関係を修復する必要がある。

ネズミとサンゴ礁

手つかずの自然が残るように見えるフランス領ポリネシアの環礁で、科学者たちはまた別の海洋生物を救うために、まったく異なる地上ベースの修復をテストしている。ほとんどの西欧の人々がテティアロア島に注目したのは一九六〇年のことで、俳優のマーロン・ブランドが映画『戦艦バウンティ』で不運なフレッチャー・クリスチャン（ブライ艦長に反逆を企てる一等航海士）を演じるために、近くのタヒチ島とモーレア島に上陸したときだった。この映画は古典的な映画『戦艦バウンティ号の叛乱』のリメイクで、歴史的な争いが実際に起きた場所で撮影されている。ブランドはこのとき、共演した（それまで地元のホテルで皿洗い兼ウェイトレスとして働いていた）女優タリタ・テリピアと恋に落ちただけでなく、タヒチの王族がかつて秘密の避暑地として所有していたテティアロア島にも夢中になってしまった。彼はテリピアと結婚し、一九六六年にその環礁を買い取り、それからの二五年の大半をその島で過ごしている。

「もしここで人魚が私のために歌うことができないなら、これからずっと、けっして歌うことはないだろう」とブランドは言った。その後、彼はテティアロア島にエコロッジの建設を計画し――そのロッジの最も有名な宿泊客と言えば最近ではおそらくバラク・オバマで、大統領の任期を終えてから一か月にわたって滞在して本を執筆した――、さらに彼の資産によって「テティアロア・ソサエティ」が設立されて、この環礁の美しさと生態系の健全性の維持に尽力する科学者たちを温かく迎えている。

テティアロア島、タヒチ島、そしてソシエテ諸島の他の島々は、世界の陸塊から最も遠く離れたわずかな陸地だ。あまりにも遠いために、東南アジアの船乗りたちがたどり着いたのは紀元一〇〇〇年ごろになってからで、人類が最後に住み着いた場所とされている。テティアロア島は多くの人が想像するような島とは様子が異なり、小さくて平坦な一二個もの小島（モツ）が、ターコイズブルーのラグーンを囲んでネックレスのように連なっている。そのすべてが大昔の火山のカルデラの名残で、NASAが撮影した写真ではラグーンがラピスラズリの南太平洋に落ちた粗削りなトルコ石のかけらのように見える。火山を取り囲む古代のサンゴ礁がわずかに残ったモツの輪の周囲には、また別の、もっと大きいサンゴ礁の輪がある。

テティアロア島にたどり着いた最初のヨーロッパ人は、一七八九年に歴史的に有名なイギリスの軍艦バウンティ号から逃げ出した三人の男たちかもしれないが、もしそうだとしても彼らは一時的にしかそこにいなかった。奇妙なことに、この環礁は一九〇四年にポリネシア人以外の手に渡っている。ここを所有していたポマレ王朝のポマレ五世がカナダ人の歯科医に進呈したためで、この歯科医はイギリスの領事としてタヒチ島に滞在し、王と王族たちの歯を治療して感謝されていたのだった。歯科医はこの環礁にココヤシの農園を作り、のちにその子孫がマーロン・ブランドに売却した。

歯科医はテティアロア島であまりにも多くのネズミに悩まされたために、ネコを導入して一掃しようと考えたが、ネズミたちにはこの島独自の長く興味深い歴史があった。何世紀も前にソシエテ諸島にたどり着いたポリネシア人が、自分たちの文化から独自の携行品をいくつも持ち込んでおり、そのひとつがナンヨウネズミ（ポリネシアネズミ）だったのだ。ポリネシア人が意図的にネズミを連れてきたのは、ペットとして、食料として、ときには衣服として役立ったからで、ネズミの皮をなめして縫い合わせれば偉い人たちのマントになった。そしてヨーロッパ人が島に降り立ったとき、船乗りたちは知らないうちにまた別の外来種を持ち込んでいた。ヨーロッパの船舶の多くにはびこっていたクマネズミだ。どちらの種も猛スピードで繁殖して島固有の野生生物に被害をもたらし、いくつかの種は絶滅に追い込まれている。こうしたネズミは今でも島々から一部の海鳥を根こそぎにしているので、科学者はネズミが本質的な生物学的関係を崩壊させているのではないか、そしてそのような損傷は島を取り囲む美しいサンゴ礁の隅々にまで及ぶのではないかと考えている。

サンゴと藻類と魚と鳥

子どものころから家に小さな水槽があって、金魚の背景に死んだサンゴの塊が置かれていた記憶のある人たちは、実際にはサンゴがどれだけ魅力的で美しいものかを知らない。私が数年前にオレゴン州立大学統合生物学部を訪問したとき、薄暗い研究室に足を踏み入れると、生きたサンゴがいっぱい入ったガラスの水槽が、まるで夜空を飾る花火大会のグランドフィナーレのように美しい光を放っていた。その水槽は研究用ではなく、そこに入っている多種多様な見本は、ある生物学者の研究プロジェクトで残ったかけらを寄せ集めたものだったから、実際の海では同じ場所で見られるものではない。それらのサンゴは多様性を際立たせて輝いていた——チョコレート色の扇には蛍光色の緑の斑点が見え、黄色の小枝は回転木馬、緑色のピンクッションに赤いサボテン。フリルのついたピンクのソンブレロもある。

だが見かけの違いによらず、特徴はどれも同じだ。「これらのサンゴはすべて共生しています」。私と一緒に水槽を覗き込みながらそう話すのは、当時の学科長で現在は教授のヴァージニア・ワイスだ。「ここにあるサンゴの一つひとつに藻類が入っていて、藻類との相互作用がなければ、サンゴは白化して死んでしまいます」

サンゴは刺胞動物門の微小な動物で、この門にはイソギンチャクやクラゲなど、他の海洋無脊椎動物も含まれている。このグループの仲間のほとんどは、水中で触手をゆらめかせながら獲物が流れてくるのを待ち、刺し殺すことによって、自分で食べるものを得ている。ところが何百万年も前に、サンゴと光合成をする単細胞の藻類とが一体になった。サンゴは藻類（微小な植物に似ているが、根も葉ももたない）を食べるが、消化することはなく、藻類はサンゴの柔らかい体内で暮らしながら、光合成で作り出す糖の一部をサンゴに与える。その見返りとしてサンゴは藻類に安全な住処を提供するだけでなく、余分な窒素なども藻類に与えている。これは完璧な共生関係なので、多くのサンゴは自分で餌を捕らえる必要もないのだと、ワイスは説明してくれた。

サンゴが研究者を引きつける理由は、こうした興味をそそる藻類とのパートナーシップだけではない。サンゴは重要な水中生態系の骨格をなす存在でもあるからだ。この骨格は、大半は直径が一・五センチしかないサンゴという動物の繰り出す安定した技によるもので、それぞれが海水に溶けている炭素から作る外骨格を、何層も何層も積み上げた結果として生まれる。このように個々の骨格でできた住処が集まったコロニーは、巨大な水中都市にとてもよく似ていると言えるだろう。個々のサンゴは自らの骨組みを、菌類、カイメン、軟体動物と共有し、サンゴが建物全体を横や上へと伸ばし続けるなか、そうした動物たちは骨格の一番下の「階」に移動していく。そして何千もの他の種もサンゴの上や周辺で暮らす。こうした野生の多様性から、サンゴ礁は「海の熱帯雨林」と呼ばれ、海底の二パーセントのみを占めながら海底種の二五パーセントに食べ物と住処を提供できるわけだ。サンゴ礁と関わりをもつ動植物の種は一〇〇万を超え、サンゴ礁はこの惑星で最も多様性に富んだ生態系のひとつに数えられている。

サンゴ礁の生態系では、おそらく数百万という相利共生が作用していて、それはサンゴが他の海洋動植物に恩恵をもたらす一方で、それらの海洋動植物もサンゴを助け、そして相互にも助け合うというやり方だ。大型魚類がさまざまな方法でサンゴを助けているなか、そのうちのひとつはサンゴ礁の周辺で育つ海藻を食べることだと科学者たちは考えている。サンゴには、パートナーである藻類が十分な日光を浴びて光合成をできるように透明な水が必要なので――そのためにサンゴは陸地に近く、浅比較的浅くて水のきれいな場所で見つかる――海藻が育ちすぎると水中に陰ができるだけでなく、い場所から新しいサンゴを締め出してしまうだろう。ブダイの仲間をはじめとした大型の草食魚が、サンゴがこのような苦境に陥らないよう、守っているのだ。

「アフリカの平原地帯にはレイヨウ、ヌー、シマウマなどの草食動物がいて、絶えず草を刈り取っています。そうした動物たちはサバンナの芝刈り機のようなものなのです」。そう言うのは、テティアロアでのネズミの繁殖とサンゴ礁との関係の研究に加わっている、海洋微生物学者のレベッカ・ヴェガ・サーバーだ。「海ではブダイが、これら大型の有蹄動物と同じ働きをしており、サンゴ礁周辺の植物を一掃しています」

ヴェガ・サーバーは子どものころ、夏じゅうドミニカ共和国で過ごしており、ドミニカ出身の医師でアマチュア海洋生物学者でもあった父親の影響で海が大好きになった。父親は貝殻の膨大なコレクションをもち、丁寧にラベルをつけて家中に美しく飾っていたので、友人たちは彼女が博物館に住んでいると思っていたらしい。「私は歩きはじめるより前にスノーケルの使い方を覚えていたくらいで、自分は大きくなったらきっと海洋生物学者になるという確信がありました」

彼女は、サメのように強くてカリスマ性のある海の大型動物を研究していこうと考えていたのだが、大学院に進学すると、海中で最も微細な存在と、それが大型の生き物とどのような関係を築いているかを探る新しい研究に惹かれはじめる。そしてポスドク研究員のときに米国国立科学財団から、サンゴ礁を保護するように覆っている粘液に住む細菌とサンゴとの関係を研究する助成金を得た。このような粘液を多くの研究者は「サンゴの鼻水」と呼んでいるが、これは海面から落ちてくるさまざまな粒子からサンゴを保護する役割を果たすものだ。科学者たちは一九四〇年代から、その粘液に細菌が住み着いていることを知っていたのだが、一九九〇年代に生物学者のキム・リッチーがそうした細菌の一部を培養して、それがサンゴを病気から守る化学物質を生み出していることを発見するまで、何かの病原菌にちがいないと思い込んでいた。そしてヴェガ・サーバーが研究を開始する時点では、その細菌は擁護者であり、サンゴを保護できる化学物質を生み出して、侵入者を締め出すバリアを形成していることがわかっていた。

その後、ヴェガ・サーバーをはじめとした科学者たちは、その細菌がサンゴを守る以上のことをしているのを発見している。彼女は次のように言う。「共生生物である藻類はサンゴに糖分を供給していますが、そこに住んでいるこの細菌はサンゴにアミノ酸とビタミンをはじめ、あらゆる種類の重要な化合物を提供しています。動物は、代謝的にはとても退屈な存在です。私たちは自分でビタミンを作ることはできず、そうしたものは食べ物から得るしかありません。けれども細菌はこれら必要なすべての化合物を自分自身のために、そして共生生物のために、作り出しています」

「サンゴの鼻水」には細菌だけでなく、菌類、ウイルス、古細菌、その他の微小な生物がいて、そこで食べ物と住処を見つけている。ヴェガ・サーバーは二〇〇〇年代のはじめからその中にいるウイルスの研究も続けているが、それがサンゴを助けているのか、またもし助けているならどのような方法なのか、まだはっきりわかっていない。サンゴはつねにウイルスに感染している状態だが、自然界のどこを見ても、ウイルス感染は巡り巡って利益をもたらすことになる。人間を例にとると、ヘルペスのウイルスは他の感染から保護する力をある程度もっていると、彼女は次のように指摘する。「ある種のヘルペスをもっている人は、食中毒のリステリア菌に感染しにくくなります。基本的にウイルスはヒトの細胞で表面タンパク質を作るように仕向けるので、そうなるとリステリアが侵入できません。ウイルスは自分の住処を守りたいからです。私たちはサンゴでも、それと同じようなことが起きているのではないかと考えています。サンゴの中でも周囲でも、たくさんのウイルスが見つかりますから」

動物であるサンゴは、一生に一度だけ動くことができる。それは生まれたばかりの幼生の時期で、水中を浮遊しながら、海底に固着して一生を過ごすのに最も適した場所を探すのだ。固着場所を決める要因には、まだわかっていないことが多い。研究者の中には、そのひとつは海底にいる細菌からの化学信号で、それが幼生を手助けし、のちにサンゴの多様性に富んだマイクロバイオームの一部になるのではないかと考える者もいる。

また別の要因はノイズかもしれない。ウッズホール海洋研究所のサンゴ礁生態学者、エイミー・アプリルによる研究室での研究によれば、静寂に包まれた場所より騒音のある場所のほうが、幼生の固着が二倍に増えた。いや、サンゴに耳があるわけではない、とアプリルは説明を加える。音が聞こえるのではなく、音波によって生じる海水の揺らぎに惹かれるらしい。それでも、なぜ騒がしい海底を探すのだろうか。

「幼生は健全な魚群の低周波騒音に惹かれるというのが、私たちの考えです」と、キューバのハルディネス・デ・ラ・レイナ群島でサンゴ礁を研究するアプリルは言う。「その場所の共同体に捕食者がいるとしても、サンゴは私たちのまだ知らないさまざまな点で、その共同体から恩恵を受けると考えられます」。恩恵のひとつはもちろん、健全な魚群には芝刈り機の役割を果たす魚が含まれ、いつも海底まで日光が届くようにしてくれる点だ。だがもうひとつの恩恵は、海中の別の場所からやってくるさまざまな魚たちが、サンゴ礁の環境に多様な微生物を運び込んでいることかもしれない。そのような微生物は魚の体を覆う粘液の中で暮らしている――そう、「魚の鼻水」だ。アプリルは幼生が健全な魚群の音に惹かれる理由のひとつとして、周囲に何千匹という魚がいれば、海底に固着してその場所の上方の水から微生物を選びはじめるとき、多様な微生物に出会う機会が増える点もあるのではないかと考えている。そうすれば、独自のマイクロバイオームを作り上げるのに有利だ。

身を守るマイクロバイオームがあるにもかかわらず、サンゴは地球規模でも局所的にも多くの危険に直面している。深刻な脅威は人間がランドスケープにまき散らす化学薬品によって引き起こされており、そうした薬品は川や地下水を通して海水に流れ込む。農業用の肥料に含まれる窒素は（それだけでなく、窒素肥料を用いた農産物を食べる私たち人間の排出物さえ）大きな問題だ。この人為的な窒素源はサンゴのマイクロバイオームを混乱させ、有益な細菌の数を減らし、ヴェガ・サーバーと彼女の同僚たちの研究によれば寄生細菌の成長を駆り立ててマイクロバイオームを圧倒し、エネルギーを盗み、サンゴの成長を阻害し、病気に感染しやすくしてしまう。

汚染などのストレス要因が積み重なると、サンゴ礁にはさらに大きな被害が及ぶ。たとえば魚による食害も、サンゴにとってはまた別の一般的で自然なストレス要因だ。サンゴをわざと食べようとする魚もいれば、別のものを手に入れようとして間違えてサンゴを嚙んでしまう魚もいる。通常であればサンゴはすぐに回復するが、汚染によるストレスにさらされていると、魚による食害で死ぬ割合が高まる。ヴェガ・サーバーの推測では、サンゴのマイクロバイオームが非常に弱って、魚の口の中に潜んでいる病原菌を撃退することができなくなるからだ。

いくつかのストレス要因が、サンゴ内の藻類のパートナーからサンゴにとって有毒な化学物質を放出させてしまう。そのようなことが起きると、サンゴはその藻類を追放することになる。するとサンゴは「白化」し、最大の食料供給源を失った状態で何とか生き残ろうともがくなか、鮮やかな色合いのコロニーはぼんやりした白一色に変わっていく。そうしたストレス要因のひとつが塩分濃度の変化だ——ヴェガ・サーバーがオーストラリアのグレートバリアリーフ南部で研究をしていたとき、大潮の干潮と激しい雨が重なって塩分濃度が極端に低くなったことがあった。するとそれから二日もしないうちに、研究していたサンゴ礁全体が真っ白になってしまったという。白化のニュースは一九八〇年代の初頭から聞かれはじめたが、気候変動によって海水温が上昇し、新たに温まった海水が次々に白化を引き起こすにつれて、この悪いニュースはますます頻繁に伝えられ、不安にさせるものになっている。

しかし近年、白化したサンゴ礁の一部が回復の兆しを見せている。オハイオ州立大学でサンゴ白化研究調整ネットワークを率いるアンドレア・グロットリによれば、サンゴのコロニーが白化している間は藻類の一部を失うものの、すべてがなくなるわけではない。「サンゴのコロニーの表面には、通常、一平方センチメートルあたり一〇〇万個の藻細胞があります」と、グロットリが私に説明してくれる。「その数は膨大ですが、白化すると一〇万個に減ってしまいます。一桁小さい数ですね。でも研究の結果、その数はまた増えることがあるとわかったのです」。ただし現状では、気候変動による白化があまりにも頻繁に起きているため——グレートバリアリーフでは二〇一六年と二〇一七年に、これまで経験したことのない相次ぐ白化が発生した——科学者たちはサンゴ礁がすっかり消滅する可能性もあると危惧している。

サンゴ礁の存続を助ける戦略のひとつとして、地球規模の気候変動を止めて反転させる努力を続ける一方、局地的なストレス要因をなくしていく方法をあげることができる。こうしたその他のストレス要因は、以前からあった状況で、（コロナウイルスのパンデミックで見てきたように）ある脅威に対して一部は命を奪われるほどの影響を受けるのに対して、一部は生き残れるというものだ。テティアロア島を取り囲むサンゴ礁の場合、以前からあった状況のひとつは島に住み着いているネズミで、これまで島にいたウミドリの集団をいくつも壊滅させてきた。姿を消したウミドリは一〇種から一二種にのぼる。そこでヴェガ・サーバーと研究パートナーの海洋生物学者デロン・バークパイルは、島のネズミを撲滅しようという保護団体の二〇二〇年の活動がサンゴ礁に与える影響を研究している。

ヴェガ・サーバーが海洋科学にどっぷりつかりながら育った一方、バークパイルはミシシッピ州で育った——彼自身は、そこが「サンゴ礁生態学者を育てる名高い温床だ」とジョークを飛ばしている。だがバークパイルにはスクーバダイバーの従兄がいて、自分も同じようになりたいと思ったので、両親を説得してスクーバダイバーの資格を取得した。「私は子どものころから、ミシシッピ州とアラバマ州北部の湖や採石場で、みんなが目にするなかでもきっと一番汚れた水に潜りながら大きくなった」と、彼は言う。「そしてはじめて海に顔をつけたとたん、これこそ自分が一生やりたいことだと悟った」

バークパイルはヴェガ・サーバーとは異なり、これまで大型の動物を研究してきた。最初はアフリカのサバンナで暮らす大型動物、その後は海の大型動物だ。そして大型動物がいなくなることが、基盤にある微生物の生命にまで広がる生態系全体に、どのような影響を及ぼすかを調べている。たとえばバークパイルとヴェガ・サーバーは「種の喪失が及ぼす遠大な影響（The Long Arm of Species Loss）」という論文で、魚の乱獲によってサンゴ礁の生態系から草食魚がいなくなると、サンゴのマイクロバイオームにまで及ぶ混乱が生じると指摘した。

島に住む鳥とサンゴの健全性とのつながりはまだ明らかになっていないが、これらには何千年も昔にさかのぼるつながりがある――糞という質素な媒介物をもつつながりだ。鳥たちが島々に住んでいたころには、サンゴ礁の上空を飛んで魚をとってはまた島に戻り、休息、巣作り、子育ての時間を過ごしていたにちがいない。そして親鳥と小鳥たちが糞をすると、窒素の豊富な海の栄養素が島に凝縮する。こうした栄養素は島の動植物を育むだけでなく、雨が降るごとに海に流され、またサンゴ礁に戻っていく。「海鳥は栄養素を運ぶ大きなベルトコンベアだ」と、バークパイルは言う。「そのような窒素の大きな脈動は、サンゴ礁の健全な姿に欠かすことができない」

では、合成肥料などによって人間がもたらす窒素はサンゴ礁を破壊するのに、自然界の鳥の糞がもたらす窒素はサンゴ礁のためになるとは、どういうことなのか？　バークパイルの説明によれば、鳥からの窒素はアンモニア、尿素、または尿酸として届けられ、これらはサンゴが何百万年という進化の過程で出合ってきた窒素の形なのだという。サンゴはさまざまな生き物が自分の上に糞尿を落とすのに慣れている！　このような形の窒素はサンゴ礁を傷めないだけでなく、サンゴは共生する藻類より先に水中からその窒素を取り込む酵素をもっており、手に入れたうえで、藻類が作ってくれる単糖への見返りとして分配することができる。そのせいで藻類はサンゴのためにさらに一生懸命働くので、サンゴは白化に耐えるだけ強くなり、また素早く回復する力も得られる。その逆に、サンゴは肥料に含まれる合成窒素を取り込む酵素をもっていないので、共生する藻類がそれを先に手に入れてしまい、サンゴに糖を引き渡す動機を失う。このような外部からの圧力がパートナーシップを台無しにし、役に立つ共生生物を寄生生物に変えてしまうこともあるのだ。

ネズミがいなくなった後――ネズミに毒入りの餌を与える計画がある――鳥たちがまた島に戻ってくるまでには、五年から一〇年の歳月が必要だろうとバークパイルは推測している。ネズミ根絶の前と後に、彼とヴェガ・サーバーはサンゴ、藻類、海水、島の淡水、土壌から試料を採取する予定だ。そして二人は、その地域全体の生物地球化学的性質の変化を調べることにしている。なかでも生命体によって、とりわけ微生物群によってもたらされる化学的変化に注目する。ネズミがいなくなって海鳥が戻ってくることで生じる化学的変化に最初に反応するのは、微生物だろう。「土と水の中の基本的な化学作用を引き起こしているのはいつも微生物で、多くの場合、動物の中の化学反応も同じです」と、ヴェガ・サーバーは言う。そしてもちろん、微生物はサンゴ礁がどれだけ健全かの尺度にもなるだろう。

ヴェガ・サーバーとバークパイルは、テティアロア島での自分たちの新しい研究が陸と海とのつながりを明らかにし、その両方を癒やす保護活動に人々の目を向けることができるよう願っている。科学的な研究は資金調達の関係で妙に孤立することが多いと二人は言うが、陸と海という二つの生態系は、バークパイルが「スーパーエコシステム」と呼ぶものと複雑に結びついている。陸と海とが触れ合う場所はどこであれ、スーパーエコシステムだ（そして海から遠く離れたランドスケープも川の流域を含み、その流れによって形成されることを思えば、ほとんどすべての場所がスーパーエコシステムということになる）。私たち人間は、こうしたスーパーエコシステムの中で、他の生き物の共生生物になるという選択肢をもっている。だが、知らず知らずのうちに——ときにははっきりわかったうえで——私たちは寄生生物になる道を選んでしまった。

第8章

青々とした街で暮らす

厳しい気候と屋上緑化

オレゴン州ベンドのこの庭にある灌木と草花は、ベンド郊外に広がる乾燥した七月のランドスケープそのものだ。庭の小道に沿って明るい緑の曲線が続き、そのところどころに金銀の木の葉が混じる。さらにあちこちから、マンローズグローブマロウ（オレンジ色）、パインリーフペンステモン（もっと濃いオレンジ色）、サルファーバックウィート（黄色）、フラックス（青）といった、州中部乾燥地帯ハイデザートに自生する種の鮮やかな色合いが顔を出している。ミツバチは忙しそうに花々に出入りを繰り返し、私が顔を近づけて覗き込むせいで影が動いても、まったく気にとめない。私は背筋を伸ばし、遠くの山々の姿にしばし見とれてから――バチェラー山もスリー・シスターズ［カスケード山脈の一部を形成する三つの火山］も、まだ雪に覆われている――ブヨの集団が勢いよく円を描いて飛びまわる方へと歩いていく。そこに木々のない空間がある理由は、ブヨたちにしかわからない。以前なら顔にぶつかってくるブヨに文句を言いたくもなっただろうが、世界中から昆虫の数が急減している今では、この庭で灌木の茂みに花々、そして遠くにそびえる山の光景に加えて、昆虫の姿をたくさん見られるのが嬉しい。私は目の端に入ってしまったブヨを救い出しながら、ほとんど謝りたい気持ちになっていた。

こうしていると、ここが商業地区で、私は二階建ての建物の屋上にいることなど、すっかり忘れてしまう。

健康保険会社モーダヘルスのCEOが一年をかけて、新社屋の二階屋上に土地固有の植物だけを植えた一四〇〇平方メートルの庭を造れる人を探していたとき、生態学者で苗木を育てる仕事もしているリック・マーティンソンはその仕事をぜひとも手がけたいと考えた。マーティンソンと、彼のパートナーであるカレン・シオドアは、ハイデザート西部のさまざまに異なる微気候や生態系から種子と挿し木用の枝を採集し（生態系の中には、ウシの蹄の跡の内部でだけ育つ植物群衆という微小なものもあり、それは蹄の跡の外側で育つ植物群衆とは著しく異なっている）、ベンドの「ウィンタークリーク育苗圃」で毎年二三三種にわたる一七万本の植物を繁殖させている。マーティンソンはそのコレクションから選んだ植物を用いて、オレゴン州中部にある美しくも厳しいハイデザートの気候を生き延びる術を知っている植物群衆を求める顧客のために、ランドスケープの設計と施工を引き受ける——そうした植物はただ生き延びるだけでなく、地域のもっと大きい生態系で暮らす土地固有の鳥、昆虫、微生物、その他の生き物を支えてもいるのだ。

マーティンソンは、建築予定の建物を取り囲む新たなランドスケープの設計を依頼されることが多い。その場合は、現場の土地が掘り起こされる前に最大一年をかけてその場所にある植物と土を採取

8-1 オレゴン州ベンドにあるモーダヘルス本社の２階では、1400 平方メートルの屋上庭園にこの土地の自生種が繁茂している。JOE KLINE / *THE BULLETINE*

し、後で新しく設計したランドスケープに同じ植物と土壌微生物の両方を戻すことを心がけている。それは、その場所にずっと前からあった生態系――その場所の遺産や伝統と記憶――の種子となり、工事による荒廃の後で同じ生態系を取り戻すのに役立つ。「ビルの開発では、土が掘り起こされて固められ、埋め立て用の土が運び込まれるだけでなく、建築現場ではあらゆる種類の化学的、生物学的変化が起きる」と、マーティンソンは言う。「日光があたる時間が変わり、風のパターンも変わる。私には噴火後のセント・ヘレンズ山の周辺で働いていた経験がある。噴火による荒廃は驚くべきものだったが、都市環境でビルを建てるときに起きる荒廃に比べればたいしたことはない。生態学的な観点から見ると、ビル建築の現場は破滅的だ」

　マーティンソンはモーダの屋上庭園で、いつもとは異なる一連の課題に直面した。作ろうとしていたのは前例のない生態系で、雨が少なく、夏でも寒気が訪れることもある気候に加え、ビルの屋上では風が強く、強い日差しが照りつけ、土壌は浅い。それでも彼は、そのような条件でしっかり育ちそうな四五種の在来植物をなんとか選び、次のように言う。「どんな条件であっても、それに適応する在来植物を見つけることができる。私は都会の林学専門家から、歩道にある一〇センチ四方の土の部分で育つ在来植物はあるかどうか聞かれたことがある。答えはイエスだ。そのような条件に適応する植物はある」

　マーティンソンが屋上に運び込んだ土の半分は堆肥だった。堆肥は湿度を保ち、植物と共に屋上に持ち込まれる在来の菌類と土壌細菌にとって快適な居場所になるからだ。そして庭の設計に際しては、種子や小枝を採取したときに郊外で観察した光景を再現するように植物を配置した。ある植物は、別のある植物の近くで育つのを好んでいるように見える。「自然を観察すると、固有の関係があるのがわかる。ただしそれを実際に理解するのは難しい。長い時間をかけて見ていれば、細かいことに気づくようになるというだけだ」と、マーティンソンは言う。

　このようにして植物が植えられてから一二年がたち、モーダの庭は美しく茂っている。マーティンソンが植えた数千にのぼる木や草花の中には枯れたものもあるが、周囲の木や草花が空いた場所をしっかり埋めた。また、風や鳥によって運ばれてきた在来植物もいくつかあって、元気に根づいている。在来植物だけを植えた屋上緑化はモーダの庭が初めてだったが、その後この考えに全国の人々が気づいて今では他にも誕生しており、世界中で環境問題をめぐる大きなトレンドのひとつになった。とらえにくいものではあるが――ほとんどの屋上緑化は民間のビルにあって、人々の目に触れない――果敢な方法によって、世界中の人々が都市を緑化するとても重要な働きをしており、コンクリートの表面を次々に生命溢れる緑によって和らげ、私たちの暮らしに残された自然を招き入れて、さらに自然が豊かになる条件を再現しようとしている。

バイオフィリック・シティーズ

私はこの本を締めくくる章を、都市をめぐるものにしたいと思っていた。都市で暮らす人々が人口の大半を占めているからだ。アメリカでは人口の八〇パーセント以上が都市に住み、世界の他の地域でも半数以上は同じく都市で暮らしている。これを一九六〇年代と比較してみると、当時はまだ田園地方に住む人の数が都市で暮らす人の二倍にのぼっていた。当時、私は学校から帰ると毎日欠かさず馬に乗り、膝上で切ったジーンズをはいたむき出しの脚を埃っぽいウマの背中に押しつけながら走り回っていたが、今ではその地面も道と家に変わっていることだろう。開発は飽くことなく進み、アメリカでは一日におよそ一六〇〇ヘクタール（一分ごとにおよそ一・一ヘクタール）が新しい道路と家屋と事業用地に変わって、そのすべてを測量士とブルドーザーの力が生態学的終末に追いやっているのだ。

都会で暮らす生き物は、私たち人間とペットの動物、そして人間がいることで増えるネズミとゴキブリだけだと思っている人は多いだろう。アーティストは都会を「コンクリートジャングル」や「アスファルトジャングル」などと表現し、周囲の自然から遠く離れて陰鬱な場所に閉じ込められているイメージを作り出している。

だが、そのようなイメージは実際には正しいものではない。都会には公園も街路樹も、ちょっと変わった未開発の区画もあり、住宅や団地や企業の建物には芝生や庭園も見られる——そしてそこにある都会の植物相すべてに数多くの生き物が巣を作り、暮らしている。新しい都市緑化のトレンドは、屋上や壁などの無機質な表面に自然を加えるだけでなく、すでに私たちの周囲にあるわずかな自然を大切にして守ることだ。そしてできればそれらを広げ、わずかずつでも野生の状態に近づける。たとえばロンドンでは「サイクリスト、科学者、ツリークライマー、教師、学生、年金受給者、失業者、短時間労働者、医師、水泳愛好家、園芸愛好家、アーティスト、散歩好き、カヤック愛好家、活動家、野生生物ウォッチャー、政治家、子ども、父母、祖父母」を巻き込んだ草の根運動が、「国立公園都市ロンドン」を宣言するキャンペーンを開始し、八六〇万人以上が暮らす大都市ながら街の四七パーセントという広大な地域が実際に緑に覆われ、そこには太古から残る森林や草地、公園、新しく作られた湿地帯、さらに個人の庭園が含まれる。すべて合わせると、そうした多くの緑地が巨大な公園を形成しているので、国立公園に適用されている管理の原則を、都市にあるこの広大な自然のパッチワークにまで拡大しようという考えだ。ロンドン市長サディク・カーンは二〇一九年に、この新しい状況を明らかにする宣言に署名した。他の都市も、これに続くことだろう。

私たちは残された自然と力強くつながって、自らの暮らしの一部とする必要がある一方（これについては後で取り上げる)、世界的な生物多様性が危機に陥っている今、残された自然は私たちが住む都市で、住む場所も食べるものも休息も得る必要があるのだ。都市はすでにそれらを提供しているという研究結果も出ており、ある研究によれば、アメリカのいくつかの都市では近くの農村地帯より野生ミツバチの多様性が高いことがわかった。

こうした世界的な都市緑化のトレンドをもっとよく理解したいと考えた私は、その一時的な中心地となるパリに出かけ、ザ・ネイチャー・オブ・シティーズ(TNOC)主催の会議に出席する計画を立てた。TNOCは先見性をもつ人々の国際的ネットワークで、「回復力に富み、持続可能で、住みやすく、公正な」都市づくりを目指して、二〇一二年にデヴィッド・マドックスによって設立された団体だ。マドックスはニューヨークで暮らし、科学、自然保護、音楽、演劇の分野で幅広く活躍している。彼が演劇でとりわけ好きだったのは、どの舞台も共同の作業で、一人ひとりの力を合わせることによって自分だけでは作り得ない何かを作り上げられる点だった。「都市も基本的には共同作業です」と、マドックスは私に言った。「全員が一日じゅう力を合わせて、都市をよりよいものにしようとしています。私がTNOCを設立したのは、それぞれの人の異なる視点――多様な分野の科学者、デザイナー、建築家、アーティスト、活動家などの考え――をまとめ、みんながどんな都市を求めているかについて話し合いをする場がほしかったからです。人々が力を合わせれば、自分ひとりでやろうとしてもできないものを作り上げることができるかもしれません」

彼は私が会議に参加して話に耳を傾けることを喜んでくれた。会議ではすばらしい一週間を過ごせるだろうし、会議の後に友人と一緒に旅をするのも、またすばらしい一週間になる……はずだった。

ところが、なんと、私は会議の数週間前に右足を骨折してしまい、会議の後の旅行計画はあきらめざるを得なくなって、友人は同行しないことが決まった。パリは楽しかったとはいえ、骨折用のブーツを履いて松葉杖をつきながらのひとり旅は、みじめでもあった。さらに、フランスが都市緑化活動で成果を上げた場所を実際に訪ね歩くという、会議への出席で一番楽しみにしていたイベントも、泣く泣くキャンセルした。だから、屋上に林を作ってしまったブローニュ＝ビヤンクール・サイエンススクールも、パリ北部にあるコミュニティガーデンも、草に覆われた鉄道路線跡で盛んなアート活動も、別の鉄道路線跡に作られた「リニアパーク」も、アベ・ピエール・グラン・ムーランの湿地の庭も、以前は荒廃した地域だった「エコディストリクト」も、一四〇種もの鳥がいる二つの都市公園も、この目で見ることはできなかった。現地見学会の日、私はホテルの部屋にひきこもり、ラップトップの画面でドラマシリーズ『デッド・トゥ・ミー』を一気見して過ごした。

パリでは、滞在したホテルと、ホテルの向かいにあったカフェと、ソルボンヌ大学のごく一部しか見られなかったとはいえ、会議はすばらしいものだった。

バージニア大学で持続可能なコミュニティを専門とする教授のティモシー・ビートリーは、私が出席したワークショップのひとつを主催していた。彼はこうして意図的に緑化された市街地を「バイオフィリック・シティーズ」と名づけており、それは生物学者E・O・ウィルソンのバイオフィリア（生命への愛）という概念への感謝を表わしている。バイオフィリアとは、人間が生まれつきもっている、自然の近くで暮らしたいという願望で、そうした願望があるのは私たちが周囲の自然と共に進化し、自然の存在に包まれて繁栄を続けているからだ。ビートリーは二〇一三年にバイオフィリック・シティーズと呼ばれる国際的な組織を作り、緑化された地域を拡大したい都市が経験とひらめきとツールを共有できる場とした。彼は私に次のように話してくれた。「私たちが目指しているのは、真の自然にどっぷりつかれる都市環境です。都市というものを、互いにつながり合った生態系の一部としての自然が存在する場所として再考し、都市設計と都市計画の中心に自然を置きたいと考えています。最高の状態にあるバイオフィリック・シティーズは、屋上から地域全体までのあらゆるレベル、あらゆる規模で、自然を保護し、自然を組み込みます」

シンガポールの取り組み

バイオフィリック・シティーズ・グループのシンボルとなっているのは、島々からなる都市国家のシンガポールで、会議には代表としてリーナ・チャンが出席していた。彼女はこの国の国立公園庁（ＮＰａｒｋｓ）で国際生物多様性保護部門のシニアディレクターを務めている。ＮＰａｒｋｓは緑化、生物多様性の保護、野生生物および動物の健康、福祉、管理に責任をもつ主導機関で、この都市にある四つの自然保護区、三五〇以上の公園と庭園、総延長三六二キロメートルの公園接続道（人間もその他の生き物も緑地を離れることなく大型公園の間を移動できるように整備された、緑樹で囲まれた歩行者用、ジョギング用、自転車用道路が含まれる）、熱帯雨林を真似て重層的な植林を施された一五二キロメートルの「ネイチャー・ウェイズ」、管理された一〇〇万本の樹木、一一九ヘクタールの「スカイライズ・グリーナリー」、四万人以上のガーデニング愛好家が手入れしている一六〇〇のコミュニティガーデン、そしてシンガポール植物園を管理している。ランドサット衛星画像を見ると、この街の人口は一九八六年から二〇〇七年までの間に二〇〇万人増えているにもかかわらず、都市緑地の占める割合は三五パーセントから四七パーセントに増えた。シンガポールはいくつかの在来種の数を増やすことにも成功しており、トンボ、チョウ、カワウソ、サイチョウなどがその例だ。カワウソには「オッターウォッチ」というフェイスブックページもある。

「屋上公園や緑の壁は私たちが求めている地上レベルの自然の代わりにはなりませんが、都市のスプロール現象（周辺地域への無秩序な拡大）によってさらに自然を消滅させたくはありません」と、ビートリーは言う。「地上にあまり余裕のない、非常に密集した都市の場合、垂直空間で何ができるかを想像する力をシンガポールからもらいました」

シンガポールがこうした努力をはじめたのは五〇年以上前のことで、リー・クアンユー元首相がこの街を「ガーデン・シティ」とするよう提唱したのがきっかけだ。海外からの投資先としての競争力をつけるために、必要と考えたためだった。シンガポールの指導者たちは、温暖化と暴風に苦しむ世界の国々が追い求めているものをよく理解しており、こうした緑化戦略は都市をより美しくするだけでなく、より安全に、より住みやすくもする。現代の最も重要な問題――生物多様性喪失と気候変動――に対処するために、シンガポールは自力で「自然の中の都市」へと進化しており、気候的、生態的、社会的な回復力を備えるために、さらに自然に根差した解決策を模索していくだろう。

わずかな草木でも効果を発揮

都市では一般的に、周辺の田園地帯より気温が高い。ハリケーンと洪水に人々の関心が集まるのは無理のないことだが、アメリカで気候に関連した死因で最も多いのは、実際には熱だ。都市に密度の高い樹冠があれば、木陰では路面の温度が日の当たる場所より摂氏一一から二五度も低くなることがあり、人々をこうした熱から守ってくれる。その他の緑樹も都市の熱を下げる働きをし、舗装道路から見上げるような位置の屋上緑化でさえ、下方の歩道の温度を下げる効果を果たす。また、都市の緑化は大気汚染も減らしてくれる。粉塵、化石燃料の燃焼、森林火災の煙などが原因で生じる微粒子を、木々の葉が除去するからだ。植物は大気から二酸化炭素も取り除いて、その一部を土中のパートナーである微生物に与えるので、そこでは一定の割合の炭素が隔離される。

樹木などの植物が植えられた土地は雨水も吸収して、都市の洪水を減らし、構築環境を過剰水から守るための高価な配管や設備を追加する経費を削減する役割も果たす。雨水を一時的に貯めておくレインガーデンや窪地に植えられたわずかな草木でも大量の雨水を吸収して、少しずつ地中に戻すので、街路や下水管、雨水処理施設への過剰な流入を回避することができる。都市をメガストームから守るには、ハードインフラより、こうした「ソフト」な緑地を豊富に設けるほうが効果的なのだ。ディーランドスタジオを設立したニューヨークの建築士でランドスケープデザイナー、スザンナ・ドレイクは、水を管理するために工学的な解決方法（金属製の配管とコンクリートの導水路など）に頼れば、人は自然をコントロールできるという誤った安心感が生まれてしまうと論じている。そして次のように話す。「私たちは水系を、ほぼ完全に管理していますが、これ以上、工学で自然の力に対抗することは難しいでしょう。一度に降る雨の量が大幅に増えているのに、それを吸収できる未舗装の地面がほとんどないからです」

マーティンソンがベンドに作ったような屋上緑化――そしてシンガポールにある二〇八の屋上緑化――は、それぞれの建物を夏には涼しく、冬には暖かく保ち、雨水を吸収し、屋根の防水膜を守るという役割を果たす。設置する初期費用は通常の屋根の場合より高くつくものの、屋上緑化は長持ちするので、耐用年数を通した費用を見れば（二〇一六年時点のドルの価値で）約二〇万ドルの節約になる。緑化された屋上の表面温度は通常の屋上より摂氏およそ四五度も低くなることから、節約の大半は冷房代だ。

緑に包まれた都市は、市民の健康度も高める。研究の結果はほとんどの人が本能的に感じていることに一致しており、私たちは周囲にある自然によって元気づけられ、癒やされるのだ。もう数十年も前の一九八四年には、窓から樹木が見えるだけで外科の患者の回復が早まり、鎮痛剤の必要量も減ることがわかった。その後の継続的な研究によって、そうした効果は心理的な効果にとどまらないことが明らかになっている。たとえば、樹木、草、花の姿が見る人の心を明るくするだけでなく、植物は私たちの免疫系の働きを高める化学物質を放出することもわかっていて、そうした物質は呼吸や皮膚を通して体内に取り込まれる。

「森林浴」と呼ばれる日本発祥の活動は、今では世界中の人々に知られるようになったが、植物の世界のこうした何気ない恩恵にあずかるためにわざわざ自然保護区まで足を延ばす必要はない。緑化の行き届いた都市でも十分に経験することができる。そしてそれは個人の健康増進に役立つだけでなく、植物に接するとソーシャルヘルス（社会的健康）の向上にも計り知れないほどの影響を受けることが科学的にわかってきている。ある研究によれば、緑樹の多い地域に住んでいる人ほど「不安が小さく、粗野な行為、攻撃性、暴力行為が少ない……また、建物の周囲に緑が多ければ多いほど、犯罪の報告件数は少ない」。別の研究では、近隣に街路樹が多ければ多いほど、抗鬱剤が処方される件数が少なかった。また、公営住宅の住人を調査した研究では、「すぐ近くに樹木や草地がない建物で暮らしている人は緑の多い環境で暮らしている人よりも、重大な問題への対応を先送りにすることが多く、自分が抱えている問題のほうが厳しく、解決しにくく、より長引くとみなした」。

リーナ・チャンは長年にわたってシンガポールの自然を支えて拡大する仕事に携わった後、独自の堅実な指標を考え出した。彼女によれば、バイオフィリック・シティーズの度合いが強まるのは以下の場合だ――緑地と樹冠の広さが毎年拡大する／自然および人造の住処が増えて動植物の在来種が戻ってくる／新種の発見および絶滅したと思われていた種の再発見によって既知の在来種の数が増える／市民科学者の参加率が高まる／少なくとも一〇種の在来の植物、鳥、チョウを見分けて名前を言える住民の割合が五〇パーセントを超える。

彼女が指摘した最後の点は、人々がこの運動に関心を抱くことの重要性を意味しており、他の種の見分けがついて名前を知っていれば大切にせずにはいられなくなるということで、会議中に繰り返し言及されていた。正直なところ、私はこれまでそんなふうに考えたことはなかった。都市部の周辺で自然が力強く成長するような状況を作り上げれば、人々はやがてそれに気づいて、徐々に元気づけられるのだろうと思っていた。だが会議に参加していた先見の明がある人の多くは、一般市民の関心を高めて心の中に自然を応援する気持ちを作り上げるための、積極的な活動について語っていた。周囲の自然が消えていく荒涼とした状態についての事実や悲惨な予測は、必ずしも意欲を引き起こすとは言えないが、フェイスブックで見られる数々のかわいらしいカワウソの写真や、壮大な物語、すぐれたアートは役立つかもしれない。実際、最初に登壇したプレゼンターのひとりは、ニューヨークのあるグループがティベッツ・ブルックと呼ばれるブロンクス区の水路に日光を取り戻す「ティベッツ・ブルック・デイライテッド」キャンペーンで、鮮やかにアートを取り入れた事例を紹介した。「デイライテッド」という表現は、数十年にわたる都市開発によって覆い隠されてきた小川などの水路を、世界中の人々が見出して解放している多様な方法を示すものだ。

都市に水路を取り戻す

ほとんどの都市は、川や湖や海に近い豊かな生態系を取り込むようにして誕生しており、大地と水との青々とした合流点は古くから生き物の集まりを引きつけてきた。生態学者エリック・W・サンダーソンはすばらしい著書『マンナハッタ・ニューヨーク市の自然誌 (Mannahatta: A Natural History of New York City)』の中で、かつてこの島でどれだけ豊かな生物多様性が育まれていたかを物語っている。この本の一節を引用してみよう。「もしマンナハッタ［一六〇九年に探検家ヘン

8-2 ニューヨークのティベッツ・ブルックは18世紀にせき止められて池が作られ、その池は現在もヴァン・コートラント公園にある。水路の一部は20世紀初頭に地下に埋められて、水はブロンクスにある市の下水道に流された。住民たちは現在、その流れを再び地表に戻すことを望んでいる。GREGG VIGLIOTTI FOR *THE NEW YORK TIMES*

リー・ハドソン率いるオランダ人およびイギリス人の船乗りたちが到着したとき、そこで暮らしていたレナペの人々が呼んでいた島の名前」が今もまだ存在していたなら、アメリカ最高の国立公園になっていただろう。マンナハッタには、一ヘクタールあたりにヨセミテより多くの生態学的共同体があり、グレート・スモーキー山脈国立公園より多くの鳥が生息していた。マンナハッタでは、オオカミ、クマ、マウンテンライオン、ビーバー、ミンク、カワウソが暮らし、河口域にはクジラ、ネズミイルカ、アザラシの姿があり、ときにはウミガメも訪れた」

サンダーソンはかつてこの島で見られた驚くべき植物相と動物相を列挙した後、「マンナハッタは豊かな水に恵まれ、二〇を超える池と全部合わせて一〇〇キロメートルを超える小川があった他、推定では三〇〇の泉が湧いていた」と書いている。近くのブロンクス（および他のほとんどの都市）も、大小さまざまな小川や水路が複雑に流れ、池があり、泉が湧き出して、より大きな流域をなすという豊かな水に恵まれた土地で、それはのちに人間の集落が急拡大する際に不都合なものになった。ティベッツ・ブルックもそうした水路のひとつだ。一〇〇〇ヘクタールを超える土地からこの水路に水が流れ込み、当時は曲がりくねってハーレム川に合流していた。だが二〇世紀のはじめにこの水路の最後の部分を移動する工事が行なわれ、水は下水路に誘導されるようになった。今ではティベッツ・ブルックに集まった一日に最大約二〇〇〇万リットルの淡水が、ワーズ島の下水処理場を通過している。そして大雨が降るたびに、ティベッツ・ブルックの淡水は地下水路の容量を超えて通りに流れ出す。また、大雨のせいでティベッツ・ブルックから溢れる雨水には、下水処理場に送られるはずの汚水も加わるので、その両方が混じった洪水がそのままハーレム川へと流れ込むことになる。

アーティストで環境活動家でもあるメアリー・ミスは、そのことに注目した。彼女は一〇年前に「シティ・アズ・リビング・ラボラトリー」という組織を設立し、アーティスト仲間に声をかけて、環境に関する懸念に同郷の市民の関心を高めようという活動を行なっている。そしてアーティストや科学者と共に、ブロードウェイ通りに沿ってマンハッタンの南端からブロンクスの端までの約三〇キロメートルを歩く催しを計画したとき、地元の住民たちから洪水と川に流れ込む汚水について話を聞いた。またブロンクス地区のブロードウェイ通りを歩きながら、足の下をティベッツ・ブルックが流れているのに気づいた――歩いていると水の音が聞こえてくることもある。「古くて美しいレンガ造りの下水道が道路の下にあり、毎日、そこを流れる必要のない一五〇〇万から二〇〇〇万リットルの水が流れている」と、ミスは言う。「しかも、雨の降っていない日に！」

このグループの人々が力を合わせて、ある計画を立てた。この水路の一部から覆いを取り除き、その流れを下水処理場ではなく、廃線になって放置されている鉄道線路の跡地に誘導するというものだ。そうすれば鉄道用地を細長い公園として再開発し、復活した水路に沿って遊歩道と自転車道が生まれる。ティベッツ・ブルックは再び空気や日光と、そして土手に沿った大地と触れ合い、ハーレム川に向かって流れながら新たな生態系を作り上げ、生物多様性を育むことになるはずだ。

ミスがティベッツ・ブルックに日光を取り戻す計画のスライドを映しだしたとき、私は思わず息をのんだ。古い歴史をもつティベッツの水路がヨンカーズにある源流から川に流れ込むまでの様子が、アーティストのボブ・ブレインによって青インクで美しく描かれている。明らかに水路の絵ではあったが、それと同時に、私たち人間の体が同じように血と血管によって生かされていることを、見る者に思い出させるものでもあった。ミスの「シティ・アズ・リビング・ラボラトリー」は、近隣で「ファインディング・ティベッツ」という一連のイベントを実施しており、それには移動式の湿地展覧会も含まれていた。そうしたイベントで最も人気を博していたのはブレインのテーブルで、参加者の体に河口域のタトゥーペイント（曲がりくねった古い流れのイメージ）を描いてくれる。あらゆる年齢の、多彩な背景をもつ大勢の人たちが、ひとりあたり三〇分近くかかるのも厭わずに青いタトゥーペイントを求めて列をなしていた。彼は手を動かしながら、現代の地図の上に重ねて描かれた古い流れの紹介に忙しく、かつての水路はどんなものだったのか、たとえ一部でも地表に顔を出せば、そこにはどのように日光が戻るかをみんなに見せていた。

ブレインは、このランドスケープが織りなす模様を衛星画像で目にしたことからタトゥーペイントのアイデアを得た。人々が自分の暮らす土地にある形状を自らの体に描くことに、興味を抱くかもしれないと思ったのだ。そして、「体の外にある河口域と心の中にある大海とは、実際につながっています――比喩的な話ではなく、ほんとうのつながりがあるのです。タトゥーペイントは、人々が自分の肉体をランドスケープに結びつけるための、ひとつの方法になります。みんな、そのつながりを手にしたし、それを求めてもいました」と話す。少なくとも二人の人が、歴史上のティベッツの流れを恒久的なタトゥーとして体に残したという。

環境教育の格差をなくす

メアリー・ミスがティベッツ・ブルックの支援活動について話してからまもなく、トニ・アンダーソンが登壇して何枚かのスライドを紹介し、私はまた声を上げたいほどのワクワク感に包まれた。彼女は、メキシコのミチョアカン州にある越冬地から夏を過ごすシカゴまでのオオカバマダラの毎年の渡りの地図を、南部からシカゴのブロンズビル周辺を目指したアフリカ系アメリカ人の歴史的大移動の地図と並べて見せる。ひとつの種が直面する困難と生き残りの努力をアフリカ系アメリカ人の移動と対比させるこの鮮やかな手法は、ブロンズビルの若者たちの目を環境問題に向けようとするアンダーソンのやり方だ。

アンダーソンはシカゴのサウスサイドで育った。今では五十代はじめという年齢になった彼女が子どものころには、シカゴのアフリカ系アメリカ人がまだ南部の農村で暮らす親族とつながりを保ち、毎年夏休みがはじまると子どもたちを送り込むのが恒例になっていた。若い世代が南部で再び触れ合った人たちは当時まだ、自分たちが食べる物を自ら育て、狩りをして手に入れており、自然から受け取ることについてよく理解して、保護したいと考えていた。「奴隷制は、大地を耕す私たちの力を基盤に成り立っていました。そのトラウマは別にして、私たちと大地とのつながりは、この血の中に記憶として残っているのです。私たちはそれを目覚めさせることができます」。会議の後で彼女は私にそう話してくれた。

アンダーソンの母親の家族は南部の土地を失っていたが、母親はいつかアンダーソンに自然の中で過ごす機会を作ってやりたいと思っていた。そしてシカゴ・カトリック慈善団体が運営する滞在型サマーキャンプの奨学金を見つけ、アンダーソンを七歳から一五歳まで参加させることができた。「自然に身を委ねて過ごす毎日でした」と、彼女は話す。「カヌーの漕ぎ方から水泳、乗馬、テント張り、火起こし、食事の支度まで、すべてキャンプで身につけることができました。シカゴのサウスサイドで育つ黒人の女の子は、ふつうならそうした技を手に入れることはできません。そして、そんな経験をして家に戻ったとき、急に自分が暮らす街の一角に植えられた木の数を意識しました。それまで見えていなかった自然が見えはじめたのです」

周囲に住む若者のほとんどがそうした自然との関わりを育むことができていないことを、アンダーソンは知っていた――そして、地球温暖化をはじめとした環境問題が行く手に立ちはだかっているだけでなく、自分たちを含む世界中の有色人種が偏ってその影響を受けるという現実の前では、そのような関わりが必須であることもわかっていた。そこで科学の教育者と地域社会のリーダーたちに、環境教育の格差をなくすとともに、彼らに科学を身近なものと感じてもらう方法について提案するようになった。そして二〇一二年に「シカゴ聖なる守り手の持続可能性研究所（Chicago Sacred Keepers Sustainability Lab）」を設立する。彼女はこのグループを、地球を受け継ぐことを若者たちに教える使命をもった「情熱的な環境保護論者、熱狂的な科学者、夢想家、活動家、文化主義者」の集まりだと説明している。

このグループは土曜学校を開設するとともに、地域社会とつながりをもつ活動をはじめた。たとえばアースデイには毎年、シカゴのマーガレット・T・バロウズ・ビーチで湖岸清掃を実施する。そこは単にこの街の汚れたレイクフロントのひとつというだけでなく、一九一九年にシカゴ人種暴動の発端となる忌まわしい事件が起きた場所でもある。その年、友人たちと一緒に泳いでいたユージン・ウィリアムズというアフリカ系アメリカ人の若者が、自分ではそうと気づかずに当時定められていた白人側と黒人側とを隔てる目に見えない境界線を越えてしまった。たまたま湖岸にいたひとりの白人男性がそれを見て投石をはじめたことで、ウィリアムズは溺死してしまう。やがてその湖岸には、アーティストで活動家のマーガレット・T・バロウズを称える名がつけられた。そのために毎年の清掃は、湖岸からゴミを一掃すると同時に憎しみに満ちた過去からの再生も期すという、二重の癒やしを担うものだ。

アンダーソンがオオカバマダラに注目する活動をはじめたのは、もう何年も前のことで、州で定められた被後見人や里子になったばかりの少女たちが、行動に問題があるためにその立場を失いそうになっている状況を救う仕事をしていたときだった。自己改革のシンボルとしてオオカバマダラを用いるプログラムの開発に加わり、少女たちの園芸療法の場として、チョウの来る庭「バタフライガーデン」を作り上げたのだ。彼女はブロンズビルという地域社会の歴史に注目し、住人たちの移動と立ち直る力を、オオカバマダラの同様の力になぞらえるようになった。やがて「聖なる守り手」の活動をはじめると、この「二つの移動の物語」がフィールド自然史博物館およびザ・ネイチャー・コンサーバンシーの目にとまり、彼女と彼女が率いるグループは、シカゴ公園局が指定した自然保護区域のひとつ「バーナム・ワイルドライフ・コリドー」に、標識をもつオオカバマダラの生息環境を作り上げる仕事に加わるよう求められたのだった。

「バーナム・ワイルドライフ・コリドーは文字通り、やがてこの地域社会を活気づけることになるアフリカ系アメリカ人たちを南部から運んできた、列車の軌道に沿って作られています」と、アンダーソンは話す。「私はその移動の様子が誰の目にもはっきりわかるようにしたいと、心の底から思いました」

アンダーソンは現在、森林局とザ・ネイチャー・コンサーバンシーの資金提供を得て七週間の「夏季オオカバマダラ・エコロジー・プログラム」を実施しており、その活動には近隣に住む最大二〇人の若者たちが毎年参加する。彼らの担う仕事は、「聖なる守り手」が管理する七つのオオカバマダラ生息環境を観察して、チョウの食草になるトウワタおよびチョウの卵、幼虫、成虫を守ることだ。また、他の組織が同様の生息環境を確立するのを手助けするとともに、地域全体でのオオカバマダラ・

フェスティバルも主催している。

「若者は、地域社会で起きていることのあらゆる生態学的側面を学び、同時にオオカバマダラについてもすべてのことを学びます。また、彼らの仕事のひとつに、現場に関する情報を仲間たちに伝えるというものがあります。仲間たちは地上で起きていることを知る一方で、気候に伴って起きていることに基づいて、オオカバマダラの生息数と渡りの傾向を私たちに教えてくれます。そのようにして子どもたちは市民科学を、そして自分たちがしていることの神聖さを、真に理解するのです」。アンダーソンはそう言った。

この仕事の成功度を測定するにはいくつもの方法があり、そのひとつは個人に与える影響を測るというものだ。アンダーソンが私に話してくれたところによると、十代のインターンのひとりが少し前に彼女を呼び止めて、「トニさん、あなたのおかげで私はすぐ熱中するようになったんです」と言い、友人たちと一緒にブラブラしていたときにトウワタの群生を見つけた話をはじめたという。彼は大急ぎでそこに走り寄ると、トウワタの株数を数えて卵を探したので、友人たちは怪訝そうな顔で、いったい何に夢中になっているのかと考えをめぐらせるばかりだったそうだ。「彼はトウワタのそばからじっと動かずに、我を忘れて一七株を数えたそうです」と、アンダーソンは話す。「私が願っていた通りになっています。彼らの好奇心を育て、自分のまわりにある自然に目がいくようにしたいからです。自然が目に入れば、それを見ずにはいられなくなります。気にせずにはいられなくなります。自然が自分の一部になるのです」

個人の庭から自然に優しく

バイオフィリック・シティーズを作り出すには、自然を見て胸を躍らせる市民が必要だ――私たちは殺風景でディストピア的な都市像に慣れてしまい、柔軟性に富んだ青々とした都市があると信じるのは難しくなっている。そのためにはときに、ブレインの河口域を描くタトゥーペイントやアンダーソンの二つの移動の物語のような、華々しい火花の力を借りる。そしてときには都市の自然がすばらしいショーを繰り広げ、知らず知らずのうちに人々の注目を集めることもある。ここポートランドでは九月いっぱい、何千人もの人たちがチャップマン小学校の校庭に集まり、夕空を埋め尽くすノドジロハリオアマツバメを見つめる。アマツバメは巨大な雲をなして右へ左へと揺れ動いたかと思うと、使われなくなった古い大煙突へと吸い込まれて、青さを失いつつある大空から急に姿を消してしまう。このノドジロハリオアマツバメの大群は一九八〇年代から毎年、中央アメリカの越冬地に戻る途中でこの地に立ち寄るようになった。そして夕方になると毎日繰り広げられるこのショーを見に来る何千人もの人々は、それがどんなふうに終わるかをよく知っているにもかかわらず、鳥たちが空の彼方に消えていくときにはいつだってウットリとため息を漏らすのだ。オースティンでも三月から一一月まで同じように何千人もの人々が集まり、都市に住む北米最大のコウモリの群れが餌をとるためにコングレス・アベニュー・ブリッジから毎晩大空に向かって飛び立つ様子を見つめる。私がクリーブランドに住んでいたときには、毎年恒例のサンショウウオの道路横断を見たい人に通知を送る電子メール・アラートシステムに加わっていた。サンショウウオたちは先祖代々伝わる繁殖池に向かうために、道の反対側に渡る。春になると懐中電灯を手にした人たちが一〇〇人、二〇〇人とやって来て、雨の降るなかで音もなく小走りに移動するサンショウウオに熱い視線を注ぐ。

こうして私たちの暮らしの中にある自然を自分の目で見たいと願う気持ちは、それを守ろうとする意欲につながりやすい。それは行動と結びつくこともある――たとえ個人レベルの行動であっても、数千人、数百万人という都市の住人が結集すれば、重要なものになり得る。

世界には、都市の住民にそれぞれの狭い所有地を手入れする方法を変えてもらい、残された自然が人々の間で繁栄できる条件を整えていこうとしているグループがたくさんある。植物、昆虫、菌類の多様性を減らしてしまう殺虫剤の使用をやめること。植物と土中の微生物パートナーとの関係を壊し、やがて水路に有毒物質を流すことになる化学肥料を使わないこと。鳥や昆虫などの動物を支える在来植物の多様性を維持すること。花粉を運ぶ動物のために一部には花を咲かせる植物を植えること。芝生を牧草地の生息環境に近づけ、芝と一緒にクローバーなどの花をつける植物も加えるとともに、これまでのようなゴルフコースの基準より丈が長くなるまで育てること。敷地から生物の残骸を神経質に掃除してしまうのをやめ、落葉や花が植物の間の地面を覆いながら落枝と積み重なるようにして、鳥や両生類などの小動物の避難所を作ること。バードバスや池などを作り、野生動物が水を利用できるようにすること。庭からコンクリートやアスファルトを取り除くか減らすかして、硬い表面の割合を少なくすること。

だが、わずかな数の小さな庭だけでは自然の求めを満たすことはできない。都市の住人が、世界の鳥をはじめとした種の生存率が急激に低下している現状を反転させたいと思うなら、もっと広い背景が必要になる。私はパリで開催されたＴＮＯＣの会議で、アースウォッチ・ヨーロッパが開発したイギリスの新しいプログラムについて知った。「ネイチャーフッド」と呼ばれ、近隣全体でこうした移行を進めるように働きかけるものだ。このプログラムの主催者は『バイオロジカル・コンサベーション』誌に掲載された研究に基づいて、イギリス全土にある個人の庭がすべて自然に優しいものになるならば、四三万ヘクタールを超える野生生物の楽園が生まれると推測している。それはイギリスの国立自然保護区すべてを合わせた広さの四倍を超える規模で、苦しんでいる種にとってはかなりの救いになるだろう。

このプログラムはすでに、オックスフォードで二つ、スウィンドンで二つ、計四つの地区で開始されており、野生生物に焦点を当てたイベントと活動を行なっている。主催者は住民と連携して、親しまれている五種類の在来種が都会で暮らしやすくなるように知恵をしぼる。対象となっているのは、ナミハリネズミ、ヨーロッパアカガエル、イエスズメ、コヒオドシ（タテハチョウの仲間）、アーリーマルハナバチだが、その他の種にも恩恵が及ぶのは間違いない。推奨される庭の手入れ方法には、すでにあげたものに加え、ナメクジを食べてくれる愛らしいハリネズミを迎え入れる特別なやり方もある。活動の参加者は、塀や門の下部に小さな穴をあけておくよう勧められるのだ。そうすればハリネズミは夜間に庭から庭へと障害物なしに移動して、自由に餌をとることができる。

環境再生型農業に取り組んでいる農場主たちが話してくれたところによると、他の農場主がまだ草の生えていないむき出しの土壌に囲まれた農地で、多くの化学薬品にまみれた単一作物を栽培し続けている最大の理由のひとつは、そのほうが整然として見えることで、近隣で暮らす人々や地主、銀行員などの目を気にしているからだという。その状態を保たなければ、管理を怠っているように見えてしまうかもしれない。一般家庭でも周囲の声を恐れているのは同じで、都市の公務に携わる人たちでさえ、雑草が生えて手入れが行き届いていないように見えるランドスケープを嫌う。

そうした姿勢は変化しつつあるものの、農業と園芸の方法を変えていく生態学的な必要性に周囲の目が追いついてくるまでは、自宅の庭に「手入れの合図（CTC／Cues to Care)」を加えることができる。CTCは景観設計学教授ジョアン・ナッソーの造語だ。基本的には、自分は庭をきちんと手入れしているし地域の規範も理解しているということを、周囲に知らせる行動になる。

「誰かがだらしない、やるべきことをやっていないと思えるのが、人々の気に障るのだと思う」と、「ネイチャーフッド」プログラムの前研究管理者トリスタン・ペットは言い、この考えをヒントに、動物の生息環境になるようにと長く伸ばしてきた草地では周りを囲むように短く刈り込んだ部分を作ることにしている。「やっていることが意図的で、それにはもっともな理由があるとわかれば、みんな安心できる」。また「ネイチャーフッド」に関わっているある園芸家は、自分からの合図をとりわけ目立つものにしようと考え、自宅の庭にカラフルな手書き文字で次のように書いた看板を出すことにした。「野生生物の庭──私たちはミツバチ、ハリネズミ、チョウなどを手助けしています」。この看板を掲げる前には、庭の手入れが悪いと中傷されることもあったという。だが看板を出した後には、通りがかりの人々が立ち止まり、庭と看板の写真を撮っていくようになった。

もちろん、都市を実際に自然で溢れさせるためには、体系的で大規模な方法によって変えていかなければならない点は数多くあり、市民個人の力だけでは、たとえ近隣の人々が力を合わせても、実現は不可能だ。そこで先見性をもって緑化に取り組む人たちが、都市環境でさまざまに異なる専門知識と役割を担う人材に、幅広く声をかけていく必要がある。

デヴィッド・マドックスは次のように話す。「緑化に関心をもつ人々は、他の専門的関心をもつ人たちと、建設的かつ協力的な会話をしなければなりません。かつて、今回と同じ緑化の会議で台北に行ったとき、私たちの科学的研究を都市計画に携わる人々の元に届け、開かれた対話へと導く必要があるという意見がありました。そこで私はまわりを見回して、『ここにどなたか都市計画に携わる方か、コミュニティに加わっている方はいませんか？』と尋ねました。こうした会話に欠けている人は誰なのか、私たちはつねに自問し続ける必要があります。都市計画に参加することは、さまざまな点で運命的なものです。この部屋にいる人たちが、結果を左右することになります」

こうして多様な視点をもつ人々が参加するアプローチの成功例として、マドックスは二〇一五年にニューヨークではじまった取り組みをあげている。一連の集会に幅広い層のニューヨーカーを呼び集めて、街に自然を取り戻す目標を立てたものだ。七五を超える組織が参加し、会合には自然環境の管理に携わる人から、科学者、都市計画専門家、生物多様性保護論者、さらに環境正義の提唱者まで、多様な人々が顔を見せた。こうした活動によって、ニューヨーク市は二〇一九年にはじめて、この都市の戦略的計画に生物多様性と自然保護を盛り込んでいる。

緑化の構想を政府の政策に変えれば、大きな影響力を及ぼすことができる。そこで全米野生生物連盟（NWF）は多くの都市に呼びかけて、何万ヘクタールもの都市のランドスケープを、人々に愛されている象徴的な野生生物（オオカバマダラ、コウモリ、鳴禽類など）の住める場所に変えようとしている。その結果として、目には見えないけれど生命の基盤全体を支えている微生物も戻ってくるはずだ。

第一に、ＮＷＦは各都市に土地固有植物条例を定めるよう促している。そうすれば、公園、市庁舎、中央分離帯、その他のランドスケープが、それぞれの地域に固有の植物で彩られるだろう。「土地固有の植物は数千年にわたり、それに依存する昆虫などの動物と共に進化してきたものだ」と、この組織でコミュニティ野生生物担当シニアディレクターを務めるパトリック・フィッツジェラルドは言う。「そのつながりと協力が、大きな違いを生む。たとえばアメリカにノルウェーのメープルを植えても、その木にはチョウやガといった鱗翅目の種は何も寄ってこない。だがレッドメープルを植えれば、三〇〇以上の種を引き寄せる」。フィッツジェラルドによれば、こうしたチョウやガの幼虫はアメリカコガラなどの鳥たちに欠かせない食べもので、それらの鳥が五羽のヒナを育てるには、チョウやガの幼虫が最大で九〇〇〇匹は必要になるという。

第二に、ＮＷＦは各都市に雑草および植生の管理条例を更新するよう求めている。ほとんどの管理条例は、生物多様性が危機に瀕している現在の状況に合っておらず、自然を整然とした装飾のように保つのが正しいという旧世代の固定観念を反映したものだ。自宅の庭に土地固有の植物を植えて、花粉を運ぶ動物のための草地や小さな草原にしたいと思う人、あるいは動物の住処を確保するために芝生の一部分を長く伸ばして刈らないでおきたい人でも、ときにはこうした条例に違反しているとみなされてしまうことがある。

第三に、NWFは各都市が公園などの広場を利用して、土地固有の植物が繁茂して野生生物が住み着ける区画を作るよう提言している。こうした草刈り不要な区画があれば、都市は草刈りや肥料をはじめとした化学薬品にかける経費を節減できるだけでなく、毒性のある物質の放出も避けられる。フロリダ州ピネラス郡の管理する公園で、あまり利用されていない区画に草刈りをしない地帯を設けたことを伝えるユーチューブでは、いくつかの種がすぐに戻ってきたと公園保護官のパム・トラスが断言している。「花粉を運ぶ動物たちが驚くほど増えました」と話す彼女は、次のように続ける。「とてもたくさんのチョウが飛び交い、ふだん見かけないような鳥たちもいて……夜にはウォールスプリングス公園でホタルも見られました。ピネラス郡にはもう五〇年以上住んでいますが、ここでホタルを見たのははじめてです」

ニューヨーク緑化プロジェクト

これらは、都市に自然を取り戻すための明白な方法だ――ただし人間の集団を変えるのは簡単ではないから、必ずしも簡単な方法とは言えない。先見性をもって緑化に取り組む人たちは、それほど明白とは言えない方法も考え出していて、それにはたくさんのグループの人材だけでなく、たくさんの層の自治体による協力も必要になる。私がパリの会議で出会った人たちの中に、ディーランドスタジオのスザンナ・ドレイクがいる。彼女が語るのは、開発によってバラバラにされてしまったランドスケープと自然システムを、緑のステッチで縫い合わせることによって修復しようという考えだ。ドレイクと元同僚フォーブス・リプシッツの二人は、この方法を「インフラ・スチュア」と呼ぶ（スチュア〈sutures〉は縫合のこと）。

「生態系と水の流れは細分化され、高速道路や送電線をはじめとした開発によって分断されています」と、ドレイクは言う。「私たちが考えているのは、そうした水の流れ、野生生物の通路、移動地帯を、縫い合わせてつなげる都市設計戦略です。ところがそれにはたくさんの障壁があります。行政や法的な管轄区が、物理的な地形や生態環境と一致していないからです」

その例をあげてみよう。ドレイクの考えのひとつに、ブルックリンを流れる三キロメートルのゴワナス運河の近くに「スポンジパーク」を作る計画がある。ゴワナス運河はオランダ植民地時代に、湿地の小川を浚渫（しゅんせつ）するとともに流れをまっすぐにして作られたもので、一八〇〇年代には活気にあふれた航路だった。今ではＥＰＡスーパーファンド法［有害物質の危険から公衆や環境を保護するための、米国環境保護庁の包括的環境対策補償責任法］の対象となり、雨が降るたびに汚染の度合いが高まっている。下水処理場から溢れ出した未処理の汚水だけでなく、街路に降り注いだ雨水も化学物質やごみを運んで、勢いよく運河に流れ込んでくるからだ。

スポンジパークのパイロット版は二〇一六年に完成し、その設計に特許を出願中でその名前に商標権を取得したドレイクは、さらに数を増やす構想を描いている。この最初のスポンジパークは約一七〇平方メートルの広さをもつ庭園で、特別に混合した土壌と樹木で構成されており、それらは洪水があっても打撃を受けることなしに水から毒素を取り除く役割を果たす。また運河にかかる歩行者用プラットフォームも用意されているので、ウォーターフロントにも近づける。嵐がきてブルックリンのセカンドアベニューを大量の水が流れ、やがてスポンジパークに到達すると、この公園はタバコの吸い殻や紙コップと共に化学物質も捕らえることができる。こうしてスポンジパークは年間七五〇万リットルほどの水をろ過し、きれいにしてからゴワナス運河に送り込む。この方法をニューヨーク市全体の規模に広げれば、ドレイクの概算では、一連のスポンジパークによって年間およそ三〇億リットルの雨水をろ過することができるだろう。

だが、この卓越した小規模なプロジェクトが完成するまでには八年もの歳月を要した。ドレイクは七年という長い時間をかけて、ウォーターフロントにこのような変化を加えるために必要な二〇〇——なんと、二〇〇も必要だったのだ！——の許可を得る活動を粘り強く続け、資金を調達した。実際の建設にかかった時間は、わずか六か月だった。そして次のように話す。

「これは試作品だったから、あらゆる公的機関の間で話し合いが生まれるように取り組むだけの価値がありました。当時、そうした機関の間ではあまり意思疎通ができていない状態で、そのことがグリーンインフラの進行を妨げていたのです。そんなときにマイケル・ブルームバーグ市長と彼の首脳部がＰｌａＮＹＣ［気候変動などに対応できる準備を整え、全住民の暮らしの質を高めるための戦略的計画］を策定したので、とても助かりました。私たちは公共機関の代表者に、『ＰｌａＮＹＣと市長が掲げる目標に向かって働きたくないのですか？』と尋ねることができたからです。ブルームバーグと私たちの、助成金に基づいた地域主導のやり方によって、公共機関にはリスクをとる大義名分ができました」

ドレイクは仲間たちと共に、ニューヨークの緑化に向けたさらに大きなアイデアを実現しようとしている。そのひとつは、この都市にあるコンクリート製の構築物の下を、どう利用するかだ。五つの区の橋、高架道路、公共交通機関の線路の下には、長さにして一一〇〇キロメートルを超える広大な公共スペースがあり、全部合わせればセントラルパークの四倍の広さになる。こうした構造物の下には日光が届くことは多いものの、水は届かない。ドレイクはすでに、高速道路の排水管に集まった水から、スポンジパークのような植栽構造で化学物質を取り除くための試作品を作って設置した。この方法なら、灰色一色の半地下に似た場所で緑を維持できるかもしれない。緑に囲まれて風雨を避けることができるそうした場所は、音楽の演奏やストリートマーケットに、あるいは芸術家などに向けた作業場として利用できる可能性がある。

「溶接や彫刻には騒音や埃がつきものです。でもこうしたスペースはもともと少しうるさくて埃っぽいし、他の人たちが住んでいる場所からも離れていますからね」と、ドレイクは説明する。

ドレイクが関わっている中で最も野心的なプロジェクトは、おそらくＢＱＧｒｅｅｎだろう。ブルックリンで最もラテンアメリカ色が強いサウス・ウィリアムズバーグ地区に、「どこからともなく姿を現した公園」を建設しようという壮大な計画だ。

ブルックリンとクイーンズを結ぶ高速道路（ＢＱＥ）が一九五〇年代にサウス・ウィリアムズバーグを通過するかたちで建設されると、低所得者が暮らすこの地域は、一日に約一〇万八〇〇〇台の車がうなりを上げながら通過して九トンを超える汚染物質をまき散らす幅の広い溝によって分断されるようになった。現在、サウス・ウィリアムズバーグはニューヨーク市の中で喘息患者の割合が最も高い地域のひとつで、市民一人あたりのオープンスペースの広さも比較的小さく、独立調査支援組織

「ニューヨーカーズ・フォー・パークス」によれば五一地区の中で四六番目になっている——一般的に、住民の所得が低い地域ほど公園と街路樹の数は少なくて、全体的な生物多様性は小さい傾向にある。

ドレイクの設計は、高速道路が走る幅の広い溝のうち二ブロックの上部にコンクリートのプラットフォームを渡し、高度な工学技術を用いて分断された近隣を再び結びつけるもので、それによってBQEの際(きわ)にある二つの小さい公園もつながり、さらに一・四ヘクタールあまりの新しい公園も生まれる。設計では、花壇や遊び場、野球グラウンド、バーベキュー場、草地と林、室内プール、水遊びゾーンも作られる予定だ。このような、数百万ドルの費用をかけたひとつの事業によって、BQGreenは近隣が抱えてきた多くの問題を解決できる。高速道路を覆うプラットフォームが排出される汚染物質の多くを遮って近隣に届かなくする一方、公園の樹木をはじめとした植物が残りの汚染物質の大半を空気中から浄化し、同時に気温も下げてくれるだろう。また、このプロジェクトは高速道路の騒音を減らすので、外にいる人々は声がよく聞こえるようになって、快適に過ごすことができる。そのうえ、鳥のさえずりまで戻ってくる。BQGreenはニューヨークで大きな成功を収めているハイラインパークよりさらに意欲的なプロジェクトだとはいえ、そのような設計案は新しいものではなく、シアトル、ダラス、フィラデルフィアではすでに同じような緑地が高速道路の上に作られている。

私はBQGreenプロジェクトを紹介するドレイクのウェブサイトにある、アーティストの作成した完成予想図をとても好きになった。高速道路を覆う巨大なコンクリートのプラットフォームが緑色、オレンジ色、黄色で彩られているだけでなく——これらの色は樹木、芝生、花を表わしている

8-3 ニューヨークのハイラインパークの遊歩道に、夏の日差しが降り注ぐ美しい一日。古い鉄道の高架部分が、都会の自然の楽園に生まれ変わり、近隣住民も観光客も楽しめる場所になった。IWAN BAAN

——近くの建物の屋上もまた同じ色で美しく、あたかもＢＱＧｒｅｅｎ上の新しい生命が、次々に新たな場所を見つけて根付いていくかのようだ。人々が都市の中で自然のための新しい場所を見出し続けているように思えてくる。そんなわけで、ＴＮＯＣ会議の後、私が街中で硬く味気ない表面を目にしたときの考えが変わった——どの屋上にも、どの壁にも、どの高架下にも、緑の一画を設けることができるはずだ。車道や歩道の一部から、ほんのわずかでもいいからコンクリートやアスファルトを取り除き、少しだけ草木を植えてやれば、ほんのわずかでも雨が土に浸みこんで、排水溝を溢れさせる雨水が減るだろう。

そしてもちろん都市に緑が増えれば、動物たちも増える。鳥も、昆虫も、顕微鏡を使わなければ見えない微小な生き物も、もっとやってくる。チェリオス［小さいドーナツ形のシリアル］に似た口をした八本足の小さなクマムシのように、あらゆるものが息を吹き返すだろう。この生き物は、たとえ街路樹のてっぺんでも、研究者が覗き込むあらゆる場所で見つかる。そしてそのスーパーパワーと言えば、十分な水や酸素がない環境ではボールのように丸まって、長い年月にわたって「乾眠」状態に入れることだ。ある博物館で一〇〇年前に採集された苔からクマムシのボールがいくつか見つかったことから、この生き物がどれだけ長生きできるかがわかっている。少しの水を与えると、そのクマムシは目を覚ましたという。

都市で進化する動物たち

庭の木にクマムシがたくさんいても誰も気づきそうにないが、大型の捕食動物が姿を見せると注目を集める。私の家の近くでコヨーテが目撃されれば、数分のうちにソーシャルメディアを通してアラートが広まるだろう。都市生態学者のクリストファー・シェルによれば、ほとんどの都市部には大型の捕食動物がいるという。アメリカには、コヨーテ、アライグマ、ときにはボブキャットがいるし、アフリカの都市ならブチハイエナやキンイロジャッカルの姿を見る。「その地域にこうした動物がいると知っているだけで好奇心が湧き、会話が弾む」と彼は言う。「また、都市の中で野生生物の多様性が大きければ、複数の栄養段階と相互作用をもつ可能性が高くなり、私たちの都市環境の健全性によい影響を及ぼすことができる。肉食動物の集団がより持続的に存在することで、ネズミが繁殖しすぎるというような事態が起きる可能性も減るだろう。ネズミは文明の兆しが見えたころから人間が戦ってきた相手だ」

シェルがこれほど都市の自然を好きになったきっかけは、まだ子どものころ、歴史的に多様性を保ってきたカリフォルニア州アルタデナの近隣でコヨーテを目にしたことだった。今ではカリフォルニア大学バークレー校の助教として、人間と野生生物との交流が都会の野生生物の行動と進化をどのように方向づけるかを研究するとともに、衝突を減らして共存を推進する戦略を立てている。また、社会経済的格差および人種的格差が、自然に近づく機会をもつかどうかや科学の道に進むかどうかに

8-4 カリフォルニア州サンフランシスコの路上で立ち止まるメスのコヨーテ。肉食動物を含む多くの動物が、都会で生きる術を見出している。JAYMI HEIMBUCH / MINDEN PICTURES

及ぼす影響にも関心をもつ。そしてその視点からバークレーの研究室で研究を続けているだけでなく「グリット・シティ肉食動物プロジェクト（Grit City Carnivore Project）」でも活動しており、このプロジェクトは都市の肉食動物に焦点を当てて、肉食動物と人間との交流に注目したものだ。ウィスコンシン州マディソンで同じく都市生態学の研究をしている仲間のひとりで、彼より年長のデイヴィッド・ドレイクは、コヨーテを中心とした同様のプロジェクトを実施しており、コヨーテの習性と影響力についての知見を深めるために、罠で捕らえて無線発信機を取りつける方法を用いている。そしてそのプログラムでは、罠からデータ収集までのあらゆる作業について地域社会の参加を積極的に求める。私がシェルと話した折には、彼も「グリット・シティ肉食動物プロジェクト」でそれとよく似たやり方を展開していた。

たいていの人は、都市環境に対するコヨーテの順応性の高さに感嘆の声を上げる——ただし、ネコを食べてしまうことに恐れをなしている人を除いての話だが（野良ネコ、そしてそれよりずっと割合は少ないが家の外で過ごす時間があるペットのネコは、野鳥の数を減らす肉食動物なので、コヨーテをそうした状況でのヒーローとみなす人も多い）。シェルによれば、他の多くの動物が都市に順応しているだけでなく、都市で進化も果たしているという。そして「実際に都市で暮らす個体群では、対立遺伝子の頻度［遺伝子頻度］が変化している」と話す。「生物学者は長いこと、都市は住みにくい場所で、動物たちはそこから身動きできず、繁栄もできないと考えていた。これは物語の大きな変化だ」

一例をあげてみよう。トカゲの一部の種では足が長く発達し、足裏も大きくなって、表面が滑らかな壁や柱でも素早く登れるようになった。そのため、田舎で暮らす仲間なら登れない表面でも簡単に登ることができる。「系統樹の複数の生物で、都市での進化の例が増えている」と、シェルは言う。進化は何十万年もの時間をかけて起きるものだと思われているかもしれないが、これらの動物ならこう言うだろう——「そんなことはない。わかった、二世代ほどあれば大丈夫！」

他にどれだけの動物たちが都市の暮らしに適応して、誰にも気づかれずに人々に混じって暮らしているのか、まだよくわかっていない。ポートランドの爬虫両生類学者のケイティ・ホルツァーからは、オレゴン・ホソサンショウウオに驚かされたという話を聞いた。科学者たちは、このサンショウウオがいるのはカスケード山脈の成熟林だけだとみなしていたという。ところがその後、ポートランド郊外の公園で侵入植物を引き抜く作業をしていたボランティアが、ツタの根元の土の中にこのサンショウウオの群れが潜っているのを見つけた。その偶然の発見により、サンショウウオの愛好家たちは他の都市部でも密かに暮らしているのが見つかるかもしれないと気づくことになった。「これまでに見つかった最大規模の場所は、ここグレシャムにあるボランティアの庭の、周囲の塀を支えていた軽量コンクリートブロックです」。ホルツァーがそう話したのは、私がポートランド郊外にあるグレシャムに、市の流域科学者として働いている彼女を訪ねたときのことだ。「それは希少なサンショウウオで、手つかずの自然が残る場所だけに生息し、都市にはいないと考えられていたのです。ところがずっといたわけで、ただ誰も気に留めていなかっただけでした」

ホルツァーがこの話をしてくれたのは、コロンビア・スラウ流域水質管理施設を歩いていたときのことだ。この施設は数百万ドル規模のプロジェクトで、三九〇ヘクタールにのぼる工業地域と商業地域から出る雨水を、この流域に流れ込む前に浄化して川の水の汚染を防ぐことを目指している。雨水は空から降ってきたものだから、汚れていないように思えるかもしれない。だが都市部に雨が降り注ぐと、多くのコンクリートやアスファルトの面によって土に浸みこむのを妨げられてしまう。そのため、大量の雨水が屋根や道路や工業用地や造園部分を勢いよく流れて汚染物質を集め、流れ込んだ川の底で暮らす魚や水生生物を脅かすことになる。屋根からは、苔が生えるのを防ぐための化学物質が流れ出るだろう。道路には油とブレーキパッドの粉塵、さらにタイヤから生じた化学物質もある。造園部分からは肥料と殺虫剤だ。雨水は水辺にたどり着くまでに、毒性をもつ化学物質の恐ろしい混合物に変わっている。

私はホルツァーのもとを訪ねるまで、雨水を処理するその施設はパイプとフィルターと化学薬品が詰まった建物だとばかり思っていた。だがグレシャム市当局は賢明な手法を採用し、在来種の植物を植えた湿地を作ってこの土地の雨水を処理している。数年にわたって計画を練った後の二〇〇七年、市はこの地の産業を支えるボーイング社が取り組みに賛同して寄贈した土地から、侵入植物のブラックベリーを一掃した。次にバックホーを用いて、エンジニアが設計したパターンに従って地面を掘り、五ヘクタールに広がる曲がりくねった溝を作り上げた——私は原案を見たときに、人間の腸を連想したものだ。こうして設計によって調整された湿地帯に、二本の巨大な雨水管を通して工業地域と商業地域から流れ込む大量の水は、溝に沿ってゆっくり流れながら湿地に吸収されていく。目標は三つあり、水を浄化すること、野生生物の生息地を作り出すこと、そして市民に自然と触れ合う機会を提供し、教育の場にもなるようにすることだった。ツバメ、ヒメレンジャクといった湿地帯で暮らす鳥たちはすぐに新しいねぐらを見つけ、カエルとサンショウウオも住み着いた。ところが、人工的に作られた湿地によって水は浄化されたものの、設計者たちが望んだほどの浄化は果たせていなかった。

再び、ビーバー登場

ホルツァーが採用された二〇一五年、湿地の一部で水位が変化していることに気づいた人がいた。「何がどうなっているのか、誰にもわかりませんでした。エンジニアたちはすっかり動揺していましたね」と、ホルツァーは私に話してくれた。

　だがやがて、ビーバーの一家が湿地に引っ越してきて、ちょうど溝がカーブしている場所にダムを作ったために、池ができていたことがわかった。ホルツァーが所属した部署ではビーバーがエンジニアの計画を台無しにするのを許さないという方針を固めたので、彼女がこの施設で取り組んだ初仕事のひとつは、湿地に入ってビーバーのダムを壊すことだった。そして当時を思い返し、「木の枝と泥と草をしっかり織り交ぜた、実にみごとな構造でした。夏の終わりのことで、他はどこもかしこも乾燥しきっていましたが、ダムの内側は湿気を保っていたのです。カエルとサンショウウオが寄ってきて、秋を待っていました」と話す。

　さて、結果はビーバーの楽勝ということになる。ホルツァーと同僚たちが、一五回の嵐の後で湿地から流れ出る水を比較してみてわかったことだ。そのうち七回はビーバーのダムが完全なまま残されていた時期の嵐、八回はダムを壊した後の嵐だった。調査の結果、ビーバーが水の流れる道を変えたことによって、主要な汚染物質（水銀、鉛、亜鉛、銅、窒素、リン、堆積物、殺虫剤）のすべてが飛躍的に減少していたのだ。ビーバーのダムがあると水がその背後にたまって、嵐の最中に断続的に押し寄せる波がダムをくぐり抜けて流れた――つまり、ホルツァーが仕事をはじめてすぐ壊すように命じられた泥と木の枝と草の組み合わせを通過した。そのとき、水の一滴ずつが数百万個という土の粒子に触れ、汚染物質を少しずつそこに付着させていく。その後、それらの物質の一部は土壌微生物によって分解されたというわけだ。

　水をきれいにする最良の方法のひとつとして土の中を通すという知恵を、人々は古くからもってい

8-5　人間以外のどの動物よりもすぐれた環境形成の力をもつビーバー。ビーバーは水路や河川をダムでせき止めることによって、鳥類、魚類、その他の野生動物のために不可欠な住処を作り出す。また、ビーバーのダムは水の流れを遅くすることによって、周辺のランドスケープの地下水位を上昇させることさえできる。CAROL 'CAZ' ZYVATKAUSKAS

たとホルツァーは説明する。だが雨水施設のエンジニアたちが土壌構造に水を通す大規模な湿地の設計に苦労したのは、嵐によって大量の水がドッと押し寄せるたびに、そうした構造がバラバラに破壊されてしまうからだった。「嵐が過ぎるたびに現場に行って割れ目を修復しなければならず、それ以外にはどうしたらよいかがわからず、ほんとうに大変な作業でした」と、ホルツァーは言う。「でもそれは、ビーバーが無償でやってくれていることにほかなりません——嵐の後にはいつも、ビーバーがダムを作りなおしていました。実にみごとなものです」

この話を雨水処理に関わる仕事をしている人たちにすると、二つのまったく異なる反応が返ってくるという。ビーバーを締め出すためにできることは何でもやりたいという人と、自分の施設にもビーバーに来てほしいという人がいるらしい。彼女としては、心ではビーバーに来てほしいというグループに賛同するものの、締め出したいというグループの気持ちを理解できる。自然と協調して働く方法では予測が不可能なのに対し、雨水管理はつねにその正反対だからだ。そしてこう説明する。「私たちにはいくつもの管と、箱と、鋼鉄製の排水桝があります。それらの大きさは正確にわかっているし、次の年にそれらがどんな様子になるかもわかっていて、どれかが壊れれば、まったく元通りに修理できます。私たちは管理できる状態に慣れているわけですが、こうした環境保全施設には不確定要素と変化がつきものなのです」。よりよい仕事をして水を浄化しても、一部の人にとってはまだ受け入れがたいのだ。

半寄生植物が少しだけ許せない

私たち人間は自分たちの創造力と賢さに大きな期待をかけているが、求めている答えの多くはすでに存在し、それは自然の偉大な創造性――そして寛大さ――の一部であることを忘れがちだ。その事実は私たちに希望を与えてくれる。なぜなら、完全な状態を目指す戦いは、孤独なものではないことがわかるからだ。生態系のどこを見ても修復の責務を引き受けたいというパートナーがいて、私たち人間には想像もつかないような道具をそろえている。その多くはグレシャムのビーバーよりはるかに小さくて、どこにいるかさえわからないが、地球の生態系を維持する役割をいつでも取り戻す準備を整えている。その仕事を私たちが助けてやれば――そして多くの場合は傷つけるのをやめて、邪魔にならないように道を譲れば——自然は想像よりはるかに短時間で豊かに立ち直る。私たちは自然を信頼し、この仕事をまかせていい。

そうすれば、周囲の世界は「歯と爪を赤く染めている」という、古びて役に立たない思い込みを見直すことができるだろう。もちろん競争はつきものだが、協力と平和な共存、そして厳しい目をもつ科学者さえ驚くような寛大さがある。

少し前、私はパートナーと共に、タホ湖に近い保護された草地を訪れるガイドつきバードウォッチングのグループに加わった。駐車場のそばの標識にとまったミドリトウヒチョウをはじめて目にしたときには、参加者全員が小声で喜び合った。草地のどこにでもスズメがいて、遠くからはどれも同じように見えるのに、双眼鏡を通すとわずかずつ異なっているし、それぞれ違う鳴き方をするのにも驚きの声が上がる。枯れ木の小さな穴を素早く出入りしてヒナに餌をやっているヒメゴジュウカラの姿に、みんなの目が釘づけになったあまり、ニシマキバドリが近くを飛んだのを見逃した人が多かった。

途中で若いガイドが、小道の近くに咲いている花びらのとがった真っ赤な花を指さした。一般にはスカーレットペイントブラシ、ペインテッドカップ、プレイリーファイアーなどと呼ばれている*Castilleja coccinea* だ。そして、最近知った話では、この植物は寄生性をもち、近くの植物から水分と栄養分をもらうことができるそうだと説明した。そのとき私はこの本を執筆中で、生き物の間の「ギブ・アンド・テイク」について考えていたので、ペイントブラシは相手の植物に何かお返しをしていないのかと質問してみた。ガイドは知らないと答えたが、参加していたバードウォッチャーの一人がクスクス笑いながら、「なんでそんなことをする必要があるんだ?」と小声で言った。

まったく不愉快な態度だった！

そこで私は個人的な挑戦を試み、この種の植物に取りつかれたかのように何時間も検索し続けてさまざまな研究を調べる一方で、科学者二人——イリノイ州立大学の生態学者ヴィクトリア・ボロヴィチと、彼女が教える大学院生のアンナ・シーデル——にまで話を聞いた。半寄生植物と呼ばれるこの種の植物は宿主が生き残る必要を感じないらしく、「吸器」という特別な器官を発達させて近くの植物に入り込み、養分を吸い取ってしまう。宿主を見つけたペイントブラシは見つけていないペイントブラシより大きく育ち、ペイントブラシに取りつかれた宿主の植物は取りつかれていない同じ種の植物より衰えていく。

私個人としては、さすがにペイントブラシがその宿主と協力していると、証拠をあげて主張することはできないように思える。だが、ペイントブラシが他の野草に混じって生えている植物群落を研究している科学者によると、その存在はしばしばランドスケープ全体を強化することがわかった。ペイントブラシは、その群落の中で最も優勢な植物から栄養を盗み取ることが多く、それによって優勢ではない植物がよく成長して広がる機会を生みだす。そうなれば、ルピナスやミュールイヤー（これはペイントブラシの近くで私が最もよく目にした野草だ）の占有状態を打ち破り、その場所の植物群落の多様性を高められるかもしれない。また、半寄生植物は宿主のおかげでより多くの栄養分を葉に蓄え、その葉が地面に落ちて腐敗すれば、蓄積された栄養分は群落中の他の植物に恩恵を与えるかたちで土壌に集中する——生態学者はこれをロビンフッド効果と呼んでいる。そして、ドライアド効果と呼ばれるものもあり——ギリシャ神話の樹木の精霊ドライアドにちなんでつけられた名前で、この精霊は自分自身の木を育てながら神聖な林を作り出す——こうして多様性が高まった群落にはより多くの鳥や昆虫が引き寄せられて、受粉の機会が増える、種子があちこちに分散するなど、さまざまな利点が生まれる。

これを贈り物と呼ぶ人もいるだろう。そしてもしかしたら、もしかしたらの話だが、科学者たちはいつの日か、この真っ赤なかわいらしいペイントブラシが宿主にほんの少しだけ何か特別なものをもたらしていることを、発見するかもしれない。

謝辞

私はおよそ六年をかけて本書を執筆したが、考えを巡らせていた期間は数十年にもなる。そうした考えを実際の本に変えるためには、たくさんの手助けが必要だった。うっかり抜かしてしまう方がいないかと心配しつつ、私を助けてくださったすべてのみなさんにお礼を述べていきたいと思う。

代理人のカースティン・ニューハウスには、このプロジェクトがはじまったときからの熱心な取り組みと、長年にわたる熱意と鮮やかで思慮深い支援に、深く感謝している。また、パタゴニア・ブックスのディレクター、カーラ・オルソンには、本書の考えがまだあやふやな短い言葉でしかなかったときから関心を示し、それが原稿になるまでにかかった長い期間、辛抱強く待っていただくことになった。ここで感謝の言葉を贈りたい。楽しそうに（私にはそう見えただけかもしれないが）編集に取り組んでくれたジョン・ダットン、そして並外れたファクトチェッカーのケイト・ホイーリング、ほんとうにありがとう。私のミスと誤解を見つけてくれたケイトには、ひれ伏してお礼を言わなければならない。お世話になった数多くのみなさんすべてのお名前をあげきれていないことをお許しいただきたいが、すべての方々に心から感謝している。

私は英文学を専攻し、科学の専門教育を受けてこなかったために、インタビューに快く応じてくださった科学者たちを質問攻めにする傾向がある。その後もたくさんの質問をし、次にまた質問を重ね、ときには再び尋ねることもある。さらには私が書いた内容を読んで、正しく理解しているどうか確認してほしいとお願いする。そのため本書に登場する科学者たちは——科学者ではなくても、私が山ほどの質問をしてしまった人たちは——私からの最初のEメールに返信した時点で、知らないうちに大きな負担を負う成り行きになってしまった。それでもすべての方々から、どこまでも丁寧に手助けしていただいた。私からのEメールが何度も届くうちに、「お願いだから、もうあの人からメールが来ませんように!」と思った人は多いにちがいない。それでも、私にそのような返信が届いたことは一度もなかった。

ここで一息ついて、私は不愉快な人たちにインタビューしないですんでいる、とても幸運なライターであることを述べておきたい——ほんとうのことを話さない有名人にも、詐欺師にも(はるか昔に一度だけ出会ったが)、他の人を傷つけたり、けなしたり、脅かしたりして生計を立てている人にも、インタビューしていない。楽園を駐車場に変えて大金を得ている人にもインタビューしたことはない(歌詞からこの表現を拝借させてもらい、ジョニ・ミッチェルに感謝する)。私がインタビューするのは、あらゆる人々を長い間の人類の過ちから救うのに役立ちそうな、すばらしい仕事をしている人たちだ。この本に登場する人はすべて、私のヒーローなのだ。

以下の方々が私のインタビューに快く応じてくださった。本文中に登場しない人も含まれているが、それは私がそれぞれの科学や物語や観点を組み込む場所を、本書では見つけられなかったせいだ。ブレット・アディー、アシーナ・アクティピス、トニ・アンダーソン、エイミー・アプリル、ジェリ・

バーソロミュー、ティモン・ビートリー、イアン・ビリック、ロビン・ボーイズ、スティーヴ・ボイーズ、セス・ボーデンスタイン、ヴィクトリア・ボロヴィチ、ダグラス・バウチャー、ナット・ブラッドフォード、クライド・ブラッグ、ボブ・ブレイン、マイク・ブレデソン、ジュディス・ブロンスタイン、アン・ブキャナン、デロン・バークパイル、ジェームズ（JC）・ケーヒル、ローレン・カーリー、ジョナサン・チャドウィック、エミリー・チャン、リーナ・チャン、スティープ・チャンドラ、ケリー・クランシー（そして、ケリーの小論を私に送ってくれた友人のミリアム・ガルシアに感謝する）、パット・コフィン、ミカエラ・コリー、ジュリアン・デイヴィス、ゴーパル・ダヤネニ、ピーター・ドノヴァン、シャロン・ドーティ、スザンナ・ドレイク、リー・アラン・デュガトキン、ブルース・ドヴォラク、メロニー・エドワーズ、ポール・エンゲルマイヤー、キャロル・エヴァンス、ジャスティン・エヴァートソン、スティーヴ・ファレル、ジョン・フェルドマン、トミー・フェンスター、デル・フィッケ、パトリック・フィッツジェラルド、ミーガン・フレデリクソン、ビル・フリース、ジャック・ギルバート、リフ・ギルダースリーヴ、ケリー・グラヴュア、ジョン・グリッグス、アンドレア・グロットリ、ザカリー・ハジアン＝フォローシャニ、ロリ・ホーグランド、マーク・ホーバン、ケイティ・ホルツァー、エリック・ホーバス、マイク・フック、ニコル・ハインソン、デヴィッド・イノウエ、レベッカ・アーウィン、クリス・ジャスミン、デヴィッド・ジョンソン、フイ＝チュン・ス・ジョンソン、メリッサ・ジョーンズ、リチャード・カーバン、ダニエル・カープ、ニコル・キルホフ、ステファニー・キヴリン、バズ・クルート、デヴィッド・クラカウアー、クレア・ラカン、アレン・ラロック、ジム・ローリー、クリスティン・リーチ、コニー・リー、ジェレミー・レント、サンドラ・レスゲン、ジョナサン・ラングレン、ジュリア・マディソン、デヴィッド・マドックス、リック・マーティンソン、マイケル・マズレク、マーガレット・マクフォール＝ガイ、ケイティー・マクマヘン、ニコラス・メディナ、メアリー・ミス、トッド・ミッチェル、トム・ミッチェル＝オルズ、アンドリュー・メラー、カイレン・ムーニー、ジェフ・ムーア、J・ジェフリー・モリス、フランク・モートン、ジョン・ナヴァジオ、アサナシオス・ネネス、トム・ニューマーク、ブライアン・パドック、イヴェット・ペルフェクト、ウォルター・ペータース、トリスタン・ペット、ブライアン・ピックルス、メアリー・リッドアウト、クリスティナ・リール、アイリス・サラエニ・リヴェラ＝サリナス、ジーン・ローチ、ジェームズ・ロジャース、グラハム・ルック、マリリン・ルーシンク、テレサ・〝スィムハイェック〟・ライアン、ジョエル・ザックス、エリック・サンダーソン、アンナ・シーデル、クリストファー・シェル、ローレン・シュミット、ジョディ・シュワルツ、ヴィヴェク・シャンダス、ニッサ・シルビガー、スザンヌ・シマード、グレッグ・シモンズ、エイジー・スミス、ヴィッキ・スミス、タムセン・ストリンガム、シャーマン・スワンソン、クリスティン・トンプキンス、スタン・ヴァン・デ・ウェテリンク、ローラ・ヴァン・ライパー、ジョン・ヴァンダーミーア、アーロン・ヴァラディ、レベッカ・ヴェガ・サーバー、ジョージ・ウァルドバッサー、カレン・ワン、ケネス・ワイス、ヴァージニア・ワイス、レイチェル・ウィテカー、ジェフ・ホワイト、ノア・ホワイトマン、ジャスパー・ワブス。みなさんからの教えに、心から感謝している。

　また、多くのライター仲間たちにも、限りない感謝の気持ちを伝えたい！　メアリー・グリム、スーザン・グリム、メアリー・ノリス、トリシア・スプリングスタブ、私が本書や他の多くのプロジェクトの執筆で忙しくしているときにも、変わらず仲よくしてくれて、ほんとうにありがとう――ずっと遠い昔から仲間だったので、私がこれまでに書いた文でみんなに読んでもらえていないものは、ひとつも見つからない。そして、レイチェル・ディキンソン、マリナ・クラコフスキー、シャーロット・ハフ、ジリ・アダムス、カレン・チェスラー、シンシア・ラムナレース、サラ・クーパー、ジュリー・タルボット、ロリ・カリスター、セリア・ワグナーをはじめとした多くのライター仲間たちからも、洗練された提案と手助けをいただいたことにお礼を申し上げる。ジュディス・シュワルツとダイアナ・ドンロン――「土」好きな姉妹！――とは、本書のテーマについて折に触れて話し合うことができた。ほんとうにありがとう。ライターオフィスの仲間、ローラ・ヒルホランドとリー・ヴァン・デル・ヴーにも感謝している。二人がいるおかげで、私はより賢く、より多くの成果を上げられるようになったように感じる。ベン・ゴールドファーブからは、当時まだ出版前だったすばらしい著書『ビーバー――世界を救う可愛いすぎる生物』の原稿を送っていただいたことに、心から感謝している――私たちはどちらもネバダ州東部の牧場主たちと彼らが大切にしているかわいらしいげっ歯動物に惹かれながら、ほんの数日の差で行き違い、実際に会うことができなかった。キャット・ディスタシオには初期の研究でお世話になったことにお礼を申し上げたい。最後になったが、『ディスカバー』誌、『エクスペリエンス・ライフ』誌、ウェブマガジン「テイクパート」には、本書の内容の一部を早くから公開していただき、とても感謝している。

そして、いつも最初に原稿を読んでくれるティム・シールズには、数えきれないほどの点で私の人生を豊かにしてもらっている。最後に特別な感謝を捧げたい。

訳者あとがき

本書は、クリスティン・オールソンによる『Sweet in Tooth and Claw - Stories of Generosity and Cooperation in the Natural World』を邦訳したもので、邦題『互恵で栄える生物界——利己主義と競争の進化論を超えて』が伝える通り、私たち人間もその一員であるこの地球上の生物は、互いに助け合いながら栄えてきたことを教えてくれる一冊だ。「私たちは、周囲の自然との複雑で創造的で活気に満ちた関係に支えられ、自然の一部として存在しているからこそ、生きることができる」という言葉が、まさに著者が本書に込めた気持ちを言い表している。そして、学校の生物の時間に習ったダーウィンの「適者生存」やドーキンスの「利己的な遺伝子」といった言葉が伝える「競争」、「勝ち残り」、「利己主義」の概念にとらわれているかぎり、人類がこれから歩む道にはいっそうの苦難が待ち受けていることも教えてくれる。

八つの章はどれも興味深い。第1章ではカナダの森に分け入り、森の木をすべて切り倒してから材木に適した同じ種類の苗木だけを整然と植えるという従来の商業林の問題を明らかにする一方、それぞれの樹木が地中の（私たちの目には見えない広範囲にわたる）菌根菌ネットワークを通じて互いに助け合っている様子を描く。種類の異なる樹木、大小さまざまな樹木が、土の中で連絡をとりながら足りないものを融通し合っていることなど、地面の上に立つ私たちには想像もつかないが、多くの研究者の努力によってその事実がわかってきている。この章を読んだあとでは郊外で森や林を目にしたときに見える景色は大きく違ってくるだろう。いや、庭先の小さな木を見ても、土の中の会話が聞こえてくるように思えるにちがいない。第2章では、少しごまかして労力を省いてしまうかわいらしいマルハナバチを想像しながら、互いに力を貸しあって繁栄してきた生き物の相利共生についてさらに考える。そして、人間の相互扶助の大切さを説いたクロポトキンにも思いを馳せる。クロポトキンという名前を聞いたことはあっても何をしたかよく知らない読者は多いと思うが、「実在のスーパーヒーローを探している映画制作会社があれば、この人物には映画の主人公にするにふさわしい、大いなる価値があると感じるにちがいない」と著者が言うほどの波乱万丈の一生からは、最後まで目を離せない。

その後の章では、想像力を最大限に発揮して私たち一人ひとりがもっている目に見えない微生物叢を思い描き、砂漠化していた放牧地に豊かな緑と水とビーバーダムを取り戻したアメリカ西部を訪問し、環境再生型農業に取り組む農地を訪れ、メキシコのコーヒー農園で長年研究を続ける学者から話を聞く。コーヒー好きな読者は、コーヒー農園の様子に興味を惹かれること請け合いだ。そしてどの章を読んでも、地球上の生物すべてがつながりあって、互いに協力しているからこそ、私たち人間も生きていられると実感する。さらに、サーモンが遡上する川の再生が進みつつあるオレゴン州の太平洋岸などを訪ね歩いたあと、最後に大都市に戻るのは、「私はこの本を締めくくる章を、都市をめぐるものにしたいと思っていた。都市で暮らす人々が人口の大半を占めているからだ」という著者の考えに沿ったものだ。

こうして最後の第8章では、多くの読者にとって身近と思われる都市のこれからについて考える機会がある。「都市に密度の高い樹冠があれば、木陰では路面の温度が日の当たる場所より摂氏一一度から二五度も低くなることがある」、「その他の緑樹も都市の熱を下げる働きをする」、「舗装道路から見上げるような位置の屋上緑化でさえ、下方の歩道の温度を下げる効果を果たす」、「都市の緑化は大気汚染も減らしてくれる」といった緑の効用には、近年の夏の酷暑に危険を感じているにちがいない多くの読者が、惹きつけられずにいられないだろう。もちろん建築物の高断熱化や都市計画などの大規模な施策が必要になるが、一人ひとりの小さな努力で庭先やベランダに緑を増やせれば、誰もが大きな自然の力の一部になって、相互扶助、相利共生に加われるのではないだろうか。ほんのわずかな力でも、自然が仲間に入れてくれることを信じたい気持ちでいっぱいだ。

著者のクリスティン・オールソンは、オレゴン州ポートランド在住のライター、作家で、オールソンの書いた記事はさまざまな新聞や雑誌などに掲載されている。二〇一四年に出版した前著『The Soil Will Save Us—How Scientists, Farmers, and Foodies Are Healing the Soil to Save the Planet（土は私たちを救う——科学者、農場主、食通はいかにして土壌を癒やし、この惑星を救っているか）』では、人間がこれまで誤ったやり方で農場と牧場を拡大してきたことで、土壌に含まれていた炭素の八〇パーセントを失ってしまったと指摘した。そしてその炭素は今では大気中にあるから、このままではたとえ化石燃料の利用をすぐにやめたとしても地球温暖化は続くと警鐘をならす。その一方、私たち人間の力で大気中の炭素を再び土壌に戻す方法があると説く。それに続く本書の執筆には「およそ六年をかけ」、「考えを巡らせていた期間は数十年にもなる」と謝辞にあるから、数多くの学者のもとを実際に訪ねて研究の内容を自分の目で確かめたうえで深い考察を巡らせた、著者渾身の作と言えるだろう。そうした著者の熱い気持ちが、訳文を通して読者に伝わることを願っている。

最後になったが、本書の翻訳を訳者にまかせてくださった築地書館社長の土井二郎さん、またいつもながら完成が遅れた翻訳原稿を根気強く待って支えてくださった編集・制作部の北村緑さんに、この場をお借りして厚くお礼を申し上げたい。

二〇二四年八月

西田美緒子

【ま】

【や】

【ら】

【わ】

【た】

【さ】

索　引

【著者紹介】
クリスティン・オールソン（Kristin Ohlson）
オレゴン州在住のライター、作家。『Discover』誌ほかさまざまな媒体に記事やエッセイが掲載されている。土壌微生物と植物の共生関係から農業・牧畜の将来を鮮やかに描いた『The Soil Will Save Us』（2014 年）は大きな反響を呼んだ。

【訳者紹介】
西田美緒子（にしだ　みおこ）
翻訳家。津田塾大学英文学科卒業。
訳書に、『FBI 捜査官が教える「しぐさ」の心理学』『動物になって生きてみた』『世界一素朴な質問、宇宙一美しい答え』（以上、河出書房新社）、『細菌が世界を支配する』『プリンストン大学教授が教える " 数字 " に強くなるレッスン 14』（以上、白揚社）、『心を操る寄生生物』『猫はこうして地球を征服した』（以上、インターシフト）、『第 6 の大絶滅は起こるのか』『月の科学と人間の歴史』『太陽の支配』（以上、築地書館）ほか多数。

互恵で栄える生物界

利己主義と競争の進化論を超えて

2024年10月18日　初版発行

著者　クリスティン・オールソン
訳者　西田美緒子
発行者　土井二郎
発行所　築地書館株式会社
〒104-0045　東京都中央区築地 7-4-4-201
☎03-3542-3731　FAX03-3541-5799
https://www.tsukiji-shokan.co.jp/
振替 00110-5-19057
印刷 製本　シナノ印刷株式会社
装丁　吉野 愛